风力机气动噪声

朱卫军　沈文忠　著

科学出版社

北京

内 容 简 介

　　风力机气动噪声的研究领域包含了空气动力学、气动声学和大气声传播,研究对象包含了翼型、风力机和风电场。本书围绕上述关键基础知识、原理概念和工程应用逐一展开。本书共分十一章:第一至八章涵盖了理论部分,包含声学基础、声学方程和流体方程的推导及离散、风力机气动和噪声的计算方法;第九至十一章为实践应用部分,依次介绍了基本算例、翼型、风力机和风电场尺度的仿真算例。

　　本书主要供对气动噪声和风能科学相关领域研究有兴趣的研究生、高年级本科生使用,也可以作为工程技术人员的参考用书。

图书在版编目(CIP)数据

风力机气动噪声 / 朱卫军,沈文忠著. —北京:科学出版社,2022.11

　　ISBN 978-7-03-072677-3

　　Ⅰ.①风… Ⅱ.①朱… Ⅲ.①风力发动机-气动噪声-研究 Ⅳ.①TK83

中国版本图书馆 CIP 数据核字(2022)第 111403 号

责任编辑:徐杨峰 / 责任校对:谭宏宇
责任印制:黄晓鸣 / 封面设计:殷 靓

科学出版社 出版

北京东黄城根北街 16 号
邮政编码:100717
http://www.sciencep.com

南京展望文化发展有限公司排版
苏州市越洋印刷有限公司印刷
科学出版社发行 各地新华书店经销

*

2022 年 11 月第 一 版 开本:B5(720×1000)
2022 年 11 月第一次印刷 印张:19 1/2
字数:381 000

定价:150.00 元

前 言

　　风能是一种理想的可再生能源,是实现 2030 碳达峰、2060 碳中和的重要力量。当今我国在风电装机容量和设备生产能力方面成为全世界的领跑者。曾经少为人知的风力发电机组,已经从青海、内蒙古、新疆等人口稀少地区来到了广东、江苏、浙江等人口稠密地区,风电已经来到我们身边。风力机的设计寿命原则上不低于二十年,风电场一旦建设完成,必将和附近的人们共存数十年之久。风电噪声,隐藏在绿色风电的光环之下,它影响到人们的身心健康,关系到风力机和人类的长期和谐共处,涉及风电被社会广泛接纳的问题。

　　本书的研究对象是风力机和风电场,研究目的是掌握多种气动噪声的仿真建模方法,以更好地服务于低噪声风力机设计及低噪声风电场的布局规划工作,研究的内容涉及空气动力学、气动声源和大气声传播。气动声源主要由风力机非稳态气动载荷产生,风力机声传播的媒质一般是空气,在特定的研究对象下也可以是水声传播的形式。声源的产生和传播过程包含了风力机复杂空气动力学作用下的流致噪声产生机理;传播过程中则包含了大气边界层、湍流、风电场尾流、复杂地形等综合科学问题。

　　本书共十一章:第一章为绪论,主要介绍风电噪声的各类规范以及和风力机气动噪声计算相关的国内外研究进展和各种研究方法概述;第二章为声学的基础理论部分,简要介绍了风力机气动声学中涉及的声学术语、名词等基本概念;第三章为计算气动声学所应用的高阶差分格式,介绍了如何从传统的差分格式逐步推导计算声学的高阶差分格式、人工耗散与过滤器以及声学边界条件;第四章介绍了流体力学基本控制方程以及推导的过程;第五章基于流体力学控制方程的基础,进一步介绍了 Lighthill 方程和 FWH 等经典气动声学方程的推导过程;第六章介绍了风力机和风电场相关的气动理论,以此作为风力机气动噪声和风电场声传播的气动方面基础理论;第七章讲述风力机气动声源的产生机理和几种数值模拟方法;第八章讲述风力机噪声传播的基本概念和影响机制,阐述了数值建模的理论和方法;从第九章开始,以前八章的理论为基础,讲解了波动方程、简单声源和声传播的若干经典算例;第十章中结合实践应用,以翼型和风力机为对象,分别应用了计算气动声学方法和工程方法进行了大量的仿真计算和实验对比;第十一章遵循由简入繁的原则,首先介绍了几组基本算例,随后以单台风力机声传播为例,逐步延伸至复杂地形大型风电场的噪声传播算例进行实践探索和分析。

全书由朱卫军撰写,由沈文忠校核并统稿。

本书的研究得到了国家自然科学基金(资助号:11672261)、科技部国家重点研发计划,政府间国际科技创新合作重点专项(资助号:2019YFE0192600)以及扬州大学出版基金的资助。感谢上海电气风电集团股份有限公司、东方电气风电股份有限公司等单位提供的宝贵研究素材。撰写中参阅了许多作者的优秀著作,在此一并表示感谢。

由于撰写时间、精力和水平有限,本书中一定还存在不妥和疏漏之处,恳请广大读者多提宝贵意见。

朱卫军

2022 年 6 月

于扬州

目　录

下篇　实践应用

上篇

基础理论

第一章
绪　论

1.1　研究背景

　　我国风电装机已占全球总量四分之一,并保持持续增长。风电已成为我国能源可持续发展的战略性产业,在 21 世纪内的发展前景广阔而确定。尽管风能是众所周知的清洁能源,在大力推广风能的同时,对其可能产生的负面效应仍需要积极应对,提前做要相关的预期评估。无论从影响身心健康和风电被社会广泛接纳的角度看,研究风电噪声对环境的影响是十分必要的。

　　近年来,大型兆瓦级风力机不断创新,大尺寸风力机叶片的噪声控制面临新的挑战。关于风电噪声控制,首先应了解风力机噪声定级的相关标准。欧洲人口密度和风电普及应用率都较高,因此制定了相对比较严格的风电行业噪声标准[1]。例如,丹麦的风电开发较早,相应的噪声限值也比较详尽[2],在 10 m 高度,对应风速 6 m/s 时的最高噪声限值为 42 dB(A);对应风速 8 m/s 时的噪声不能超过 44 dB(A)。对应 2 种风速,在人口稠密住宅区的限值为 37 dB(A)和 39 dB(A)。其中dB 表示分贝(decibel, dB),A 表示针对人耳听力敏感性的 A 计权级算法。由于低频噪声传播范围远的特征,针对低频噪声(10~160 Hz)的标准更为严苛,在风力机所在地附近的室内测量的低频区噪声不能超过 20 dB(A)[3]。在德国,政府建议风力机安装在离居住地区 750 m 至 1 000 m 外。住宅区夜间噪声应低于 35 dB(A),郊区噪声低于 45 dB(A)[4]。作为风电发展大国,我国对风电噪声也先后制定了比较详尽的规范[5,6]。从 0 类地区到 4 类地区,夜间噪声基础限值为 40~55 dB(A),白天为 50~65 dB(A)。以上噪声的测定都有标准的方法,测量距大致在 2~3 个叶轮直径范围。因此,该标准是针对风力机近场噪声源而制定的,其直接原因是便于规范化测量和鉴定。目前最新的 IEC 风力发电机组噪声测量技术标准已经更新为 3.1 版本[7]。由于远距离风力机噪声的传播存在诸多因素的影响,因此很难制定一个量化标准。然而风力机噪声的传播空间往往延伸到数千米距离,多台风力机噪声传播经过特定的地形和气象条件叠加并达到邻近的住宅区,将很难预测。考虑到电能传输损失和道路安装等便利,不少风电场建设在距离居民区数百米附近。一般而言,不经过低噪声叶片设计和噪声传播预测和评估,由此带来的噪声困扰或多或少会很难避免。健康问题虽然远远超出了本书的研究范畴,但是对风力机噪声传播的深入研究也许可以在不久的未来降低不必要的健康风险。风电发展受噪声辐射的强烈制约已经不是预言,而是当前的严峻事实,居安思危,从科学角度分析和解决风电噪声问题是护航绿色风电长远发展的保障。

　　风力机气动噪声源的数值模拟研究是对风力机空气动力学、计算流体力学与计算声学综合研究,目前国内外这方面的深入研究主要集中在气动噪声源的数值模拟和实验研究方向。而风电场全耦合的远场噪声数值化求解需要结合气动噪声源的研究与远距离传播之间的复杂耦合关系。本章分别阐述气动噪声的计算方法和风力机噪声传播的研究现状。图 1.1 列举了与风力机气动噪声研究关联的若干交叉方向。风力机气动噪声本身属于气动声学的应用方向之一,本书的上半篇基础理论部分涉及声学、计算流体力学、计算气动声学、大气湍流和大气声传播等,同时本书还讲解了风力机空气动力学方面的基础理论,这对于气动声学与风力机的结合至关重要。此外,关于流动测量和声学测量本书未作重点介绍,在下半篇中的算例讲解中包含了部分测量相关内容。

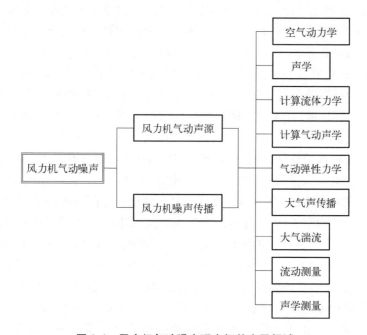

图 1.1　风力机气动噪声研究相关交叉领域

　　从图 1.1 中看到,风力机气动弹性问题也可能成为气动声学研究的交叉点,其实不仅是风力机,许多旋转机械弹性变形引起的振动噪声和气动噪声具有强关联性。气动弹性是值得深入探讨的重要研究课题,受限于本书的内容篇幅,在风力机气弹和结构设计方向不做具体的介绍,感兴趣的读者可以参考相关文献[8]~[10]。大型风力机叶片具有细长而柔性的外形和结构特征,正常运行状态下由气弹变形引起的噪声频率和振幅的变化要远小于直升机、船舶螺旋桨等大刚度旋翼产生的振动以及结构声传播。

从风力机气动、弹性和噪声研究的全局视角看待风力机气动噪声的研究,如图1.2 所描述的耦合关系,自上而下,非稳定来流(inflow)是风力机非稳态气动力、气动噪声及弹性变形的主要诱因。其中流体模块(flow sover)和结构模块(structure model)是双向耦合关系,即形成流固耦合求解器。而对于低速流动而言,气动噪声模块(acoustic model)与流体模块可以认为是单向传递关系,即流体的解作为输入提供声学解算,而声场对流场无反馈作用机制。同时,结构模块与气动噪声模块也存在关联性。针对求解的对象,例如风力机或者风电场,采用的求解方法可以多样化。如流程图中所示,对于风电场计算可以采用致动线(actuator line, AL)、致动盘(actuator disc, AD)、致动面(actuator surface, AS)、浸入边界(immersed boundary, IB)等多种方法。最后,由智慧伺服控制贯穿气动、弹性和噪声模块,构成智慧风电的理想形态(smart wind energy)。

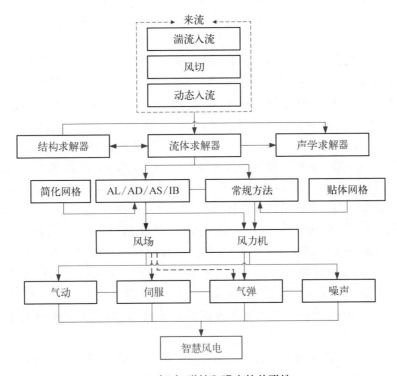

图 1.2　气动、弹性和噪声的关联性

1.2 风力机气动噪声研究现状

1.2.1 气动噪声的高精度数值模拟研究

近代计算气动声学(computational aero-acoustics, CAA)的发展建立在高性能计算机不断发展的基础上。在数值计算领域,计算流体动力学(computational fluid dynamics, CFD)和 CAA 有着许多共性,自 20 世纪 90 年代开始,CAA 逐渐成为一门独立研究的领域。CAA 计算对象是微弱的声压,举例而言,强度 94 dB 的噪声约相当于 10^{-5} 的标准大气压,这是可以损害人类听觉系统的声压等级。CAA 面临的第一个难题是要求解比流场压力小数万量级的压力脉动;第二个难题是对于高频率声波的计算需要大量增加网格密度和采用低色散高阶差分格式。

1962 年,Lighthill[11] 提出著名的声比拟方法,标志着近代计算气动声学研究的开始。至今,该方法仍然得到广泛应用并不断由其他学者提出新的改进。最初的 Lighthill 理论应用对象是湍流射流噪声,如飞机的涡轮喷气出口噪声计算。Curle 提出的理论方法则可以处理具有实体边界的噪声问题[12],Ffowcs 等[13] 将该方法进一步拓展到可以处理任意移动的实体边界。这一方法现广泛存在于旋转机械的气动噪声计算中,如涡轮机、直升机、风力机等叶片的气动噪声源模拟。其优点是相对其他 CAA 方法,消耗计算资源较少,不足之处是对近物体处噪声产生机理研究有局限性。

直接数值模拟(direct numerical simulation, DNS)方法理论上也是最精确的 CAA 模拟方法。通过直接求解可压缩 N-S 方程,同时可以求解流体动压和脉动声压。在对二维圆柱绕流问题的声学研究中,Inoue[14] 采用了 DNS 直接求解可压缩 N-S 方程,雷诺数局限在 200 以内,其计算结果和采用 Curle 方法差别极小。尽管计算机技术的发展日新月异,DNS 方法在高雷诺数湍流计算中的应用还有待时日。与流速和声速关联的马赫数一般在 0.1 到 0.3 之间不等(以风力机为例),采用同样的时间差分格式,CAA 的计算步长需小于 CFD 的 3~10 倍。通常在计算过程中为了采集足够长时间的脉动声压,还需要进行长时间的运算。

Hardin 等[15] 于 1994 年提出了流场和声场分割计算的方法(flow acoustic splitting technique, FAST)。至此,CAA 在计算时间和计算精度上找到了一种相对的平衡。对于 Hardin 理论的改良,沈文忠等提出对声学方程源项的修改[16,17]。针对收敛的不稳定性,Ewert 等[18] 和 Seo 等[19] 也基于原声学方程作出了修改。FAST 方法的核心是把可压缩 N-S 方程分离成不可压缩 NS 流体方程和声学方程并同时求解。

CAA 计算需要的关键技术方法是高精度的时空差分格式。基于经典的有限差分方法(finite difference method, FDM),Tam 等提出了针对 CAA 求解特点的低色散差分格式（dispersion-relation-preserving scheme，DRP）[20]。在这一基础上，Kim 等进一步推导了低色散的紧致差分格式（compact finite difference scheme）[21]。Zhu 等采用了以上两种差分格式，对 4 阶到 10 阶差分模式进行了研究对比，结果表明在计算精度方面，高阶差分格式具有显著的优势[22,23]。

1.2.2　气动噪声的工程模拟研究

CAA 数值模型研究对工程模型的开发具有一定的推进作用。通过数值研究总结出的普遍规律结合实验研究便于开发出运算速度更快的工程模型。Lowson 将风力机噪声工程模型大致分为了三类[24]。其中第三类模型需要的输入参量包括叶片的几何形状、来流风速、湍流度以及叶轮偏航角、仰角等。这类模型既具备较高的准确度，又有极高的运算速度，一般用于对风力噪声的快速评估和叶片低噪声设计优化[25-28]。图 1.3 展示了翼型噪声的各种机理。在小攻角范围，噪声来源主要是尾缘（trailing edge，TE）噪声，当攻角增大产生失速时的噪声称为失速噪声，这种噪声一般要强于后缘噪声。钝尾缘噪声一旦出现，其强度将远高于前述两类噪声，且一般出现在高频位置，这类噪声在现有风力机中并不多见。关于钝度噪声的 CAA 和工程模型综合研究详见文献[29]。在叶尖部位由三维绕流形成的噪声为叶尖噪声。不同形状的叶尖不仅影响功率和载荷，也显著影响到气动噪声[30,31]。

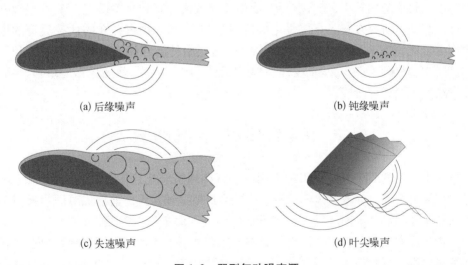

(a) 后缘噪声　　　　　　　　　　　　　　(b) 钝缘噪声

(c) 失速噪声　　　　　　　　　　　　　　(d) 叶尖噪声

图 1.3　翼型气动噪声源

在气动声学理论的基础上，20 世纪 70 年代至 90 年代发展了许多翼型和风力机噪声预测模型，这些模型的共同点是由不同的半经验表达式组成，这些模型的基础表达式通常由声学方程推导和演化而来，并与一些实测数据相拟合。20 世纪 70 年代，Amiet[32-34] 提出了翼型湍流入流噪声模型和尾缘噪声模型，其中均匀湍流入流和边界层湍流分别用正弦波分量表示,并分别用 von Kármán 谱建模。在 20 世纪 80 年代,随着对风电噪声的逐步重视,出现了多种风力机气动噪声预测方法[35-37]。 Brooks 等[31] 提出了一个详细的翼型自噪声模型,该模型包含五种不同气动噪声机理,该方法结合风力机气动计算模型可用于风力机噪声预测,应用风力机叶素动量理论(blade element momentum, BEM)获得局部入流的速度和攻角,完成每个叶片段的翼型自噪声计算,最终将每个叶素的噪声源进行叠加获得整个风力机的气动噪声谱。除了翼型自身噪声外,湍流入流噪声采用 Lowson 的来流噪声模型,该模型增加了 Amiet[32] 的入流噪声模型中的叶片旋转效应。湍流入流噪声大致上覆盖了 10~160 Hz 的低频噪声带。关于低频噪声的预测,Madsen[38] 考虑了塔影效应产生的噪声,提出了一种预测该类低频率噪声的方法。中高频噪声通常是由叶片尾缘与空气作用产生的,这种噪声机理在风力机叶片尾缘附近的表面压力测量中实验中也被观察到[39]。关于各种气动噪声仿真方法的综述可参考相关文献[30,40]。以单个翼型的噪声机理为基础,开发风力机噪声的工程模型是切实可行的。Zhu 等[25] 首次将翼型噪声机理(图 1.3)和风力机叶素动量理论以及 XFOIL[41] 边界层计算结合在一起,从而形成一种较为完善的风力机气动噪声工程方法。此外,各类应用于风力机叶片的降噪方案也广为研究,Lutz 和 Wolf 等学者研究证明了通过边界层流动主动控制,可以有效抑制边界层声源强度[42,43]。尾缘锯齿降噪作为被动控制形式目前应用较广,先后出现大量相关的数值计算和实验研究[44-46]。尾缘噪声抑制相关的研究方案还有尾缘毛刷降噪研究[47] 和采用多孔介质代替翼型的尾缘部分以达到抑制涡脱和吸声效果[48-50]。这些附件的降噪效果在理论研究和风洞试验中都得到了证实,基于设计、制造和运维的成本因素,除尾缘锯齿以外,多数方案还在理论研究阶段。

1.3　风电场低噪声布局研究现状

风电场中的噪声分布规律对于如何进行合理布局具有重要的指导意义,无论是大型风电场还是分散式风电都有必要在完成风电场建设之前形成对周边噪声环境的科学评估。甚至国外噪声环境评估已经进入海上风电领域,用于考量对于水下生物的影响以及向近海岸传播的影响。复杂地形中布置风力机通常要根据实际地貌对机组进行合理布局,考虑综合经济效益的同时也兼顾环境保护。其中,多台风力机的噪声源经过复杂地形的传播并汇聚到居民区等噪声敏感地带是较难取舍的优化布局约束。在经过风资源评估、机组选型以及地形限制下的机位点取舍等一系列综合考量之后,基本的风电场规划格局已经形成。以噪声为优化目标直接进行选址优化虽然是一种理论可行的方法,但是更为实际的工作方案是在以成本和发电量为主要优化目标的前提下,设置某一个或者多个敏感区域的噪声红线约束。基于这样的约束条件,并综合年风速、年风向变化规律对噪声的传播影响,设计低噪声高功率输出的风电场布局方案。

这一传播过程重要影响因素有大气湍流、风速、风切、温度梯度、湿度等。针对大气湍流对风力机噪声传播的影响,有学者运用了有限元结合抛物方程的方法,对湍流条件下风力机噪声传播进行了模拟[51]。为降低研究的复杂性,风力机噪声传播的研究对象多局限为海上风电场(平面地形),并且不考虑风力机尾流效应[52-54]。复杂地形情况下,地表植被、土壤、岩石、湖泊等地面声阻抗的变化给数值模拟带来较大难度。噪声传播的具体研究方法大致分为如下几类。

- 工程模型
  - 声线法
- 建立在时域上的数值模型
  - Lighthill、DNS、FAST(这类方法同时包括了声源计算和声传播计算)
  - 基于欧拉方程的有限差分方法(FDTD,该方法仅用于声传播计算)
- 建立在频域上的数值模型
  - 抛物方程(parabolic equation method,PE)
  - 快速场程序(fast field program,FFP)

其中声线方法计算速度快而局限性较多,无法处理湍流,尾流等重要因素的影响[55]。由于计算量庞大,建立在时域上的各种数值模型对于处理风电场这类大范围的噪声传播仅存在理论上的可能。建立在频域上的 PE 模型和 FFP 模型运算速度较快。与 FFP 方法不同的是,PE 方法不局限于均匀地表的变化和均匀大气层。根据处理方程式的方式不同,PE 模型又分为 CNPE(Crank-Nicholson PE)和 GFPE(Green's Function PE)等方法[56]。

对于风力机尾流对噪声传播的影响,Heimann 等[57]应用实验测量的尾流和大气湍流数据结合噪声传播模型进行了数值模拟。研究证实了风力机尾流对噪声传播具有重要影响。结果显示有风力机尾流效应时,在 700~1 000 m 范围内的噪声比没有尾流有所加强。该研究局限在大气湍流相对较小的夜间,同时温度梯度局限为逆温差。在 Lee 等[58]的研究中,计算区域扩大到 3 000 m 的范围,同时也考虑到 4 种不同的来流风切。对于大气湍流的处理,Lee 等采用了雷诺平均法(RANS)在计算域得出速度场,从而作为 PE 传播方程的输入参量。类似于 Heimann 等的研究结论,相比没有尾流的情况,噪声在局部地区有所加强。噪声加强的区域随风速和风切的大小而变化。

研究单台风力机尾流、多台风力机尾流的交互作用本身就是一个重要研究方向。相关课题涉及风力机气动、气弹、疲劳载荷以及风场整体模拟。熟悉并运用相关知识一般需要较长期的研究积累。风力机尾流与大气湍流对噪声的远距离传播有关键性影响。风场尾流 CFD 模拟的基础将十分有助于深入开展气动噪声传播的研究。风电场开发和建设总是以成本为重要目标,在此前提下,如何获取最大的风资源,如何合理布局风力机,同时在噪声限值敏感的区域如何有效控制风电场噪声辐射值是一个系统的科学问题。例如,建设风电场首先应关注的问题是风资源,假设应用地图工具[如谷歌地图(Google Earth)],根据经纬度坐标定位某风电场区域,并依据卫星数据给出满足设计需要的地形等高线。以此为基础,可以设置风资源数值模拟所需的地形表面网格和体网格。根据风向玫瑰图和风速概率密度分布气象数据,得到该区域的风资源分布,如图 1.4(a) 所示效果。风资源地图用于进一步指导风力机合理布局,即完成微观选址步骤。根据初步的布局方案,可以进行风电场的噪声评估,确定是否满足噪声限值要求,例如,查看某个机位点附近的噪声分布情况,求解声传播方程可得如图 1.4(b) 所示的风力机噪声地图。在该区域

(a) 风电场 "风资源地图"

(b) 风电场 "噪声地图"

图 1.4　风电场风资源和噪声云图

的居民点或其他噪声敏感点的噪声等级都可以直接从噪声云图上获得。风电场噪声评估可以作为风电场前期建设的预报,也可以作为任何现有风电场噪声分布的评估方案。风力机低噪声设计、风电场低噪声布局,围绕的目标都是以人为本,在获取最大风能利用效率的同时,将风电打造成真正的绿色能源。

第二章
声学基础

2.1 引　言

研究风力机气动噪声的产生和传播首先必须具备一定的声学基础知识。这一章将介绍声场中的变量,如压强、速度、温度、密度等。一些声学术语将在后续风力机噪声相关章节中反复出现,如声强、声级、声功率、声阻抗等一系列基本定义。已经学习过相关内容的读者可以略过此章。

2.2　声场中的变量

人耳听到的是噪音还是乐音,取决于声源经过一定距离传播到达人耳时所具有的振幅和频率特征。从声谱的角度来看,频率和振幅杂乱无章的通常表征为噪音,而频率呈现一定周期性,频率和振幅使人产生愉悦的称为旋律。无论是噪音还是乐音,它们的物理本质是一样的,具备在流体中产生和传播的相同规律并且在声场中具有相同的变量,其中包含了速度矢量:

$$U = \bar{U} + u(\boldsymbol{x}, t) \tag{2.1}$$

压力、密度、温度等标量:

$$P = \bar{P} + p(\boldsymbol{x}, t) \tag{2.2}$$

$$T = \bar{T} + t(\boldsymbol{x}, t) \tag{2.3}$$

$$\rho = \bar{\rho} + \rho(\boldsymbol{x}, t) \tag{2.4}$$

通常研究低速流动产生的气动噪声,例如风力机气动声源的产生和传播,可忽略声压对流场的影响和声传播中的热波传播问题。上述参数中,压强和密度是互为关联量,也是求解声学方程的关键量,在后续的计算方法介绍中将会重点阐述。

2.3　基础定义

2.3.1　声压

声压(sound pressure)是指介质受到声波扰动产生的压强变化,2.2 节中的变量 $p(\boldsymbol{x}, t)$ 表示声压随空间和时间的变化,因此,声压由描述声传播的媒质稳态压力场的扰动来表示。声压的单位同样为帕斯卡(Pa),相当于在媒质稳态压力上叠加了一个声波扰动引起的压强变化。虽然该压强变化在时间轴上可以是任意形态,但总是可以被表达为不同频率谐波信号的频率和振幅的叠加,这种谐波信号的单频模式称为纯音:

$$p(t) = A\cos(2\pi ft) = A(2\pi t/T) = A\cos(\omega t) \tag{2.5}$$

式中的 $p(t)$ 等同于 $p(\boldsymbol{x}, t)$ 在某一固定测点位置频率为 f、振幅为 A 的振动规律。频率的单位为赫兹(Hz),表示每秒振动的次数,频率的倒数则为振动的周期。振幅的大小是描述声音强度的主要参数,其单位是帕斯卡。角频率通常也被用来描述振动周期的变化,其作用与频率相当:

$$\omega = 2\pi f = \frac{2\pi}{T} \tag{2.6}$$

下面考虑声压随时空变化的表达式,即 $p(\boldsymbol{x}, t)$ 与位移相关的传播表达形式。考虑构成声音的微小压力波动以波的形式在媒质中传播,这些波可以是纵波,也可以是横波,这取决于粒子的运动是平行于传播方向还是垂直于传播方向。横波要求媒质能够承受横向(剪切)应变,因此主要发生在固体的声传播中。在流体介质中,声音以纵波传播,在声传播方向上,介质的密度呈现周期性的密集和稀疏,呈现为声压的时空变化。经过时间周期 T,声波移动了一个波长位置。如图 2.1 所示,波长 λ 是声压分布中两个波峰或波谷之间的距离。因此,声波的速度乘以单位时间即为声波的波长,c 的表达式为

$$c = \frac{\lambda}{T} = f\lambda = \frac{\omega}{k} \tag{2.7}$$

式中,k 是波数,表示 2π 长度内存在单位波长的数量:

$$k = \frac{2\pi}{\lambda} \tag{2.8}$$

根据以上变量关系,得到声压时空变化的关系式为

$$p(\vec{x}, t) = A\cos\left[2\pi\left(\frac{x}{\lambda} \pm \frac{t}{T}\right)\right] = A\cos(kx \pm \omega t) \tag{2.9}$$

对比 $p(t)$ 的表达式,式(2.9)反映了声波的相位和传播方向的变化,这也是线性波动方程的解。

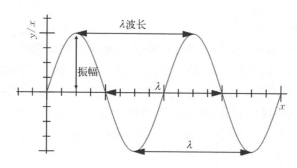

图 2.1　声波的振幅和波长

2.3.2　声压级

由 2.3.1 节内容可知,声压是表征声传播最直接的形式,然而实际上却很少直接采用声压表征声音强弱。其中主要有两个原因,原因之一是人耳对于声压大小的感知是非线性的,例如,声压增减一倍,人耳感受到声音强弱变化远远小于两倍的变化;原因之二是由于声压的量级非常小,例如,声压 0.01 Pa 的声波,对应的声压级约为 54 dB,而该声压仅相当于 10^{-7} 的标准大气压,因此声压是一个极其微小的量,不常用于日常表达声源的强度大小。因此,通常用于表征声压振幅的尺度是对数形式的,这也是接近人耳实际响应的近似形式:

$$L_p = 10 \lg \left(\frac{\hat{p}^2}{\hat{p}_{\text{ref}}^2} \right) \tag{2.10}$$

式中,通常用 L_p 表示声压级的大小,另一种常见的写法是 SPL(spound pressure level)。式中,$\hat{p}^2$ 表示声压的均方根值:

$$\hat{p}^2 = \lim_{T \to \infty} \left[\frac{1}{T} \int_0^T p^2(t) \, \mathrm{d}t \right] \tag{2.11}$$

以大气中的声传播为例,分母上的参照声压为 $\hat{p}_{\text{ref}} = 2 \cdot 10^{-5}$ Pa,当分子与分母相同时,$L_p = 0$ dB,这个值对应着人耳听觉下限的阈值,因此 $\hat{p}_{\text{ref}} = 2 \cdot 10^{-5}$ 这个取值是对应于人类在 1 000 Hz 时听觉的最小分辨能力(注:1 000 Hz 位于人耳平均听觉最敏感的区域)。

2.3.3　声强和声功率

声波在流体中的传播也是能量的传递,能量传播的时间平均率就是声强,声强是个矢量,它是声压和质点速度的矢量乘积。它代表前进声波在传输介质上所做的功,其通过的表面与声强矢量相垂直,声强可以有瞬时声强和平均声强。声场中某点的场矢量为 $\boldsymbol{x}$,该点的瞬时声强定义为

$$I_i(\boldsymbol{x},\ t) = p(\boldsymbol{x},\ t)\boldsymbol{u}(\boldsymbol{x},\ t) \tag{2.12}$$

时间平均值则采用均方根形式:

$$I(\boldsymbol{x}) = \langle p(\boldsymbol{x},\ t)\boldsymbol{u}(\boldsymbol{x},\ t)\rangle \lim_{T\to\infty}\left[\frac{1}{T}\int_0^T p(\boldsymbol{x},\ t)\boldsymbol{u}(\boldsymbol{x},\ t)\mathrm{d}t\right] \tag{2.13}$$

式(2.13)对于声强的表达比较复杂,假设研究对象为平面波或远场声强,声强的表达式可以进行简化。当声传播远离声源时,如果其声波的波前曲率大于辐射波长的 10 倍以上,可以假设该波在当前位置为平面波。对应平面波的传播,虽然声强是个矢量,但是与平面波的传播方向一致,可以将声强的振幅以标量形式描述为

$$I = \langle p^2(\boldsymbol{x},\ t)\rangle/(\rho c) \tag{2.14}$$

平面波的特性阻抗 ρc 是一个常数,表示为声阻抗,表达式为

$$Z = \rho c \tag{2.15}$$

假设空气密度为 $1.23\ \mathrm{kg/m^3}$,声速为 $340\ \mathrm{m/s}$,对应的声阻抗约为 $418\ \mathrm{kg/(m^2 \cdot s)}$。

根据以上关系,声压级也可以通过声强的标量形式表达:

$$L_p = 10\ \lg\left(\frac{\hat{p}^2}{\hat{p}^2_{\mathrm{ref}}}\right) = 10\ \lg\left(\frac{I}{I_{\mathrm{ref}}}\right) \tag{2.16}$$

其中声压与声强的对应关系式为

$$I_{\mathrm{ref}} = \hat{p}^2_{\mathrm{ref}}/(\rho c) \approx 10^{-12}\ \mathrm{W/m^2} \tag{2.17}$$

从式(2.17)中可以看出,对应 0 dB 的声压级,声源在单位面积上的功率约为 10^{-12} W,同样是个极其小的量。声强每增加一倍,声压级上升约 3 dB。声压和声强随距离而产生变化,而声功率是可以用来描述一个声源不随距离而发生变化的重要参数。任意声源辐射的声功率可以表示为围绕这个声源关于声强的面积分:

$$W = \int_S I(\boldsymbol{x})\ \cdot \boldsymbol{n}\mathrm{d}S \tag{2.18}$$

对于平面波和球面波的情况,压强的均方值 $\langle p^2\rangle$ 是沿波传播方向的单一空间变量函数。例如,扬声器就是这样的声源,它在轴向方向传播最多的声辐射;最常见的积分表面可以是一个完整的球面,对于球面波的声源,积分给出十分简单的形式:

$$W = 4\pi r^2 I \tag{2.19}$$

2.3.4　倍频程

描述一个声源的总体特征可以采用如上所述的声压或声功率,然而不同声源的总声压可能十分接近甚至相等,因此准确区别不同声源特征需要对应每个频率段的声压。如图 2.2 所示,无论是通过数值模拟或实验测量,首先能够获取的是关于声源的压力脉动数据。采集足够时长的声压可以进行下一步傅里叶变换,生成该声源的窄频声谱。

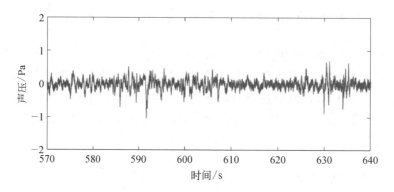

图 2.2　某声源的时序声压脉动样本

图 2.3 所示的声谱满足描述一个声源特征的典型形式,每个频率之间具有固定的带宽 Δf,这样的频谱给出了声音信号比较详细的图形信息,即在不同频率上一一地对应了各自的声压级,这一特点是图 2.2 中所示的压力脉动信号所不能体现的。

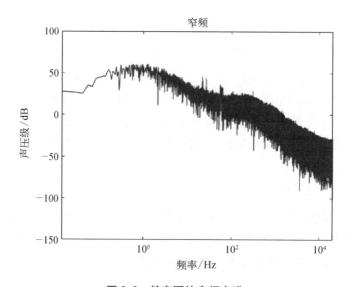

图 2.3　某声源的窄频声谱

　　然而,面向工程应用,更广泛地应用于声学领域的是各类倍频程表达形式。以 1/1、1/3、1/12 倍频程为例,上述的排列顺序体现了倍频程的分辨率由低到高的规律。原则上可以有 n 种倍频程的表达形式,即 $1/n$ 倍频程,而上述几种比较常见,尤其是风电领域多采用 1/3 倍频程的形式给出风力机噪声谱。

　　在 1/3 倍频中,与某个中心频率相邻的两个频率满足 $\sqrt[3]{2}$ 倍关系。例如,1/3 倍频中包含 800 Hz、1 000 Hz、1 250 Hz 这三个频率,其中 $1\,000 \approx 800\sqrt[3]{2}$,$1\,250 \approx 1\,000$ $\sqrt[3]{2}$,即围绕 1 000 Hz 这一中心频率的上一个频率大约是 800 Hz,它的下一个频率大约是 1 250 Hz。同理,1/1 倍频程中,频率之间满足相似的关系,例如,1/1 倍频包含 500 Hz、1 000 Hz、2 000 Hz,其中 $1\,000 = 500 \times 2^1$,$2\,000 = 1\,000 \times 2^1$ 。由此可以给出 $1/n$ 倍频程的频率关系满足如下条件:

$$f_u = f_c / 2^{1/n}$$
$$f_l = f_c \cdot 2^{1/n}$$

(2.20)

式中,f_c、f_u、f_l 分别表示中心频率、上相邻频率和下相邻频率。仍以某声源为例,如图 2.4 所示,窄频谱可转换为所需的任意 $1/n$ 倍频谱。

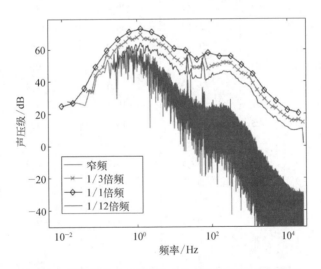

图 2.4　某声源的窄频声谱:1/1、1/3 和 1/12 倍频声谱

　　由于人耳的听觉系统对于不同频率的声音具有不同的感知能力,经过实验数据统计,人耳对于 3 000~4 000 Hz 频率段的音调出现最大响应,而听力的下限阈值为 0 dB,该值对应的频率为 1 000 Hz。对于其他频率的声音,例如,人类听到 100 Hz 的声音需要达到声压级 40 dB。由此不难想象,需要引入一类声级计权规则,将测量或者计算所得的声谱换算为使用于人耳听觉的声谱。该转换关系列于表 2.1

中,表中同时列出了 1/1 倍频及 1/3 倍频的各个对应频率。同时列出了 A、B、C 三类不同的计权方法,A 计权是最常用的方法,也是表达风力机噪声谱常用的方法,特别注意此时需要将声压级的单位标注为 dB(A) 以示区别。然而,如果出现强低频声级,B 或 C 计权更合适。对于存在次声等更低频率的情况,建议采用 G 计权方法。目前各国的风力机噪声行业标准都基于 A 计权方法(见附件 A)。

表 2.1　1/3、1/1 倍频程和 A、B、C 类计权对照表

标称频率/Hz				中心频率/Hz	A 计权/dB	B 计权/dB	C 计权/dB
1/3 倍频		1/1 倍频					
i		j					
−20	10			10,00	−70,4	−38,2	−14,3
−19	12,5			12,59	−63,4	−33,2	−11,2
−18	16	−6	16	15,85	−56,7	−28,5	−8,5
−17	20			19,95	−50,5	−24,2	−6,2
−16	25			25,12	−44,7	−20,4	−4,4
−15	31,5	−5	31,5	31,62	−39,4	−17,1	−3,0
−14	40			39,81	−34,6	−14,2	−2,0
−13	50			50,12	−30,2	−11,6	−1,3
−12	63	−4	63	63,10	−26,2	−9,3	−0,8
−11	80			79,43	−22,5	−7,4	−0,5
−10	100			100,0	−19,1	−5,6	−0,3
−9	125	−3	125	125,9	−16,1	−4,2	−0,2
−8	160			158,5	−13,4	−3,0	−0,1
−7	200			199,5	−10,9	−2,0	0,0
−6	250	−2	250	251,2	−8,6	−1,3	0,0
−5	315			316,2	−6,6	−0,8	0,0
−4	400			398,1	−4,8	−0,5	0,0
−3	500	−1	500	501,2	−3,2	−0,3	0,0
−2	630			631,0	−1,9	−0,1	0,0
−1	800			794,3	−0,8	0,0	0,0
0	1 000	0	1 000	1 000,0	0,0	0,0	0,0
1	1 250			1 259	0,6	0,0	0,0
2	1 600			1 585	1,0	0,0	−0,1
3	2 000	1	2 000	1 995	1,2	−0,1	−0,2
4	2 500			2 512	1,3	−0,2	−0,3
5	3 150			3 162	1,2	−0,4	−0,5

标称频率/Hz			中心频率/Hz	A 计权/dB	B 计权/dB	C 计权/dB
1/3 倍频		1/1 倍频				
i		j				
6	4 000	2	4 000	3 981	1,0	−0,7	−0,8
7	5 000			5 012	0,5	−1,2	−1,3
8	6 300			6 310	−0,1	−1,9	−2,0
9	8 000			7 943	−1,1	−2,9	−3,0
10	10 000	3	10 000	10 000	−2,5	−4,3	−4,4
11	12 500			12 590	−4,3	−6,1	−6,2
12	16 000			15 850	−6,6	−8,4	−8,5
13	20 000			19 950	−9,3	−11,1	−11,2

第三章
计算气动声学高阶差分格式

3.1 引　言

　　解决气动声学问题的过程中需要重点关注声波的色散问题,例如,如何选取网格密度、如何定义时间步长、如何处理边界条件、怎样选取差分格式等。首先,声压相对于流体静压而言是个极其小的量,而计算声压和周围流体压力一般是同时进行的,原理上可以采用同一种网格和同一类差分格式。其次,气动噪声产生的声波一般包含了各类的波长,最小可求解的波长又受限于差分格式的精度和网格大小。这些特点促使求解气动噪声的问题时,经常采用高阶精度的差分格式。求解声学方程的差分格式,既要求高阶低耗散特性,更重要的是还能保持传播过程中的低色散特性,即声波经过一定距离的传播后,它仍能够保持其初始的波形。图3.1中列举了计算声学常见的几类问题。对于一个给定的波长,求解该声波需要的最少网格点数也取决于差分格式的精度,通常表达一个完整的波所需的网格点数不少

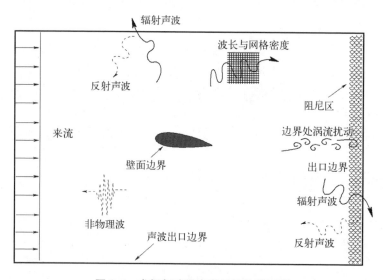

图 3.1　求解气动噪声常见的数值问题

于四个。采用同一种网格,高阶差分格式可求解到更小的波长。图中所示计算域的边界通常还会遇到各类反射波,远场边界条件的处理经常关联到计算的收敛性。因此,在远场边界也可以采用吸收层从而达到无反射的条件。此外,计算域中还会存在其他非物理性质的高频波,这类波通常伴随着中心差分格式的应用,因而,高阶精度的网格过滤技术也常常同步应用于数值计算中。

3.2　空间离散格式

在 CAA 的计算中,根据声波的尺度和传播速度,常常需要高密度的网格点和较小的时间步长。为了减少 CAA 模拟中每个波长所需的网格点数,普遍采用高阶精度的差分格式。应用于 CAA 计算的高阶差分格式与传统的差分格式没有形式上的区别,其差别主要体现在差分格式的系数上,差分格式表现为更佳的低色散特性。本书介绍两种广泛应用的差分格式:色散关系保持(dispersion relation preserving, DRP)格式和紧致(compact)格式[21,59]。

3.2.1　高阶显式差分格式及优化

给定一个微小的网格间距 Δx ,在 $2N + 1$ 个等距网格点上,标准的中心差分格式可以表示为

$$\frac{\partial f}{\partial x}(x) \approx \frac{1}{\Delta x} \sum_{j=-N}^{N} a_j f(x + j\Delta x) \tag{3.1}$$

这一差分格式需要与 $2N + 1$ 个网格点相互关联,在这些网格点的中心位置处,函数 $f(x)$ 的导数值可写为对称两边各点的值之和的代数式,后续的关键问题是如何求解各个待定系数 a_j 。求解的第一步:围绕中心位置 $x = 0$,将对称点两边各值进行泰勒系列展开,即函数 $f(x)$ 的两边各有 N 个点需要进行泰勒展开;第二步:根据差分格式精度的阶数需要,忽略泰勒展开后阶数高于 $2N^{th}$ 的项,对剩余方程组联立求解。图 3.2 为泰勒系数展开的程序实例,该例中最高阶数设定为 4 阶,所以,泰勒展开最高到 5 阶即可。将展开后的各值相加后,期望精度能无限逼近 $f(x)$ 的真实导数。两者之间的差值称为截断误差(truncation error),该误差表示当前差分格式的最高精度。图 3.3 中,基于差分格式的对称性,需要求解的系数只有 2 个。针对各阶数合并同类项并提取各组系数,然后,建立方程组可求得系数 a_1 和 a_2。当前的差分格式给出了 4 阶精度,其截断误差的计算结果在图 3.3 中的最后一行显示。

上述对经典有限差分方法的分析,是进一步理解 DRP 方法的前提基础。相对于传统的差分方法,DRP 方法的特点是能够求解更小的波长,换言之,求解同样波长的声波可以减少相应的网格量。下面将详细介绍 DRP 格式中系数的求解过程。

```
▪ 第1步: 泰勒展开
Taylor [X_] : = Evaluate [Normal [Series [f [X], {X, 0, 5}]]]
f_{i+2} = Taylor [2 h]
```

$$f[0] + 2\,h\,f'[0] + 2\,h^2\,f''[0] + \frac{4}{3}\,h^3\,f^{(3)}[0] + \frac{2}{3}h^4\,f^{(4)}[0] + \frac{4}{15}h^5\,f^{(5)}[0]$$

```
f_{i+1} = Taylor [h]
```

$$f[0] + h\,f'[0] + \frac{1}{2}h^2\,f''[0] + \frac{1}{6}\,h^3\,f^{(3)}[0] + \frac{1}{24}h^4\,f^{(4)}[0] + \frac{1}{120}h^5\,f^{(5)}[0]$$

```
f_i = Taylor [0]
```

$$f[0]$$

```
f_{i-1} = Taylor [-h]
```

$$f[0] - h\,f'[0] + \frac{1}{2}h^2\,f''[0] - \frac{1}{6}\,h^3\,f^{(3)}[0] + \frac{1}{24}h^4\,f^{(4)}[0] - \frac{1}{120}h^5\,f^{(5)}[0]$$

```
f_{i-2} = Taylor [-2h]
```

$$f[0] - 2\,h\,f'[0] + 2\,h^2\,f''[0] - \frac{4}{3}h^3\,f^{(3)}[0] + \frac{2}{3}h^4\,f^{(4)}[0] - \frac{4}{15}h^5\,f^{(5)}[0]$$

图 3.2　泰勒展开程序

```
▪ 第2步: 有限差分近似
TE : = f'[0] - (a_2 f_{i+2} + a_1 f_{i+1} - a_1 f_{i-1} - a_2 f_{i-2}) /h
rule = {a0→0, a_{-1}→-a_1, a_{-2}→ -a_2};
eq01 = Coefficient [TE, f [0]];
eq02 = Coefficient [TE, f'[0]];
eq03 = Coefficient [TE, f''[0]];
eq04 = Coefficient [TE, f^{(3)}[0]];
eq05 = Coefficient [TE, f^{(4)}[0]];
eqs4th = {eq02 == 0, eq04 == 0};
relations4th = Solve [eqs4th, {a_1, a_2}]
```

$$\{\{a_1 \to \frac{2}{3}, a_2 \to -\frac{1}{12}\}\}$$

```
Truncation_error = Coefficient [TE, f^{(5)}[0]]
```

$$-\frac{1}{60}h^4 a_1 - \frac{8h^4 a_2}{15}$$

图 3.3　待定系数的求解过程程序

现选取 7 个点计算某函数 $f(x)$ 的导数,基于 7 点差分,传统的有限差分格式可以给出 6 阶的精度。而采用 7 个点的 DRP 格式的精度却降低为 4 阶,但是,它可以达到低色散的特殊效果。采用 7 点 4 阶精度格式可以预留一个自由系数 a_j,这个系数是用于推导和优化低色散差分格式的关键参数。对 $f(x)$ 进行傅里叶变换,得

$$\tilde{f}(\alpha) = \frac{1}{2\pi}\int_{-\infty}^{\infty} f(x)\,\mathrm{e}^{-\mathrm{i}\alpha x}\mathrm{d}x, \quad f(x) = \int_{-\infty}^{\infty} \tilde{f}(\alpha)\,\mathrm{e}^{-\mathrm{i}\alpha x}\mathrm{d}\alpha \qquad (3.2)$$

将其应用到 $f(x)$ 的导数表达式中可得

$$\mathrm{i}\alpha\tilde{f} \cong \frac{1}{\Delta x}\Big[\sum_{-N}^{N} a_j \mathrm{e}^{\mathrm{i}j\alpha\Delta x}\Big]\,\tilde{f} \qquad (3.3)$$

方程变形后可得

$$\bar{\alpha}\Delta x \cong -\,\mathrm{i}\Big[\sum_{-N}^{N} a_j \mathrm{e}^{\mathrm{i}j\alpha\Delta x}\Big] \qquad (3.4)$$

式中，$\mathrm{i}=\sqrt{-1}$；j 为指针。实际上，与传统的有限差分相比，其区别仅仅在于上述方程的表达形式，将数值逼近从物理空间转换到波数空间。方程的左边 $\bar{\alpha}\Delta x$ 表示模拟波数，它和实际波数之间的差值由误差 E 表示：

$$E = \int_{-\eta}^{\eta} \big|\alpha\Delta x - \bar{\alpha}\Delta x\big|^2 \,\mathrm{d}(\alpha\Delta x) \qquad (3.5)$$

式中，η 为积分区间，取 $\eta=\pi/2$ 代表了整个波数范围。假设误差 $E=0$，则它代表着当前的差分格式可以求解无限小的波长。虽然客观上这个假设不能成立，而针对截断误差的优化可以使 E 趋近于 0。采用前文提到的一个未定自由参数 a_j，当 E 取最小值时使如下等式成立，则 $E\to 0$。

$$\frac{\partial E}{\partial a_j} = 0,\ j\in[-N,\,N] \qquad (3.6)$$

图 3.4 中的求解步骤是对传统有限差分格式的延伸，求解的系数为 a_1、a_2 和

```
▌第 3 步:优化
TE : = f′[0] - (a₃ f_{i+3} + a₂ f_{i+2} + a₁ f_{i+1} - a₁ f_{i-1} - a₂ f_{i-2} - a₃ f_{i-3}) /h
rule = {a₀→0 , a₋₁→-a₁, a₋₂→-a₂, a₋₃→-a₃};
……
relations4th = Solve[eqs4th, {a₁, a₂, a₃}]
{{a₁→ 2/3 +5 a₃, a₂→- 1/12 -4 a₃}}
E=∫_{-π/2}^{π/2} (ṅ k - ∑_{j=-3}^{3} a_j e^{ijk})² dlk/. rule/. relations4th
{ 1/216 (1280-231π-18π³) - 68/15 (-16+5π)a₃+( 3584/15 -84π)a₃²}
solution4th = Solve[∂_{a₃} E == 0 , a₃]
{a3. → 0.02652}
res = Flatten[relations4th /. solution4th //N]
{a₁. → 0.799266, a₂. →-0.189413}
Truncation_error = Coefficient[TE, f⁽⁵⁾[0]]
- 1/60 h⁴a₁ - 8h⁴a₂/15 - 81h⁴a₃/20
```

图 3.4　DRP 系数优化求解过程程序

a_3，其中待定系数 a_3 是与截断误差直接关联的系数，即上面提到的 $a_j\ (j=3)$。图 3.4 中，采用 7 个点求解 4 阶精度所得的 a_1 和 a_2 为 a_3 的函数。整理所得的截断误差 E 的表达式也是 a_3 的函数，令该函数对 a_3 的导数为零，则可求得系数 $a_3 = 0.026\,52$。已知 a_3，其余两个系数随即可求。

对于不同阶数的格式，图 3.5 给出了数值波数与实际波数的对比曲线，其中，(a) 2 阶有限差分；(b) 4 阶有限差分；(c) 6 阶有限差分；(d) 4 阶 DRP；(e) 6 阶 DRP；(f) 8 阶 DRP；(g) 10 阶 DRP；(h) 12 阶 DRP；(i) 14 阶 DRP。例如，针对 4 阶精度的优化格式，数值波数 $\bar{\alpha}\Delta x$ 在小于 1.5 的范围内都能够和直线 $\bar{\alpha}\Delta x = \alpha\Delta x$ 保持一致。当 $\bar{\alpha}\Delta x$ 大于 1.5 时，数值波数开始偏离实际波数，这样就会产生色散误差。由于波长 $\lambda = 2\pi/\alpha$，再利用关系式 $\bar{\alpha}\Delta x < 1.5$，得到可分辨的波长限制在 $\lambda > 4.2\Delta x$。可见，为了能够分辨更小的波长，需要减小网格尺度或者采用更高阶精度的格式。不同的差分格式对分辨波长的能力存在差异，这里，通过引入新概念即分辨效率进行比较。首先，定义 ε 为误差容限，满足 $\varepsilon \geqslant \dfrac{\left|\bar{\alpha}\Delta x - \alpha\Delta x\right|}{\alpha\Delta x}$。每个误差容限分别对应一个数值格式能够求解的较高的数值波数。例如，给定 $\varepsilon = 0.1$，4 阶 DRP 格式能够求解的最大波数为 $\bar{\alpha}\Delta x = 1.717$，见表 3.1。针对图 3.5 中给出的各种格式，表 3.1 列出了不同的分辨效率、不同阶数的格式所对应的数值波数。由表可知，优化格式可以在更大的波数范围内逼近真解；随着精度的提高，高阶格式能够分辨短波（大波数）。

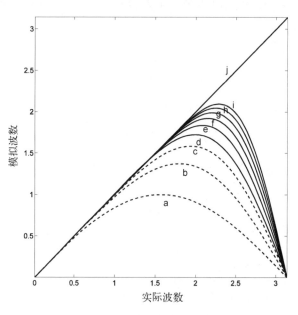

图 3.5　各阶差分格式可求解的波数精度

虚线：经典；实线：DRP

表 3.1　对于给定的误差 ε,最大可求解的波数 $\bar{\alpha}\Delta x$

格　式	$\varepsilon = 0.1$	$\varepsilon = 0.01$	$\varepsilon = 0.001$
(a) 2nd FD	0.707	0.243	0.075
(b) 4th FD	1.254	0.743	0.417
(c) 6th FD	1.536	1.089	0.731
(d) 4th DRP	1.717	1.509	1.431
(e) 6th DRP	1.834	1.605	1.481
(f) 8th DRP	1.921	1.695	1.525
(g) 10th DRP	1.990	1.776	1.576
(h) 12th DRP	2.045	1.848	1.629
(i) 14th DRP	2.091	1.913	1.682

色散误差是根据相速度误差定义的[59]。对于给定的数值波数 $\bar{\alpha}\Delta x$,相速度定义为: $c_p = \bar{\alpha}\Delta x / \alpha\Delta x$。偏微分方程组(partial differential equations, PDEs)对于所有波数的相速度为 1。因此, $c_p - 1$ 即为相位误差。图 3.6 给出了有限差分逼近的相速度与实际相速度的对比。与前面的结论类似,优化格式可以在更大波数范围内改进相位误差。

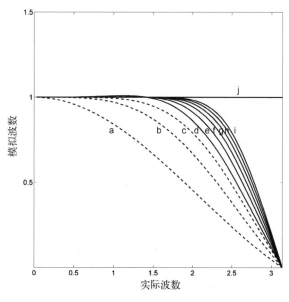

图 3.6　各阶差分格式可求解的相位精度

虚线: 经典;实线: DRP

3.2.2　高阶紧致差分格式及优化

Padé 型或紧致有限差分格式与显式有限差分格式的区别在于,首先它采用了隐式表达式来逼近导数,即 f_i' 的求解是以矩阵的形式完成的;另外,紧致格式的优势是基于同一精度它使用较少的网格点,而且还具有较小的色散误差。紧致格式的缺点在于矩阵运算产生的较高计算成本,主要是要求解包含所有导数项的矩阵。下面结合 Tam、Lele 以及 Kim 的研究工作[20,21,59],推导一系列的高阶、标准的优化紧致格式。如公式(3.7)所示,方程的左右两边都包含了待定系数。其中左边为相邻点导数之和,这是隐式差分与显示差分的核心区别。右边是基于网格大小为 Δx 的各节点差分。推导该紧致差分格式需要求出 5 个未知系数,基于公式(3.7),该差分格式具有 12 阶精度。

$$
\begin{aligned}
\alpha f_{j-1}' + f_j' + \alpha f_{j+1}' &= a \frac{f_{i+1} - f_{i-1}}{\Delta x} + b \frac{f_{i+2} - f_{i-2}}{\Delta x} + c \frac{f_{i+3} - f_{i-3}}{\Delta x} \\
&+ d \frac{f_{i+4} - f_{i-4}}{\Delta x} + e \frac{f_{i+5} - f_{i-5}}{\Delta x}
\end{aligned} \tag{3.7}
$$

为了便于讲述紧致格式系数的推导过程,这里以 6 阶紧致差分格式为例进行分析,如图 3.7 所示,首先对等式两边各项进行泰勒系数展开。需要注意的是方程右边的泰勒系数展开与前述 DRP 格式相同,而左侧是对各一阶导数的展开。所有各项均需要展开成为 8 阶的泰勒级数。

```
■ 第1步：泰勒展开
Taylor [X_] : = Evaluate [Normal [Series [f [X] , {X, 0, 8}]]]
f_{i+5} = Taylor [5 h]
……
f_{i-5} = Taylor [-5 h]
Taylor01[X_] : = Evaluate[Normal[Series[f′[X], {X, 0, 8}]]]
f_{i+1}′ = Taylor01 [h]
f_i′ = Taylor01 [0]
f_{i-1}′ = Taylor01 [-h]
```

$$
f'[0] - h\,f''[0] + \frac{1}{2}h^2 f^{(3)}[0] - \frac{1}{6}h^3 f^{(4)}[0] + \frac{1}{24}h^4 f^{(5)}[0] -
$$

$$
\frac{1}{120}h^5 f^{(6)}[0] + \frac{1}{720}h^6 f^{(7)}[0] - \frac{h^7 f^{(8)}[0]}{5040} + \frac{h^8 f^{(9)}[0]}{40320}
$$

图 3.7　泰勒展开详解程序

图 3.8 给出了各系数求解的步骤。首先,将方程写成以截断误差的表达形式,然后,令该截断误差的表达式中 6 阶以后的项均为 0,如此可以使得推导出的差分格式满足 6 阶精度的要求。考虑对称性,将三方程联立求解得到需要的系数。

■ 第 2 步：有限差分近似

$$TE = \alpha f_{i-1}' + f_i' + \alpha f_{i+1}' - \left(a\frac{f_{i+1}-f_{i-1}}{h} + b\frac{f_{i+2}-f_{i-2}}{h} \right)$$

```
eq02 = Coefficient [TE, f⁽¹⁾[0]]
eq04 = Coefficient [TE, f⁽³⁾[0]]
eq06 = Coefficient [TE, f⁽⁵⁾[0]]
eqns = {eq02 == 0, eq04 == 0, eq06 == 0};
res = Solve [eqns, {α, a, b}]
```

$$\{\{\alpha \to \frac{1}{3}, a \to \frac{7}{9}, b \to \frac{1}{36}\}\}$$

```
Truncation_Error = Coefficient [TE, f⁽⁷⁾[0]] /. res
```

$$\{-\frac{h^6}{1260}\}$$

图 3.8　系数求解程序

　　采用推导 DRP 格式类似的方法，可以对紧致格式进行优化从而更适用于 CAA 的差分格式。在波数空间对方程(3.7)的左右两边进行傅里叶变换：

$$\begin{aligned}
(i\alpha e^{-i\bar{\omega}\Delta x} + 1 + i\alpha e^{i\bar{\omega}\Delta x}) \, i\bar{\omega}\Delta x = &\, a(e^{i\omega\Delta x} - e^{-i\omega\Delta x}) + b(e^{2i\omega\Delta x} - e^{-2i\omega\Delta x}) \\
&+ c(e^{3i\omega\Delta x} - e^{-3i\omega\Delta x}) + d(e^{4i\omega\Delta x} - e^{-4i\omega\Delta x}) \\
&+ e(e^{5i\omega\Delta x} - e^{-5i\omega\Delta x})
\end{aligned} \quad (3.8)$$

式中，$i = \sqrt{-1}$，因为 α 目前是待求系数，用 $\omega\Delta x$ 替换 $\alpha\Delta x$。求解方程(3.8)中波数 $\bar{\omega}\Delta x$，将方程变形后得到如下形式：

$$\bar{\omega}\Delta x = \frac{2(a\sin(\omega\Delta x)) + b\sin(2\omega\Delta x) + c\sin(3\omega\Delta x) + d\sin(4\omega\Delta x) + e\sin(5\omega\Delta x)}{1 + 2\alpha\cos(\omega\Delta x)}$$

$$(3.9)$$

　　依据方程(3.4)中数值波数的定义，$\omega\Delta x$ 用于比较 $\bar{\omega}\Delta x$，通过最小化积分误差的形式，紧致格式逼近产生的数值波数与实际波数的积分误差形式如下：

$$E = \int_0^{\Gamma\pi} |\omega\Delta x - \bar{\omega}\Delta x|^2 W(\omega\Delta x)\,\mathrm{d}(\omega\Delta x) \quad (3.10)$$

　　在方程(3.10)中，Γ 取为 0~1 的因子，它决定了优化范围，$W(\omega\Delta x)$ 为加权函数。它的表达式如下：

$$W(\omega\Delta x) = [1 + 2\alpha\cos(\omega\Delta x)]^2 \quad (3.11)$$

接下来，对标准的紧致格式进行优化。由图 3.8 中的第二步开始，然后，在 a、b 和 α 中，找到一个任意自由参数。优化的过程可以参见图 3.9，以此对各阶数的泰勒

▌第3步：优化

```
( * The modified wave number ω1 * )
```

$$\omega1 = \frac{2\,(a\,Sin[w] + bSin[2w] + c\,Sin[3\,w] + dSin[4\,w] + e\,Sin[5\,w])}{1 + 2\,\alpha\,Cos[w]}$$

```
( * The weighting function W1 * )
W1 ：= ( 1 + 2 α Cos [ w ] ) ²
```

$$TE = \alpha f_{i-1}' + f_i' + \alpha f_{i+1}' - \left(a\,\frac{f_{i+1} - f_{i-1}}{h} + b\,\frac{f_{i+2} - f_{i-2}}{h}\right)$$

```
eq02 = Coefficient [ TE, f⁽¹⁾[ 0 ] ]
eq04 = Coefficient [ TE, f⁽³⁾[ 0 ] ]
eqns = { eq02 == 0, eq04 == 0 } ;
res = Solve [ eqns, { α, a, b } ]
```

$$\left\{\left\{\alpha \to \frac{1}{4} + 3b,\ a \to \frac{3}{4} + b\right\}\right\}$$

```
term01 = ( w - ω1 )² * W1 /. res
```

$integral = \int_0^{r*\pi} term01\ d1w$

$differentiate = \partial_b integral$

```
res1 = Solve [ differentiate == 0 /. r→0.75, { b } ]
{ { b→0.0440346 } }
{ { α→0.382104, a→0.794035, c→0, d→0, e→0 } }
```

图 3.9　优化的紧致差分格式系数求解程序

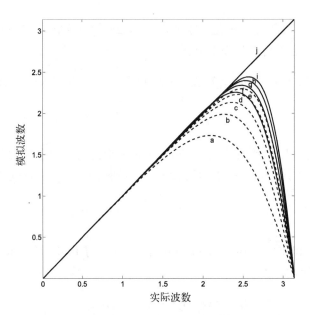

图 3.10　各阶差分格式下可求解的波数精度

虚线：经典；实线：优化

系数进行匹配,发现系数 a 和 α 是 b 的函数。再利用关系式 $\dfrac{\partial E}{\partial b} = 0$,就可得到高阶优化的紧致格式,如附录 B 中的表 B.2 和表 B.3 所示。

将表 B.2、表 B.3 中的系数代入方程(3.9)中,得到如图 3.10 所示各种标准的和经过优化后的紧致格式对应的数值波数与实际波数的比较。4 阶精度优化的显式格式(例如,7 点 DRP 格式)不能用于准确求解波数大于 1.5 的情况。但由图 3.10 可知,4 阶优化的紧致格式具有更高的分辨率,可以分辨的波数达到 $\bar{\omega}\Delta x = 2$。表 3.2 给出了不同的分辨效率对应的不同紧致格式的比较,进一步证明优化的格式能够计算更大范围的波数。

表 3.2 对于给定的误差 ε,最大可求解的波数 $\bar{\omega}\Delta x$

格 式	$\varepsilon = 0.1$	$\varepsilon = 0.01$	$\varepsilon = 0.001$
(a) 4th Compact	1.674	1.089	0.628
(b) 6th Compact	1.983	1.556	1.099
(c) 8th Compact	2.133	1.805	1.381
(d) 10th Compact	2.229	1.961	1.601
(e) 12th Compact	2.297	2.085	1.726
(f) 4th OptCompact	2.242	2.181	2.136
(g) 6th OptCompact	2.330	2.246	2.170
(h) 8th OptCompact	2.380	2.306	2.228
(i) 10th OptCompact	2.425	2.364	2.231

图 3.11 给出了不同格式的相位误差,明显地,当格式精度比较高时,求解高频波的能力也就越强。毫无疑问,高阶格式具有更好的特性,然而,在精度与计算成本之间找到最佳的平衡,才具有更实际的意义。网格点数决定着格式精度与计算时间,因此,高阶格式的使用依赖于待解决问题的对象。

如表 3.2 中所示,对于一个给定误差 ε,优化的紧致格式对于求解 CAA 问题具有较大的优势。例如,当 $\varepsilon = 0.1$ 的情况下,4 阶经典的紧致格式可求解的波数为 1.674,4 阶优化的紧致格式可求解的波数为 2.242,两者之间的倍数为 1.34。即可以理解为求解同样的波长时,经典的紧致格式需要的网格量要比优化的多 1/3。当 $\varepsilon = 0.1$ 时,4 阶 DRP 可以求解波数为 1.717,可见,紧致格式相比于 DRP 具有更佳的求解精度。

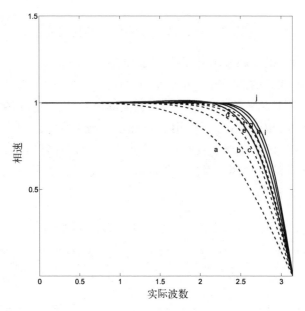

图 3.11　各阶差分格式下可求解的相位精度

虚线:经典的;实线:优化的

3.2.3　非均匀网格

在数值计算中,网格的拉伸造成局部、整体网格的非均匀分布是很常见的。前面推导的 DRP 和紧致格式都是基于均匀网格,而这些差分格式广泛应用于各种非均匀网格的计算中,因此,本节对于非均匀网格下应用这些差分格式进行推导、比较和分析。网格的拉伸和压缩方式多种多样,为方便分析采用比较常用的线性拉伸方法进行讨论。

假定在某处网格大小为 Δx ,该处网格节点位置是 x_i,拉伸比为 γ 。从该位置网格开始拉伸,拉伸函数为

$$x_{i+1} = x_i + \gamma \Delta x_i \qquad (3.12)$$

以 7 点的 DRP 差分格式为例,重复其相关系数的推导过程。详细步骤见图 3.12。在泰勒系数展开的过程中,目标对象是随 γ 变化的函数,因此,展开后的公式相对比较复杂。当给定一个 γ 值后,采用相同的方法将截断误差表示成函数,接着求解方程组获得相应系数。此后,针对优化条件,对多余系数进行求解,最终得到完整的系数。

为了直观地比较非均匀网格带来的误差,图 3.13 中将均匀网格的情况和非均匀网格进行比较。图中各曲线对应着不同的阶数和网格拉伸率:(a)标准的 6 阶有限差分格式, $\gamma = 1$(均匀网格);(b)7 点 DRP 格式 $\gamma = 1.15$;(c)7 点 DRP 格式 $\gamma = 1.075$;(d)7 点 DRP 格式 $\gamma = 1.025$;(e)7 点 DRP 格式 $\gamma = 1.0$(均匀网格);

■ **考虑网格拉伸的优化格式**

```
Taylor[X_]:= Evaluate[Normal[series[f[X],{X,0,6}]]]
f_i = Taylor[0];            f_{i+1} = Taylor[Δx];
f_{i+2} = Taylor[Δx(1+ɣ)];  f_{i+3} = Taylor[Δx(1+ɣ)+Δxɣ²];
f_{i-1} = Taylor[-Δx/ɣ];    f_{i-2} = Taylor[-Δx/ɣ-Δx/ɣ²];
f_{i-3} = Taylor[-Δx/ɣ-Δx/ɣ²-Δx/ɣ³];
```

```
4th-order(○○○●○○○)7-point

ɣ = 1.025; (* ɣ is the stretching rate *)
TE = f'[0]-(a₃f_{i+3}+a₂f_{i+2}+a₁f_{i+1}-a₁f_{i-1}-a₂f_{i-2}-a₃f_{i-3})/Δx;
rule={a₀→0, a_{-1}→-a₁, a_{-2}→-a₂, a_{-3}→-a₃};
eq01 = Coefficient[TE, f'[0]]; eq02 = Coefficient[TE, f^{(3)}[0]];
eqns = {eq01 == 0, eq02 == 0};
relations = Solve[eqns, {a₁, a₂, a₃}]
{{a₁→0.674453+5.03046 a₃, a₂→-0.0841142-4.01522 a₃}}

IntegralError = ∫_{-π/2}^{π/2} (ṅk-∑_{j=-3}^{3} a_j e^{ijk})² dlk/. rule/. relations;

Differentiate = ∂_{a₃} IntegralError;

result1 = Solve[Differentiate == 0, a₃]
{{a₃→0.0232949}}
result2 = relations /.result1
{{{a₁→0.791637, a₂→-0.177649}}}
```

图 3.12　DRP 格式在给定某非均匀网格下的推导过程程序

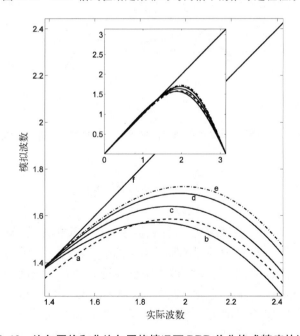

图 3.13　均匀网格和非均匀网格情况下 DRP 差分格式精度的比较

(f) 参考值。比较图中的各曲线,发现当 $\gamma = 1.15$ 时,对比曲线(b)、(e)差分精度明显降低,但仍然优于经典的有限差分格式,如曲线(a)、(b)所示。值得指出的是,$\gamma = 1.15$ 是非常大的拉伸率,在实际计算中,如翼型的 RANS 计算,$\gamma = 1.05$ 左右。在 LES 计算中,不但要保证贴壁面的网格密度,还要保持近物体附近网格密度,这样的 γ 值取更小。对于紧致格式,采用拉伸网格会产生类似的趋势,如图3.14 所示。图中各曲线分别表示:(a) 标准的 8 阶紧致差分格式 $\gamma = 1$(均匀网格);(b) 6 阶优化紧致差分格式 $\gamma = 1.15$;(c) 6 阶优化紧致差分格式 $\gamma = 1.075$;(d) 6 阶优化紧致差分格式 $\gamma = 1.025$;(e) 6 阶优化紧致差分格式 $\gamma = 1.0$(均匀网格);(f) 参考值。对比曲线(a)、(b),可以看出,即使采用最大拉伸率的网格,优化的 6 阶紧致格式仍然明显优于 8 阶的原始紧致格式。

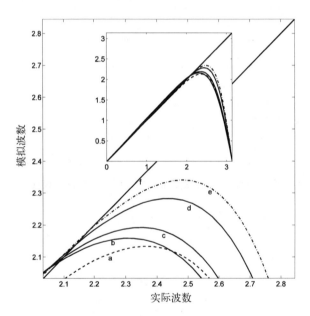

图 3.14 均匀网格和非均匀网格情况下紧致格式精度的比较

3.3 时 间 离 散

时间离散格式直接决定着控制方程数值模拟声传播的精度与收敛的时间。对计算气动声学来说,一种精确的时间离散格式能够确保长时间积分后仍保持良好的波形。在 CFD 计算中,基于传热、传质等物理特征开发的空间、时间离散方法很多,如 Warming-Kutler-Lomax 方法、两步 Lax-Wendroff 方法、MacCormack 方法等。在这些经典方法中,最常见的大多数是低阶差分格式,特别是空间离散格式。前面已对空间的高价精度格式进行了详细的推导。下面接着推导高阶时间差分格式,并给出半离散形式的方程。

首先,介绍 1 步 DRP 时间离散格式。在 Tam 与 Webb 的论文中[20],基于空间离散格式的思想,推导了显式时间积分方法。假定,已知变量 $f(t)$ 在时间点 $t = n\Delta t$ 的值,第 $n + 1$ 个时间步的值可以由以下 4 步有限差分逼近得到:

$$f_{(n+1)} \approx f_{(n)} + \Delta t \sum_{j=0}^{3} b_j \left[\frac{\mathrm{d}f}{\mathrm{d}t}\right]_{(n-j)} \tag{3.13}$$

这个方程完全是显式的格式,它是基于前面 3 个时间层的值计算得到的。在 $t = 0$ 时,$f_{(0)} = f_{\text{initial}}$,$f_{(-1)}$、$f_{(-2)}$、$f_{(-3)}$ 的初值为 0。系数 b_j 由泰勒系数展开确定,从而保证方程的精度为 $(\Delta t)^3$。

匹配泰勒展开的系数并求解整个系统方程,为了下一步的优化,先预留一个自由参数。例如,如果 b_0 是自由参数,则系数可以表示为

$$b_1 = -3b_0 + \frac{53}{12}, \ b_2 = 3b_0 - \frac{16}{3}, \ b_3 = -b_0 + \frac{23}{12} \tag{3.14}$$

将 Laplace 变换 $f(t) = \int^0 \tilde{f}(\omega)\exp(\mathrm{i}\omega t)\mathrm{d}\omega$ 应用到方程(3.13)中,得到:

$$\frac{\mathrm{d}\tilde{f}}{\mathrm{d}t} \approx -\mathrm{i}\frac{\mathrm{i}(\mathrm{e}^{-\mathrm{i}\omega\Delta t} - 1)}{\Delta t \sum_{j=0}^{3} b_j \mathrm{e}^{\mathrm{i}j\omega\Delta t}}\tilde{f} \tag{3.15}$$

式中,$\tilde{f}$ 代表 Laplace 变换。由于 Laplace 变换的导数为 $-\mathrm{i}\omega\tilde{f}$,方程(3.15)可以写成

$$\bar{\omega} = \mathrm{i}\frac{\mathrm{i}(\mathrm{e}^{-\mathrm{i}\omega\Delta t} - 1)}{\Delta t \sum_{j=0}^{3} b_j \mathrm{e}^{\mathrm{i}j\omega\Delta t}} \tag{3.16}$$

式中,$\bar{\omega}$ 为有限差分逼近的等效角频率。

下一步是确定最小积分误差。与其他对称格式不同,误差的实部和虚部都出现在积分方程中。

$$E = \int_{-\eta}^{\eta} \{\sigma[\mathrm{Re}(\bar{\omega}\Delta t - \omega\Delta t)]^2 + (1 - \sigma)[\mathrm{Im}(\bar{\omega}\Delta t - \omega\Delta t)]^2\}\mathrm{d}(\omega\Delta t)$$

$$\tag{3.17}$$

设定积分范围 $\eta = 0.5$,加权系数 $\sigma = 0.36$,借鉴以前的方法,令方程 $\partial E/\partial b_0 = 0$,则可以得到 $b_0 = 2.302\,558\,09$,这样就可以得到方程(3.14)的所有系数。

计算气动声学方法中常用的另一种时间积分方法是 Runge-Kutta(RK)格式,它是由 Runge 在 1895 年提出的,随后,Kutta 在 1901 年进一步发展了该方法。由于这种方法是高精度的,所以 RK 格式使用广泛并具有较高的研究价值。假设时间导数 $\partial f/\partial t = R(f)$,从时间 t_n 到 $t_n + \Delta t$ 的 p 阶 RK 格式可以写成

$$f_{(0)} = f_{(n)} \tag{3.18}$$

$$f_{(l)} = f_{(n)} + \alpha_l \Delta t R(f_{(l-1)}) \qquad (l = 1, \cdots, p) \tag{3.19}$$

$$f_{(n+1)} = f_{(p)} \tag{3.20}$$

通过 $f(t_n + \Delta t)$ 的泰勒级数展开,可以得到标准的 p 阶 RK 格式,为更好地理解该方法,下面仅给出 2 阶 RK 格式的推导过程。

假定 $f_{(n+1)}$ 代表时间 $t_n + \Delta t$ 的 f 值,$f_{(n+1)}$ 的泰勒级数展开得到:

$$f_{(n+1)} = f_{(n)} + hf'_n + \frac{1}{2}h^2 f''_{(n)} + \cdots + \frac{1}{q!}h^q f^{(q)}_{(n)} + O(h^{q+1}) \tag{3.21}$$

由于 $f' = \partial f / \partial t = R(f)$,方程 3.21 等价于

$$f_{(n+1)} = f_{(n)} + hR_{(n)} + \frac{1}{2}h^2 R'_{(n)} + \cdots + \frac{1}{q!}h^q R^{(q-1)}_{(n)} + O(h^{q+1}) \tag{3.22}$$

为推导 2 阶 RK 格式,方程(3.22)的截断误差应设定为 3 阶,整理各阶系数得到:

$$f_{(n+1)} = f_{(n)} + hR_{(n)} + \frac{1}{2}h^2 R'_{(n)} + O(h^3) \tag{3.23}$$

注意到 R 是 t 和 f 的函数,则 R 的时间导数为

$$R'_{(n)} = \left(\frac{\partial R}{\partial t}\right)_{(n)} + \left(\frac{\partial R}{\partial f}\right)_{(n)} \left(\frac{\partial f}{\partial t}\right)_{(n)} = \left(\frac{\partial R}{\partial t}\right)_{(n)} + \left(\frac{\partial R}{\partial f}\right)_{(n)} R_{(n)} \tag{3.24}$$

将方程(3.24)代入方程(3.23)中得到 $f_{(n+1)}$ 的泰勒系数展开:

$$f_{(n+1)} = f_{(n)} + hR_{(n)} + \frac{1}{2}h^2 \left[\left(\frac{\partial R}{\partial t}\right)_{(n)} + \left(\frac{\partial R}{\partial f}\right)_{(n)} R_{(n)} \right] + O(h^3) \tag{3.25}$$

2 步 RK 方法可以写成:

$$f_{(n+1)} = f_{(n)} + h(\omega_1 k_1 + \omega_2 k_2) \tag{3.26}$$

式中,ω_1、ω_2 是未知系数;k_1、k_2 的表达式如下:

$$k_1 = R(t_{(n)}, f_{(n)}) \tag{3.27}$$

$$k_2 = R(t_{(n)} + \alpha h, f_{(n)} + \beta h k_1) \tag{3.28}$$

为了确定四个未知量 ω_1、ω_2、α 和 β,首先要对 k_2 进行如下展开:

$$k_2 = R(t_{(n)} + \alpha h, f_{(n)} + \beta h k_1)$$

$$= R(t_{(n)}, f_{(n)} + \beta h k_1) + \alpha h \frac{\partial}{\partial t} R(t_{(n)}, f_{(n)} + \beta h k_1) + O(h^2) \tag{3.29}$$

$$= R_{(n)} + \alpha h \left(\frac{\partial R}{\partial t}\right)_{(n)} + \beta h \left(\frac{\partial R}{\partial f}\right)_{(n)} R_{(n)} + O(h^2)$$

将方程(3.27)和方程(3.28)代入方程(3.26),最终得到 2 步 RK 逼近:

$$f_{(n+1)} = f_{(n)} + (\omega_1 + \omega_2)hR_{(n)} + \omega_2 h^2 \left[\alpha\left(\frac{\partial R}{\partial t}\right)_{(n)} + \beta\left(\frac{\partial R}{\partial f}\right)_{(n)} R_{(n)} \right] + O(h^3)$$

(3.30)

通过比较方程(3.30)和方程(3.25)的泰勒展开,不难发现以下关系式:

$$\begin{cases} \omega_1 + \omega_2 = 1 \\ \alpha\omega_2 = 0.5 \\ \beta\omega_2 = 0.5 \end{cases}$$

(3.31)

显然,方程组(3.31)是不封闭的,因为此方程组中有 4 个未知量,而仅有 3 个方程。理论上,已知其中 1 个未知量,就可以求出另外 3 个未知量,但也存在较坏的情况,例如,如果 ω_2 为零,那么 2 步 RK 格式就退化为 1 阶 Euler 前插方法。

　　研究 RK 时间离散方法产生的色散和耗散误差,发现存在进一步优化的空间,即上述 4 未知数 3 方程存在一个可优化的变量。与经典 RK 格式相比,优化通常会降低精度的形式阶数,即形式上发生降阶现象,但是,从计算声学角度讨论声波在更广泛的频率范围内远距离传播来看,这种低色散的优化是极具价值的,因为使声波在长时间的传播后保持更真实的波形是基本目标。时间离散格式与空间离散格式的优化过程类似,这种优化在推导 DRP 时间离散格式时遇到过。采用最小化数值误差的方法,Hu 等[60]优化了 4、5、6 步 RK 格式。Bogey 等[61] & Berland 等[62]也做出了一些类似的优化研究。如果要得到 5 阶精度以上的 RK 格式,就需要更多的迭代步数,因而会增加计算量,通常,4 阶 RK 时间离散格式是使用比较普遍的方法。

　　为确保时间积分是稳定的,时间步长需要精心选择。对于经典 RK 格式,最大的时间步长是由 $R(f)$ 的特征值确定的。如果采用中心有限差分空间离散方法,忽略边界格式的影响,最大的时间步长与著名的 CFL 条件有关:

$$\text{CFL} = \frac{c_0 \Delta t}{h} < \frac{c_1}{K_{\max}}$$

(3.32)

式中,c_0 为给定介质中的声速;c_1 是由 RK 格式确定的常数;$K_{\max}$ 为给定有限差分格式的最大有效波数。针对 3、4 步 RK 格式,常数 c_1 分别取为 1.73[60]、2.83[63]。有限差分格式的最大可分辨的波数 $K_{\max}$ 已分别在表 3.1、表 3.2 中给出,其中,表 3.1 为 DRP 格式,表 3.2 为优化的紧致格式。因此,CFL 条件数很容易计算得到。考虑 3 步和 4 步 RK 时间格式,并结合 DRP 格式与紧致格式中 $K_{\max}$ 数,CFL 条件可以通过矩阵形式给出,见表 3.3。其中,(a) 2 阶有限差分,(b) 4 阶有限差分,

(c) 6 阶有限差分,(d) 4 阶 DRP,(e) 6 阶 DRP,(f) 8 阶 DRP,(g) 10 阶 DRP,(h) 12 阶 DRP,(i) 14 阶 DRP;见表 3.4,其中,(a)4 阶紧致格式,(b) 6 阶紧致格式,(c) 8 阶紧致格式,(d) 10 阶紧致格式,(e) 12 阶紧致格式,(f) 4 阶优化的紧致格式,(g) 6 阶优化的紧致格式,(h) 8 阶优化的紧致格式,(i) 10 阶优化的紧致格式。从表中给出的 CFL 条件数可以看到,有限差分格式的精度越高,所需要的时间步长就越小。一般地,隐式格式的时间步长(如表 3.4)要比显式格式(如表 3.3)更加受到限制。

表 3.3　CFL 条件数:显式格式

显式格式	RK_3			RK_4		
	$\varepsilon = 0.1$	$\varepsilon = 0.01$	$\varepsilon = 0.001$	$\varepsilon = 0.1$	$\varepsilon = 0.01$	$\varepsilon = 0.001$
(a)	2.45	7.12	23.07	4.00	11.65	37.73
(b)	1.38	2.33	4.15	2.26	3.81	6.79
(c)	1.13	1.59	2.37	1.84	2.60	3.87
(d)	1.01	1.15	1.21	1.65	1.88	1.98
(e)	0.94	1.08	1.17	1.54	1.76	1.91
(f)	0.90	1.02	1.13	1.47	1.67	1.86
(g)	0.87	0.97	1.10	1.42	1.59	1.80
(h)	0.85	0.94	1.06	1.38	1.53	1.74
(i)	0.83	0.90	1.03	1.35	1.48	1.68

表 3.4　CFL 条件数:隐式格式

隐式格式	RK_3			RK_4		
	$\varepsilon = 0.1$	$\varepsilon = 0.01$	$\varepsilon = 0.001$	$\varepsilon = 0.1$	$\varepsilon = 0.01$	$\varepsilon = 0.001$
(a)	1.03	1.59	2.75	1.09	1.68	2.91
(b)	0.87	1.11	1.57	0.92	1.18	1.67
(c)	0.81	0.96	1.25	0.86	1.01	1.33
(d)	0.78	0.88	1.08	0.82	0.93	1.14
(e)	0.75	0.83	1.00	0.80	0.88	1.06
(f)	0.77	0.79	0.81	0.82	0.84	0.86

续　表

隐式格式	RK$_3$			RK$_4$		
	$\varepsilon=0.1$	$\varepsilon=0.01$	$\varepsilon=0.001$	$\varepsilon=0.1$	$\varepsilon=0.01$	$\varepsilon=0.001$
(g)	0.74	0.77	0.80	0.79	0.81	0.84
(h)	0.73	0.75	0.78	0.77	0.79	0.82
(i)	0.71	0.73	0.77	0.75	0.77	0.82

　　下面继续介绍 Tam 和 Webb 时间离散格式的 CFL 条件的局限性。认识 DRP 时间离散方法的时间步长限制非常重要,这是因为,每个时间步它仅仅进行 1 次变量的计算,比 RK 效率更高。Tam 和 Webb 在文献中研究了 4 层时间格式的 CFL 条件标准[20],以及 7 点 DRP 空间离散格式,时间步长的标准为

$$\Delta t = \frac{\Omega}{1.75[M+(1+(\Delta x/\Delta y)^2)^{1/2}]}\frac{\Delta x}{c_0} \qquad (3.33)$$

当分母 $1.75[M+(1+(\Delta x/\Delta y)^2)^{1/2}]=1.75$ 时, Δt 可以取得最大值。Ω 的最大值为 0.4(由文献[20]给出),因而 DRP 格式的 CFL 条件值上限可以达到 0.23。如果采用 4 步 RK 时间格式和 7 点 DRP 空间离散格式,CFL 的最大值可以在表 3.3 中查到。例如,若设定 $\varepsilon = \dfrac{|\bar{\alpha}\Delta x - \alpha\Delta x|}{\alpha\Delta x} = 0.1$,查找 7 点 DRP 格式,然后得到 CFL= 1.65。从这个角度看,1 步 DRP 时间格式要比 4 步 RK 方法的计算成本高。

3.4　数值过滤和人工耗散

　　在流体力学和气动声学的数值模拟中,经常会发生数值高频振荡现象,它是存在于计算域中的非物理解。这些非物理现象影响计算的收敛,一段时间以后会导致计算模拟失败。理论上,中心有限差分格式是非耗散的,会产生高频的非物理波。为了消除这类非物理波,通常采用过滤技术或添加人工耗散函数。高阶过滤技术也可以用到气动声学模拟之中,以便防止多次迭代后物理波产生的额外耗散。下面将要讨论高阶过滤格式的影响。

3.4.1　显式过滤

　　人工阻尼项的添加一般依赖于波数,通常仅有短波被阻尼过滤掉。在气动声学模拟时,时间相关的物理量信号常常需要记录下来,以便分析某声波接收位置的声压谱。选用的过滤方法在计算的同时不能抹去真实物理解,也就是需要有选择

性地过滤,例如,速度和压强需要一直保持。采用高阶精度的过滤格式可以实现这个目的。

对于包含 $2N + 1$ 个点的中心过滤格式,方程可以写为

$$u_f(x_0) = u(x_0) - \sigma D(x_0) \qquad (3.34)$$

式中,

$$D(x_0) = \sum_{j=-N}^{N} d_j u(x_0 + j\Delta x) \qquad (3.35)$$

u_f 为过滤值, u 为上一个时间层的值。$d_j = d_{-j}$, σ 为阻尼系数, $0 < \sigma < 1$ 。为确定高阶显式过滤格式的系数,可以将方程(3.25)的泰勒系数展开与过滤格式中的系数进行匹配[64]。基于标准的中心显式高阶过滤及 Tam 与 Webb 的优化策略,Bogey、Bailly[61]给出了一系列的优化过滤器。表 B.6 给出了优化后的显式过滤格式系数。在边界处,Berland 等[65]提供了 7 点,11 点的非中心型高阶优化格式,研究表明,与中心型过滤格式相比,非中心型过滤格式能够更好处理边界反射问题。

下面举例说明过滤格式的影响。考虑高斯型函数,如方程(3.36)所示,通过这个方程定义 2 种类型的波,短波($b_1 = 2$)和长波($b_2 = 10$)。假定初始位置 $x_1 = 50$, $x_2 = 150$,将显式 2 阶、12 阶过滤格式应用于这两种波的模拟。

$$u = \exp[-(\ln2)(x - x_1)^2/b_1^2] + \exp[-(\ln2)(x - x_2)^2/b_2^2] \qquad (3.36)$$

图 3.15 所示是经过 1 000 次的时间迭代以后得到的过滤解。12 阶过滤格式得到

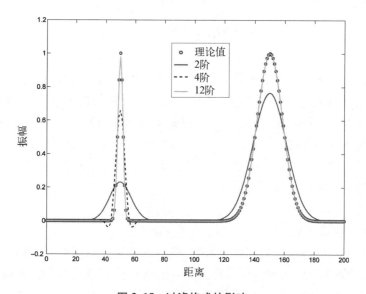

图 3.15　过滤格式的影响

的解几乎和真解一样;4 阶过滤格式对长波的影响比较小,但对短波起到阻尼作用,使得短波的振幅减小 30%;然而,2 阶过滤格式对长波、短波都有一定的阻尼作用。

3.4.2 隐式过滤

Lele[59] 给出了紧致有限差分过滤器的标准方程,即五对角(penta diagonal)过滤格式。Visbal、Gaitonde[66] 提出了基于三对角 Padé 型方程的紧致过滤格式。

$$\alpha_f \tilde{f}_{j-1} + \tilde{f}_j + \alpha_f \tilde{f}_{j+1} = \sum_{n=0}^{N} \frac{a_n}{2} (f_{j+n} + f_{j-n}) \qquad (3.37)$$

式中,$\tilde{f}$ 为过滤后的值;α_f 为自由参数;α_n 是确定格式精度的系数。将这些紧致过滤器的精度推导至 10 阶,表 B.7 给出了它们的系数。采用 Padé 型的空间离散方程和过滤器,Visbal、Gaitonde[66,67] 进行了一些数值实验,计算在拉伸的网格上实施,高阶过滤技术成功地消除了高频振荡。针对边界上的节点,Gaitonde、Visbal[68] 研究了高阶精度的非中心型的紧致过滤格式,并保持了过滤器的三对角形式。边界处过滤器的方程如下:

$$\alpha_f \tilde{f}_{j-1} + \tilde{f}_j + \alpha_f \tilde{f}_{j+1} = \sum_{n=0}^{N} a_n f_n \qquad (3.38)$$

采用区域分裂策略,在曲线网格上进行了大量的定常、非定常,黏性、非黏性流场计算,验证了边界过滤格式的精度。

3.4.3 人工阻尼区域

另一种技术即添加阻尼区域(海绵区域),常常用于配合高阶过滤格式。在声学模拟时,这种技术经常用在远场边界处,以便减少声波向计算域内部的反射。数值模拟中常常遇到湍流涡的结构在出口边界处的振幅仍然比较大(图 3.1)。其可能的原因是,计算区域不是足够大,或者出口边界处的网格密度仍比较高以至于无法通过粗网格进行涡结构的自然过滤。出口区域的边界处理容易被忽视,数值计算的发散问题经常会出现在这里。因此,针对这类问题可以设定一个海绵区域,对传播到这里的波进行耗散处理。Bogey、Bailly[69] 给出了这类阻尼区域,其表达式为

$$f_i = f_i - \alpha \left[\frac{x(i) - x_1}{x_2 - x_1} \right]^{\beta} [3d_0 f_i + d_1 (f_{i+1} + f_{i-1})] \qquad (3.39)$$

式中,α 为过滤器的振幅;β 为介于 1,2 之间的值;$d_0 = 0.5$;$d_1 = -0.25$。海绵区域的长度为 $x_1 \le x \le x_2$。第二种类型的阻尼函数是由 Israeli 等[70] 及 Adams[71] 提出:

$$f_i = f_i - \sigma(i) f_i \tag{3.40}$$

$$\sigma(i) = A_s (N_s + 1)(N_s + 2) \frac{[x(i) - x_1]^{N_s} [x_2 - x(i)]}{(x_2 - x_1)^{N_s + 2}} \tag{3.41}$$

式中,海绵区域定义为 $x_1 \leqslant x \leqslant x_2$; A_s 、 N_s 为修正参数,如 $A_s = 4$, $N_s = 3$ 。

为了证实海绵区域的影响,假定一个正弦波传播到计算域内,海绵区域如图 3.16 所示,其长度约为整个区域的 1/3。将上面提到的两种类型的阻尼方法应用到计算中,分别标记为 damping1、damping2。如图 3.16 所示,两个阻尼函数在海绵区域内都有效地吸收了波,尤其是过滤与非过滤区域的交界处仍然保持着较好的光滑过度。

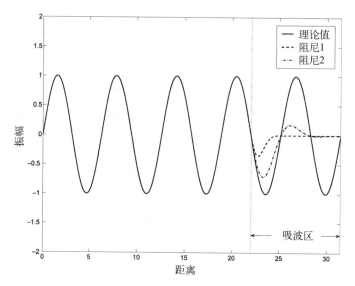

图 3.16　远场边界人工阻尼的影响

3.5　声学边界条件

边界条件在 CAA 计算中需要特别重视,多数情况下计算的发散是发生在边界位置。在计算区域外边界处的反射波会传播到区域内,并和其他的物理波相互作用,并一直会被封闭在计算域内往复传播。因此,研究稳定的、精确的边界条件非常重要。下面将分别研究固体边界和远场边界条件,重点讨论声学辐射边界条件和出流边界条件。

3.5.1　固体壁面边界条件

依次介绍几种处理壁面边界条件的方法,并通过数值计算验证它们的稳定性。

在研究这类边界条件时,常常遇到的困难在于如何给定计算区域外部虚拟节点的值。Tam 和 Webb 研究的 DRP 格式提供了构造高阶精度边界格式的方法。采用最小数目的虚拟点值,Tam 和 Dong[72] 研究了一系列的壁面边界条件。这些虚拟点的值常通过外插、内点的镜像以及其他物理条件等计算得到。Tam 和 Dong 的思想是基于壁面内的一个虚拟点值,采用向后插格式计算壁面的法向导数。图 3.17 给出了壁面附近节点的分布,$x=0$ 为壁面,7 点 DRP 格式用来计算导数 $\partial/\partial x$ 、$\partial/\partial y$ 。假定 u 、v 分别为 x 、y 方向的速度,壁面 $x=0$ 处的法向速度 $u=0$ 。在 Tam 和 Dong 的研究中,条件 $u=0$ 隐含着用来计算壁面内虚拟点处的压强值。壁面附近所有的法向导数通过非中心型 DRP 格式计算(表 B.4)。采用区域内节点的值计算 $\partial u/\partial x$ 、$\partial v/\partial x$ 与 $\partial\rho/\partial x$,壁面内的虚拟点值用来计算 $\partial p/\partial x$ 。

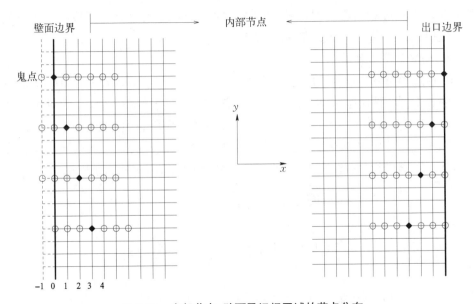

图 3.17　内部节点、壁面及远场区域的节点分布

在壁面附近区域采用非对称型的紧致边界格式。壁面处的 u 速度设置为 0,压强、密度、切向速度采用外插格式。壁面处这些物理量的法向导数采用高精度的非中心型紧致格式计算。这种类型的壁面边界处理可以参考 Visbal 等的声散射问题的研究。为了实现低色散误差,还可以采用优化的非对称型紧致格式计算[73]。

Djambazov 等[74] 给出了另一种壁面边界条件,数值模拟中采用贴体交错网格。对于无黏问题,固体壁面看作为对称表面,因此,法向速度为 0,压强的法向导数及其他速度的法向导数都为 0。结合壁面内的一些虚拟节点,将中心有限差分格式应用在壁面上。格心型虚拟节点的值通过以下方式计算:① 压强与速度值采用流体内的值镜像得到;② 法向速度采用流体内的反对称值计算。这种方法对于交错网格非常方便,因为同样的差分格式可以在整个计算区域内直接实现数值离散。然而,与内部区域的计算精度相比,这种方法在壁面处不能保持同样的高阶精度,主要是由于镜像方法本身是非物理的模型。

3.5.2 声学远场边界条件

由于数值计算区域是有限的,在远场边界处必须提供合适的边界条件。为了研究无反射边界,结合物理模型与数学逼近,推导了入流/出流边界条件。下面介绍 3 种入流/出流边界条件。第一类远场边界条件为特征边界条件,它是由 Thompson[75,76] 提出的。第二类远场边界条件是将渐近解应用到外部问题,并假定边界位于远离声源的位置,这类辐射边界条件是由 Bayliss 等[77] 提出的。第三类远场边界条件是完美匹配层边界条件(PML),是由 Hu[78,79] 提出的,为最小化出口处的波反射,需要在缓冲区域求解 PML 方程。

1. 特征边界条件

特征边界条件是计算流体力学中常用的边界处理方法。这种方法是将双曲方程分解成不同的波模态。首先介绍 Thompson 的方法,为了区分远场边界处的波传播方向,Thompson 针对一维 Euler 方程进行了分析。采用非中心型格式(如图 3.17 所示),由计算区域内的值确定输出波的振幅。对于无反射情况,入射波的振幅设置为 0。考虑圆柱坐标系下的非线性 Euler 方程,验证 Thompson 的方法:

$$\frac{\partial \boldsymbol{Q}}{\partial t} + \boldsymbol{A}\,\frac{\partial \boldsymbol{Q}}{\partial r} + \boldsymbol{B}\,\frac{\partial \boldsymbol{Q}}{\partial x} + \boldsymbol{C} = 0 \tag{3.42}$$

式中,$\boldsymbol{Q} = [\rho,\, u,\, v,\, p]\,'$ 是原始变量,矩阵 $\boldsymbol{A}$、$\boldsymbol{B}$、$\boldsymbol{C}$ 的表达式如下:

$$\boldsymbol{A} = \begin{bmatrix} v & 0 & \rho & 0 \\ 0 & v & 0 & 0 \\ 0 & 0 & v & 1/\rho \\ 0 & 0 & \gamma p & v \end{bmatrix},\ \boldsymbol{B} = \begin{bmatrix} u & \rho & 0 & 0 \\ 0 & u & 0 & 1/\rho \\ 0 & 0 & u & 0 \\ 0 & \gamma p & 0 & u \end{bmatrix},\ \boldsymbol{C} = \begin{bmatrix} \dfrac{\rho v}{r} \\ 0 \\ 0 \\ \dfrac{\gamma p v}{r} \end{bmatrix} \tag{3.43}$$

对于沿着 x 轴方向的边界,方程(3.43)简化为

$$\frac{\partial \boldsymbol{Q}}{\partial t} + \boldsymbol{B}\,\frac{\partial \boldsymbol{Q}}{\partial x} + \boldsymbol{K} = 0 \tag{3.44}$$

式中,径向的导数与源项 $\boldsymbol{C}$ 合起来,用 $\boldsymbol{K}$ 表示。矩阵 $\boldsymbol{B}$ 满足 $\boldsymbol{SBS}^{-1} = \Lambda$,对角阵为 $\Lambda = \mathrm{diag}(u - 1,\, 1,\, u + 1)$。将其应用到方程(3.44)中,得到:

$$S \frac{\partial \boldsymbol{Q}}{\partial t} + L_i + SK = 0 \tag{3.45}$$

式中,

$$L_i = \begin{cases} \Lambda S \dfrac{\partial \boldsymbol{Q}}{\partial x} & \text{对于输出波} \\ 0 & \text{对于入射波} \end{cases} \tag{3.46}$$

为了理解这些特征波 L_i,方程(3.45)可以展开为

$$\frac{\partial p}{\partial t} - \rho c_0 \frac{\partial u}{\partial t} = -L_1 - K_4 + \rho c_0 K_2 = R_1 \tag{3.47}$$

$$c_0^2 \frac{\partial \rho}{\partial t} - \frac{\partial p}{\partial t} = -L_2 - c_0^2 K_1 + K_4 = R_2 \tag{3.48}$$

$$\frac{\partial v}{\partial t} = -L_3 - K_2 = R_3 \tag{3.49}$$

$$\frac{\partial p}{\partial t} + \rho c_0 \frac{\partial u}{\partial t} = -L_4 - K_4 - \rho c_0 K_2 = R_4 \tag{3.50}$$

时间导数 $\left[\dfrac{\partial \rho}{\partial t}, \dfrac{\partial u}{\partial t}, \dfrac{\partial v}{\partial t}, \dfrac{\partial p}{\partial t} \right]$ 可以由下列式子计算:

$$\frac{\partial \rho}{\partial t} = \frac{1}{c_0^2} \left[\frac{1}{2}(R_1 + R_4) + R_2 \right] \tag{3.51}$$

$$\frac{\partial u}{\partial t} = \frac{1}{2}\rho c_0 (R_4 - R_1) \tag{3.52}$$

$$\frac{\partial v}{\partial t} = R_3 \tag{3.53}$$

$$\frac{\partial p}{\partial t} = \frac{1}{2}(R_1 + R_4) \tag{3.54}$$

边界点的数据更新需要用到以上时间导数。对于径向方向,计算需要重复以上同样的过程。如果 L_1 波是入射波($u - c < 0$), L_2、L_3、L_4 是输出波,那么,这些波的振幅可以由以下式子表示[44,80]:

$$L_1 = 0 \tag{3.55}$$

$$L_2 = u \left(c_0^2 \frac{\partial \rho}{\partial x} - \frac{\partial p}{\partial x} \right) \tag{3.56}$$

$$L_3 = u \frac{\partial v}{\partial x} \tag{3.57}$$

$$L_4 = (u + c_0) \left(\frac{\partial p}{\partial x} + c_0 \rho \frac{\partial u}{\partial x} \right) \tag{3.58}$$

Thompson 的方法本质上是一维的,特别适用于流体垂直于外边界的情况。Giles[81] 对 Thompson 方法进行了改进。第一步,沿着边界方向,Giles 方法在空间上进行 Fourier 分析,在时间上进行 Laplace 变换。第二步是将时、空转换后的系统分解成入射波和输出波。最后一步是将转换后的边界方程逆转换到实空间,并确定特征波 L_i。Kim 和 Lee 进行了类似的改进,即在入口边界,为了保持均匀流速,提出软入流边界条件。同时,采用高阶紧致格式,对绕圆柱的流场、声场进行数值模拟,验证了改进后的边界条件。

2. 辐射和出流边界条件

第二类边界条件是基于线化 Euler 方程的特征分析。在 Tam 和 Webb[20,72] 的研究中,对于二维扰动,将线化 Euler 方程进行 Fourier 和 Laplace 变换。转换后的方程分解成熵波(仅包含密度脉动,$u = v = 0$)、涡波(仅包含速度脉动,$p = \rho = 0$)、声波(包含所有的物理变量)。在入流边界处,仅存在输出的声波,其边界条件可以写成:

$$\left(\frac{1}{V(\theta)} \frac{\partial}{\partial t} + \frac{\partial}{\partial r} + \frac{1}{2r} \right) \begin{pmatrix} \rho \\ u \\ v \\ p \end{pmatrix} = 0 + O(r^{-5/2}) \tag{3.59}$$

式中, $V(\theta) = c_0 \{ M\cos(\theta - \varphi) + [1 - M^2 \sin^2(\theta - \varphi)]^{\frac{1}{2}} \}$, $M = \dfrac{\sqrt{u_0^2 + v_0^2}}{c_0}$, $c_0 = \sqrt{\gamma p_0 / \rho_0}$ 是声速,φ 为均匀流角。边界条件的精度是与计算区域径向长度成比例的。在笛卡儿坐标系下,入流边界的方程为

$$\frac{1}{V(\theta)} \frac{\partial \rho}{\partial t} + \cos(\theta) \frac{\partial \rho}{\partial x} + \sin(\theta) \frac{\partial \rho}{\partial y} + \frac{\rho}{2r} = 0 \tag{3.60}$$

$$\frac{1}{V(\theta)} \frac{\partial u}{\partial t} + \cos(\theta) \frac{\partial u}{\partial x} + \sin(\theta) \frac{\partial u}{\partial y} + \frac{u}{2r} = 0 \tag{3.61}$$

$$\frac{1}{V(\theta)} \frac{\partial v}{\partial t} + \cos(\theta) \frac{\partial v}{\partial x} + \sin(\theta) \frac{\partial v}{\partial y} + \frac{v}{2r} = 0 \tag{3.62}$$

$$\frac{1}{V(\theta)} \frac{\partial p}{\partial t} + \cos(\theta) \frac{\partial p}{\partial x} + \sin(\theta) \frac{\partial p}{\partial y} + \frac{p}{2r} = 0 \tag{3.63}$$

由于出流边界处的输出扰动包含声波、熵波、涡波,故需要对方程(3.60)~方程(3.63)进行修正。明显地,总的压力脉动仅来自声扰动,这样,出流边界处的压力与辐射边界条件中的相同。出流边界条件对应的方程表达式如下:

$$\frac{\partial \rho}{\partial t} + u_0 \frac{\partial \rho}{\partial x} + v_0 \frac{\partial \rho}{\partial y} = \frac{1}{c_0^2}\left(\frac{\partial p}{\partial t} + u_0 \frac{\partial p}{\partial x} + v_0 \frac{\partial p}{\partial y}\right) \tag{3.64}$$

$$\frac{\partial u}{\partial t} + u_0 \frac{\partial u}{\partial x} + v_0 \frac{\partial u}{\partial y} = -\frac{1}{\rho_0}\frac{\partial p}{\partial x} \tag{3.65}$$

$$\frac{\partial v}{\partial t} + u_0 \frac{\partial v}{\partial x} + v_0 \frac{\partial v}{\partial y} = -\frac{1}{\rho_0}\frac{\partial p}{\partial y} \tag{3.66}$$

$$\frac{1}{V(\theta)}\frac{\partial p}{\partial t} + \cos(\theta)\frac{\partial p}{\partial x} + \sin(\theta)\frac{\partial p}{\partial y} + \frac{p}{2r} = 0 \tag{3.67}$$

Tam 和 Webb 的特征边界条件是针对非均匀、非各向同性的辐射、入流、出流边界而提出的。从数值模拟的经验方面来说,如果出口区域的扰动不是很强,那么,入流和出流边界条件的差别就不是很大。这也表明,一个较大的计算区域,即使远场边界处的网格相当粗糙,它也能够产生好的计算结果。

3. 吸收边界条件——完美匹配层(PML)方法

PML 方法是由 Hu[79] 提出的,最初的研究是源于电磁学问题。该方法的思想是将计算区域分成两个部分,内部区域和 PML 区域(缓冲层)。假定声波、涡波、熵波在这个缓冲层内要被吸收掉。吸收量依赖于 PML 区域的厚度和吸收系数。PML 方法的理论基础是基于对线化 Euler 方程的分析。假定存在沿 x 轴方向的马赫数为 M 的二维均匀流,缓冲层定义在长方形计算区域的四个边上。σ_x、σ_y 分别为 x、y 方向上的吸收系数。在计算区域的 4 个角处,x、y 方向上的缓冲层重叠,这里要充分考虑到吸收系数 σ_x、σ_y 的影响。基于线化的 Euler 方程,将原始变量 (u, v, p, ρ) 分解为 (u_1, v_1, p_1, ρ_1) 和 (u_2, v_2, p_2, ρ_2) 两个部分。PML 方程定义为

$$\frac{\partial \begin{pmatrix} u_1 \\ v_1 \end{pmatrix}}{\partial t} + \begin{pmatrix} \sigma_x \\ \sigma_y \end{pmatrix}\begin{pmatrix} u_1 \\ v_1 \end{pmatrix} = -\frac{\partial(p_1 + p_2)}{\partial \begin{pmatrix} x \\ y \end{pmatrix}} \tag{3.68}$$

$$\frac{\partial \begin{pmatrix} u_2 \\ v_2 \end{pmatrix}}{\partial t} + \begin{pmatrix} \sigma_x \\ \sigma_x \end{pmatrix}\begin{pmatrix} u_2 \\ v_2 \end{pmatrix} = -M\frac{\partial \begin{pmatrix} u_1 + u_2 \\ v_1 + v_2 \end{pmatrix}}{\partial x} \tag{3.69}$$

$$\frac{\partial \begin{pmatrix} p_1 \\ \rho_1 \end{pmatrix}}{\partial t} + \begin{pmatrix} \sigma_x \\ & \sigma_x \end{pmatrix} \begin{pmatrix} p_1 \\ \rho_1 \end{pmatrix} = -\frac{\partial (u_1 + u_2)}{\partial x} - M \frac{\partial \begin{pmatrix} p_1 + p_2 \\ \rho_1 + \rho_2 \end{pmatrix}}{\partial x} \tag{3.70}$$

$$\frac{\partial \begin{pmatrix} p_2 \\ \rho_2 \end{pmatrix}}{\partial t} + \begin{pmatrix} \sigma_y \\ & \sigma_y \end{pmatrix} \begin{pmatrix} p_2 \\ \rho_2 \end{pmatrix} = -\frac{\partial (v_1 + v_2)}{\partial y} \tag{3.71}$$

当 $\sigma_x = \sigma_y = 0$ 时,以上方程就退化为 Euler 方程。上述方程中的空间导数项仅仅是针对整体变量 u、v、p、ρ,这样可以保证内部区域与缓冲层之间交界处的光滑过渡。假定一个平面波传播到 PML 区域,这个波则可以写成一个指数函数的形式。例如, u_1 可以写成 $u_1 = u_0 \exp[\mathrm{i}(xk_x + yk_y - \omega t)]$,其中, u_0 为振幅。把这个平面波公式代入 PML 方程(3.68)~方程(3.71)中,得到平面波的解(u_1, v_1, p_1, ρ_1)和(u_2, v_2, p_2, ρ_2)。

　　针对以上 3 个不同的边界条件,研究者们进行大量的数值实验。对于均匀流动,Hixon 等[82]研究了 Thompson 与 Giles 的特征边界条件,Tam 与 Webb 的声学辐射边界条件。通过比较得出了以下结论:① Tam 和 Webb 的方法在处理出流边界时最有效;只有当流动近似为一维情况,并与边界垂直时,特征边界条件才能有效。② 对于入流边界,Giles 的边界条件、Tam 和 Webb 的方法均有效;Thompson 的方法会在入口边界附近产生一些反射。Colonius 和 Lele[63]对 Thompson、Giles、Tam 和 Webb、PML 等 4 种边界条件也进行了数值研究。研究结果表明:① Tam 和 Webb 的声学辐射边界条件在时间迭代的早期是最有效的方法,它的最大误差约是 PML 方法的一半,但是,这种辐射边界条件具有缓慢的、长时间的不稳定性;② 特征边界条件的误差比 Tam 和 Webb 的方法高出一个量级;③ PML 层产生的误差相对较少。

第四章
流动控制方程

4.1 引　言

　　流体的运动方程早在 100 多年前就已经为人们知晓,基于 Navier-Stokes(N-S)方程的动量守恒关系式在当时是无法进行数值模拟来求解的,在当时的工程应用中必须进行各种假设,如流体无黏、不可压缩、贴体无分离等。随着计算机技术的发展,复杂几何物体的绕流、高湍流度的流动仿真计算成为热门研究方向。随着计算流体方法的日益成熟,气动噪声数值计算在 20 世纪中后期也逐渐发展成为一门相对单独的研究方向。由于气动声学的方程组完全建立在 N-S 方程之上,因此本章首先介绍流体力学的基本控制方程,然后再讲述气动声学的几类求解方法以及高精度的差分离散方式。

4.2　流动基本控制方程

　　流体运动满足三个守恒定律,在满足这些守恒定律的基础上,根据应用对象的不同,流动基本控制方程的写法根据流动的马赫数和黏性力的特征又区分为可压缩、不可压缩流动以及黏性、无黏流动。例如,考虑无黏流动时,动量守恒方程的黏性项忽略不计,从而得到相应的欧拉方程,对欧拉方程积分可以得到工程领域常用的一些简化方程,例如理想不可压流体定常流动的伯努利方程。在气动声学研究领域,湍流运动是气动噪声产生的源头,黏性作用是不可忽略的;而且声波传播的前提是环境介质具有可压缩性,因此可压缩 N-S 方程是研究气动噪声的基本方法。在不考虑外力作用、燃烧及化学反应等特殊情况下,本节介绍可压缩方程的基本形式,关于基础理论方程的描述同时可以参阅一些经典的文献[83-85]。

4.2.1　流动与变形的基本概念

　　为便于后续方程的理解与推导,首先将流体的主要概念进行阐述,这些将形成 N-S 方程推导的基础。同时对一些常用的表达式进行介绍。

1. 流体质点(fluid particle)的加速度

此处定义的流体质点为无限小的流体微团(infinitesimal fluid volume)。在某个时刻 t,质点的速度矢量是 $V(t)$,经过时间 $\mathrm{d}t$ 后,该速度矢量变化为 $V(t+\mathrm{d}t)$,根据加速度的原始定义可以写出其表达式:

$$a = \frac{\mathrm{d}V}{\mathrm{d}t} \tag{4.1}$$

如图 4.1 所示,速度随时间发生幅值与方向的变化,其速度可以表示为三个分量形式:

$$V = u\boldsymbol{i} + v\boldsymbol{j} + w\boldsymbol{k} \tag{4.2}$$

式中,三个速度分量在 (x, y, z) 坐标轴上分别表示为 (u, v, w),各方向上的单位矢量分别用 $(\boldsymbol{i}, \boldsymbol{j}, \boldsymbol{k})$ 表示。

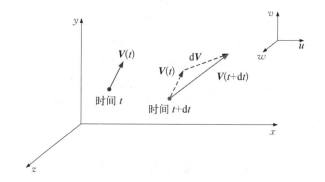

图 4.1　流体质点速度矢量的时空变化

图 4.1 中的速度变化量 $\mathrm{d}V$ 是时间和空间的函数,根据链式规则:

$$\mathrm{d}V = \frac{\partial V}{\partial x}\mathrm{d}x + \frac{\partial V}{\partial y}\mathrm{d}y + \frac{\partial V}{\partial z}\mathrm{d}z + \frac{\partial V}{\partial t}\mathrm{d}t \tag{4.3}$$

方程两边继续对时间求导数得到加速度的表达式:

$$a = \frac{\partial V}{\partial x}\frac{\mathrm{d}x}{\mathrm{d}t} + \frac{\partial V}{\partial y}\frac{\mathrm{d}y}{\mathrm{d}t} + \frac{\partial V}{\partial z}\frac{\mathrm{d}z}{\mathrm{d}t} + \frac{\partial V}{\partial t} \tag{4.4}$$

因此,流体质点的加速度在笛卡儿坐标系中表达为速度随时间和空间位移的导数之和:

$$a = \frac{\partial V}{\partial t} + u\frac{\partial V}{\partial x} + v\frac{\partial V}{\partial y} + w\frac{\partial V}{\partial z} \tag{4.5}$$

式中,本地加速度(local acceleration)为 $\partial V/\partial t$,表示非稳态流场(unsteadiness of flow)中时变关系。其余项 $u\partial V/\partial x + v\partial V/\partial y + w\partial V/\partial z$ 是速度的空间迁移项（convection acceleration），可以理解为流场的均匀程度（uniformity of flow），此项是区别和理解流体运动加速度与固体运动加速度的显著特征。

根据表达的需要，本书中采用的表达式有矢量形式（vector form）也有标量形式（scalar form），其中最常用的定义有

$$\frac{D}{Dt} = \frac{\partial}{\partial t} + u\frac{\partial}{\partial x} + v\frac{\partial}{\partial y} + w\frac{\partial}{\partial z} \tag{4.6}$$

这种表达方式称为随体导数或物质导数（substantial derivative or material derivative），这样可以大大简化方程的书写，如前面描述的加速度项写为

$$\boldsymbol{a} = \frac{D\boldsymbol{V}}{Dt} \tag{4.7}$$

相应地单独分析各个维度的加速度则可以将各项展开成为标量形式：

$$a_x = \frac{\partial u}{\partial t} + u\frac{\partial u}{\partial x} + v\frac{\partial u}{\partial y} + w\frac{\partial u}{\partial z} \tag{4.8}$$

$$a_y = \frac{\partial v}{\partial t} + u\frac{\partial v}{\partial x} + v\frac{\partial v}{\partial y} + w\frac{\partial v}{\partial z} \tag{4.9}$$

$$a_z = \frac{\partial w}{\partial t} + u\frac{\partial w}{\partial x} + v\frac{\partial w}{\partial y} + w\frac{\partial w}{\partial z} \tag{4.10}$$

此处介绍的流体质点加速度项是构造动量守恒方程的基础。

2. 流体质点的运动与变形基本形式

流体质点运动形式分为三种：平移运动、旋转运动和变形运动。图 4.2 中表示了某流体质点运动形态的时空变化。在某一时刻 t，假设在二维平面内，该质点

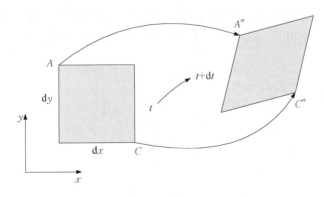

图 4.2 流体质点运动形态的时空叠加形式

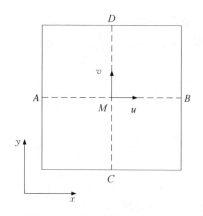

图 4.3　流体质点的平移群速度

形态为矩形,边长分别表示为(dx, dy),两个对角顶点表示为(A, C)。经过时间 dt 以后,平移、旋转和变形运动相互叠加。平移改变了质心的空间位置、按照标准刚体处理,旋转则改变质点的角动量、变形运动的核心则表现为其变形的角速度。

平移运动表现为流体质点以共同的群速度(group velocity)在一定的时间间隔 dt 内发生总体位移的变化。图 4.3 以二维微团为例,其速度可以表示为(u, v),该群速度定义在其质心位置 M。

在平移运动的基础上,旋转与变形效应如图 4.4 所示。虚线正方形表示未旋转与变形状态下的流体质点,其顶点位置标注为 A。产生(刚性)旋转后,A 点对应的新位置为 A',同时流体质点产生角变形,进一步改变 A 点的位置为 A″。其最终的叠加形态如左侧菱形示意图。

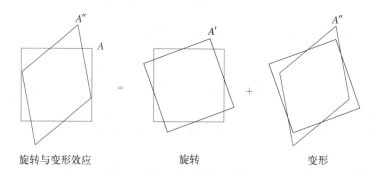

旋转与变形效应　　　　　旋转　　　　　变形

图 4.4　流体质点的平移群速度

上述流体质点旋转的量化单位表示为角速度,其定义为流体质点控制体两垂直边的转动速度的平均值。图 4.5 中,A、B、C、D 四点的速度均满足微分表达形式:

$$
\begin{aligned}
A &\to v - \frac{\partial v}{\partial x}\frac{\mathrm{d}x}{2} \\[2mm]
B &\to v + \frac{\partial v}{\partial x}\frac{\mathrm{d}x}{2} \\[2mm]
C &\to u - \frac{\partial u}{\partial y}\frac{\mathrm{d}y}{2} \\[2mm]
D &\to u + \frac{\partial u}{\partial y}\frac{\mathrm{d}y}{2}
\end{aligned}
\tag{4.11}
$$

考虑两条垂直边 AB、CD，两条边满足相互垂直的关系，$AB \perp CD$。线段 AB 和 CD 的运动角速度分别表示为

$$\Omega_{AB} = \frac{V_B - V_A}{\mathrm{d}x}$$

$$= \left[v + \frac{\partial v}{\partial x} \frac{\mathrm{d}x}{2} - \left(v - \frac{\partial v}{\partial x} \frac{\mathrm{d}x}{2} \right) \right] = \frac{\partial v}{\partial x} \qquad (4.12)$$

$$\Omega_{CD} = -\frac{V_D - V_C}{\mathrm{d}y}$$

$$= -\left[u + \frac{\partial u}{\partial y} \frac{\mathrm{d}y}{2} - \left(u - \frac{\partial u}{\partial y} \frac{\mathrm{d}y}{2} \right) \right]$$

$$= -\frac{\partial u}{\partial y} \qquad (4.13)$$

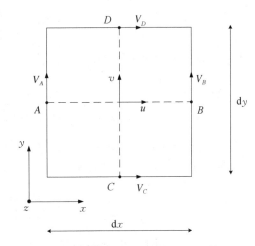

图 4.5 无限小流体六面体的二维截面
四条边速度示意图

根据定义，xy 平面绕 z 轴的角速度为以上两条边角速度之平均值：

$$\Omega_z = \frac{1}{2}(\Omega_{AB} + \Omega_{CD}) = \frac{1}{2}\left(\frac{\partial v}{\partial x} - \frac{\partial u}{\partial y} \right) \qquad (4.14)$$

同理，xz 平面绕 y 轴的角速度和 yz 平面绕 x 轴的角速度分别为

$$\Omega_y = \frac{1}{2}\left(\frac{\partial u}{\partial z} - \frac{\partial w}{\partial x} \right) \qquad (4.15)$$

$$\Omega_x = \frac{1}{2}\left(\frac{\partial w}{\partial y} - \frac{\partial v}{\partial z} \right) \qquad (4.16)$$

继续讨论上述情况，存在比较大的概率线段 AB 与 CD 的旋转速度不一致，此时该流体质点就会发生变形。考虑无限小微团发生线性变形，则变形的形式可以是长度方向的拉伸或挤压，也可以表现为角变形。描述此类变形的量称为变形率张量（angular rate of strain tensor）。在 xy 平面绕 z 轴的角变形率张量描述为线段 AB 和 CD 速度之差的形式

$$\varepsilon_{xy} = \frac{1}{2}(\Omega_{AB} - \Omega_{CD}) = \frac{1}{2}\left(\frac{\partial v}{\partial x} + \frac{\partial u}{\partial y} \right) \qquad (4.17)$$

同理，xz 平面绕 y 轴的变形率张量和 yz 平面绕 x 轴的变形率张量分别为

$$\varepsilon_{xz} = \frac{1}{2}\left(\frac{\partial w}{\partial x} + \frac{\partial u}{\partial z} \right) \qquad (4.18)$$

$$\varepsilon_{yz} = \frac{1}{2}\left(\frac{\partial w}{\partial y} + \frac{\partial v}{\partial z}\right) \tag{4.19}$$

由对称关系可以得出：

$$\varepsilon_{xy} = \varepsilon_{yx}, \ \varepsilon_{xz} = \varepsilon_{zx}, \ \varepsilon_{yz} = \varepsilon_{zy} \tag{4.20}$$

除角变形之外，另一种常见的变形形式也可以是长度方向的拉伸或挤压，如图 4.5 中，假如 A 点运动速度快于 B 点，则该流体质点在 x 轴方向处于被拉伸变形状态。这类的变形用法向变形率张量(normal rate of strain tensor)表示：

$$\varepsilon_{xx} = \frac{u_B - u_A}{\mathrm{d}x} = \left[u + \frac{\partial u}{\partial x}\frac{\mathrm{d}x}{2} - \left(u - \frac{\partial u}{\partial x}\frac{\mathrm{d}x}{2}\right)\right]/\mathrm{d}x = \frac{\partial u}{\partial x} \tag{4.21}$$

同理可得其余两个方向上的法向变形率张量：

$$\varepsilon_{yy} = \frac{\partial v}{\partial y}, \ \varepsilon_{zz} = \frac{\partial w}{\partial z} \tag{4.22}$$

整理得到流体质点六面体上受到的变形率张量矩阵形式：

$$
\begin{aligned}
\boldsymbol{\varepsilon}_{ij} &= \begin{bmatrix} \varepsilon_{xx} & \varepsilon_{xy} & \varepsilon_{xz} \\ \varepsilon_{xy} & \varepsilon_{yy} & \varepsilon_{yz} \\ \varepsilon_{xz} & \varepsilon_{yz} & \varepsilon_{zz} \end{bmatrix} \\
&= \begin{bmatrix} \partial u/\partial x & \frac{1}{2}(\partial v/\partial x + \partial u/\partial y) & \frac{1}{2}(\partial w/\partial x + \partial u/\partial z) \\ \frac{1}{2}(\partial v/\partial x + \partial u/\partial y) & \partial v/\partial y & \frac{1}{2}(\partial w/\partial y + \partial v/\partial z) \\ \frac{1}{2}(\partial w/\partial x + \partial u/\partial z) & \frac{1}{2}(\partial w/\partial y + \partial v/\partial z) & \partial w/\partial z \end{bmatrix}
\end{aligned} \tag{4.23}
$$

式中推导出的变形率应变对于阐述流体质点微观变形具有直观的物理意义；同时，ε_{ij} 在后续流体动量方程的建立中起到重要作用，它与法向和切向应变具有极其相似的表达形式和内在物理关联。

4.2.2 连续方程的微分形式——质量守恒定律

取流体质点六面体如图 4.6 所示，其边长分别为(dx, dy, dz)，在质点中心位置的速度为(u, v, w)。由质量守恒定律可知，六面体各平面进出质量流量总和的变化称为其质量的变化率：

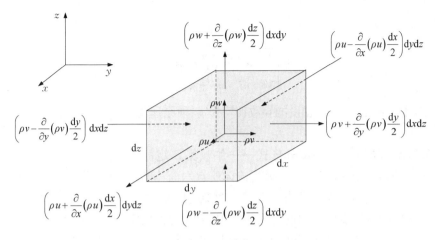

图 4.6　流体质点六面体质量通量平衡关系示意图

$$\frac{\partial m_\Omega}{\partial t} = \dot m_{\text{in}} - \dot m_{\text{out}} \tag{4.24}$$

采用 4.2.1 节中分析六面体各面速度分布的方式,此处在质点中心位置绑定(ρu, ρv, ρw)为单一变量,将六面体各面的质量流量求和后得到:

$$\begin{aligned}
\frac{\partial}{\partial t}(\rho \mathrm{d}x\mathrm{d}y\mathrm{d}z) = {} & \left\{ \left[\rho u - \frac{\partial(\rho u)}{\partial x}\frac{\mathrm{d}x}{2} \right] - \left[\rho u + \frac{\partial(\rho u)}{\partial x}\frac{\mathrm{d}x}{2} \right] \right\}\mathrm{d}y\mathrm{d}z \\
& + \left\{ \left[\rho v - \frac{\partial(\rho v)}{\partial y}\frac{\mathrm{d}y}{2} \right] - \left[\rho v + \frac{\partial(\rho v)}{\partial y}\frac{\mathrm{d}y}{2} \right] \right\}\mathrm{d}x\mathrm{d}z \\
& + \left\{ \left[\rho w - \frac{\partial(\rho w)}{\partial z}\frac{\mathrm{d}z}{2} \right] - \left[\rho w + \frac{\partial(\rho w)}{\partial z}\frac{\mathrm{d}z}{2} \right] \right\}\mathrm{d}x\mathrm{d}y
\end{aligned} \tag{4.25}$$

将上述等式中消去同类项后左右除以六面体的体积,得到:

$$\frac{\partial}{\partial x}(\rho u) + \frac{\partial}{\partial y}(\rho v) + \frac{\partial}{\partial z}(\rho w) = -\frac{\partial \rho}{\partial t} \tag{4.26}$$

进一步展开求导,并采用随体导数表达形式:

$$\frac{\partial \rho}{\partial t} + u\frac{\partial \rho}{\partial x} + v\frac{\partial \rho}{\partial y} + w\frac{\partial \rho}{\partial z} + \rho\left(\frac{\partial u}{\partial x} + \frac{\partial v}{\partial y} + \frac{\partial w}{\partial z} \right) = 0 \tag{4.27}$$

$$\frac{\mathrm{D}\rho}{\mathrm{D}t} + \rho\left(\frac{\partial u}{\partial x} + \frac{\partial v}{\partial y} + \frac{\partial w}{\partial z} \right) = 0 \tag{4.28}$$

采用哈密顿算子表示速度的散度为

$$\frac{\mathrm{D}\rho}{\mathrm{D}t} + \rho\,\nabla\cdot\boldsymbol{V} = \boldsymbol{0} \tag{4.29}$$

式中，

$$
\begin{cases}
\nabla = \dfrac{\partial}{\partial x}\boldsymbol{i} + \dfrac{\partial}{\partial y}\boldsymbol{j} + \dfrac{\partial}{\partial z}\boldsymbol{k} \\
\boldsymbol{V} = u\boldsymbol{i} + v\boldsymbol{j} + w\boldsymbol{k}
\end{cases}
\tag{4.30}
$$

可见，对于不可压缩流体，密度的导数项均为零，所余速度的散度为零，即 $\nabla \cdot \boldsymbol{V} = \boldsymbol{0}$。

4.2.3　动量方程的微分形式——牛顿第二定律

从牛顿第二定律出发，首先分析流体质点六面体的受力情况，通常将质点的受力之和分解为表面力与体积力。在某一时刻，质点所在的流体微团的总动量随时间的变化率即该质点所受力的合力。其中，表面力作用于质点的六个面，按照作用方向，在笛卡儿坐标系中，定义为法向力和切向力，分别平行和垂直于质点所在的各控制面。体积力表现形式多样，常见的有重力、电磁力以及通过外部力添加项出现在动量方程中的任何自定义量。这里首先分析表面力的物理意义，并提出表面应力张量的概念。

采用前文研究变形应变率的思路，首先通过图示的方式直观展现某质点上法向应力与切向应力所在的受力面与作用力指向。图 4.7 中，法向应力张量(normal stress tensor)表示为(σ_{xx}, σ_{yy}, σ_{zz})，分别作用于(x, y, z)三个方向。切向应力张量(tangential stress tensor)由六个分量表示(τ_{yx}, τ_{zx}, τ_{xy}, τ_{zy}, τ_{xz}, τ_{yz})，其对应的作用力方向依次为(x, x, y, y, z, z)。

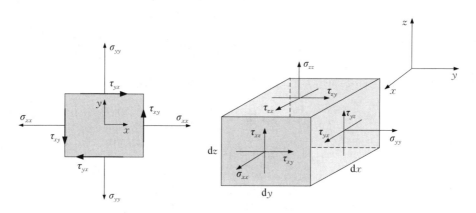

图 4.7　流体质点法向与切向应力张量对应各平面位置与方向关系

通常也将法向力称为正应力，考虑静止容器中的液体，流体静力学中描述的压强与重力的平衡状态就是在切向应力为零时的特殊情况。综合图 4.8 所绘的表面力并考虑体积力为重力的情况，应用牛顿第二定律，分析在各方向力的平衡关系。图 4.8 中详细标注了该流体质点表面力的微分表达式与作用力方向。

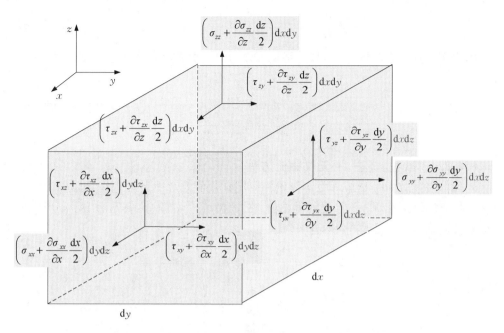

图 4.8　流体质点表面力的微分表达式与作用力方向示意图

六面体上的每个面受到三个表面力作用,应用对应的表面应力张量,乘以该平面的面积,得到三个方向的表面力。沿 x 轴方向,将力的分量进行累加,得到受力平衡关系式:

$$
\begin{aligned}
\rho \mathrm{d}x \mathrm{d}y \mathrm{d}z \frac{\mathrm{D}u}{\mathrm{D}t} = & \left[\left(\sigma_{xx} + \frac{\partial \sigma_{xx}}{\partial x} \frac{\mathrm{d}x}{2} \right) - \left(\sigma_{xx} - \frac{\partial \sigma_{xx}}{\partial x} \frac{\mathrm{d}x}{2} \right) \right] \mathrm{d}y \mathrm{d}z \\
& + \left[\left(\tau_{yx} + \frac{\partial \tau_{yx}}{\partial y} \frac{\mathrm{d}y}{2} \right) - \left(\tau_{yx} - \frac{\partial \tau_{yx}}{\partial y} \frac{\mathrm{d}y}{2} \right) \right] \mathrm{d}x \mathrm{d}z \\
& + \left[\left(\tau_{zx} + \frac{\partial \tau_{zx}}{\partial z} \frac{\mathrm{d}z}{2} \right) - \left(\tau_{zx} - \frac{\partial \tau_{zx}}{\partial z} \frac{\mathrm{d}z}{2} \right) \right] \mathrm{d}x \mathrm{d}y \\
& + \rho g_x \mathrm{d}x \mathrm{d}y \mathrm{d}z
\end{aligned}
\tag{4.31}
$$

方程两边除以质点的体积,合并消减后得到在 x 轴方向质点的加速度:

$$
\rho \frac{\mathrm{D}u}{\mathrm{D}t} = \frac{\partial \sigma_{xx}}{\partial x} + \frac{\partial \tau_{yx}}{\partial y} + \frac{\partial \tau_{zx}}{\partial z} + \rho g_x
\tag{4.32}
$$

同理在另外两个方向上的加速度为

$$
\rho \frac{\mathrm{D}v}{\mathrm{D}t} = \frac{\partial \sigma_{yy}}{\partial y} + \frac{\partial \tau_{xy}}{\partial x} + \frac{\partial \tau_{zy}}{\partial z} + \rho g_y
\tag{4.33}
$$

$$\rho \frac{\mathrm{D}w}{\mathrm{D}t} = \frac{\partial \sigma_{zz}}{\partial z} + \frac{\partial \tau_{xz}}{\partial x} + \frac{\partial \tau_{yz}}{\partial y} + \rho g_z \tag{4.34}$$

应用切应力张量的对称关系,应力张量可以写出类似于变形率张量矩阵形式:

$$\boldsymbol{\tau}_{ij} = \begin{bmatrix} \sigma_{xx} & \tau_{xy} & \tau_{xz} \\ \tau_{yx} & \sigma_{yy} & \tau_{yz} \\ \tau_{zx} & \tau_{zy} & \sigma_{zz} \end{bmatrix} \tag{4.35}$$

4.2.4　欧拉方程——无黏微分方程

如何表述应力张量矩阵中各分量并应用到数值求解动量方程组是黏性流体力学的核心问题。在 N‑S 方程问世之前,在 1740 年左右,欧拉率先给出了不考虑流体黏性时动量微分方程的形式:

$$\rho \frac{\mathrm{D}u}{\mathrm{D}t} = \frac{\partial p}{\partial x} + \rho g_x$$

$$\rho \frac{\mathrm{D}v}{\mathrm{D}t} = \frac{\partial p}{\partial y} + \rho g_y \tag{4.36}$$

$$\rho \frac{\mathrm{D}w}{\mathrm{D}t} = \frac{\partial p}{\partial z} + \rho g_z$$

式中,应力张量矩阵中的切应力张量为零,正应力大小等于压强力,方向互反:

$$\boldsymbol{\tau}_{ij} = \begin{bmatrix} \sigma_{xx} & 0 & 0 \\ 0 & \sigma_{yy} & 0 \\ 0 & 0 & \sigma_{zz} \end{bmatrix} = \begin{bmatrix} -p & 0 & 0 \\ 0 & -p & 0 \\ 0 & 0 & -p \end{bmatrix} \tag{4.37}$$

至此,结合欧拉方程和前述连续方程建立方程组,4 个方程中包含 4 个未知量(u, v, w, p),结合必要的初始条件和边界条件,欧拉方程可进行离散求解。

4.2.5　纳维‑斯托克斯方程——黏性微分方程

理想流体的假设带来诸多实际流动中无法解决的问题,随着对湍流认知的深入,需要考虑黏性作用力来处理边界层黏性流动与湍流运动。本质上,方程(4.32)~方程(4.34)结合连续方程仍然是不闭合的,4 个方程包含了 3 个速度项和 6 个应力张量。因此,需要将各应力张量与速度和压强耦合起来。

$$\sigma_{xx} = -p + 2\mu \frac{\partial u}{\partial x} + \lambda \nabla \cdot \boldsymbol{V}$$

$$\sigma_{yy} = -p + 2\mu \frac{\partial v}{\partial y} + \lambda \nabla \cdot \boldsymbol{V} \tag{4.38}$$

$$\sigma_{zz} = -p + 2\mu \frac{\partial w}{\partial x} + \lambda \nabla \cdot \boldsymbol{V}$$

$$\tau_{xy} = \mu\left(\frac{\partial u}{\partial y} + \frac{\partial v}{\partial x}\right)$$

$$\tau_{xz} = \mu\left(\frac{\partial u}{\partial z} + \frac{\partial w}{\partial x}\right) \qquad (4.39)$$

$$\tau_{yz} = \mu\left(\frac{\partial v}{\partial z} + \frac{\partial w}{\partial y}\right)$$

式中，μ 是黏性系数，$\lambda = -2/3\mu$ 也称为第二黏性系数，这是斯托克斯假定（Stokes's hypothesis）的重要部分，对于绝大多数气体该假设成立。斯托克斯假定中还包含隐含的内容：① 研究对象是牛顿流体，满足牛顿内摩擦定律；② 应力和变形速率之间存在线性关系，由此给出式（4.39）建立两者的线性代数关系；③ 稳态流动中切应力为零，三个方向平均正应力大小等于压强力：

$$p = -1/3(\sigma_{xx} + \sigma_{yy} + \sigma_{zz}) \qquad (4.40)$$

对式（4.38）进行分析，以 x 轴方向为例，牛顿流体的本构方程展开可得

$$\sigma_{xx} = -p + 2\mu\frac{\partial u}{\partial x} - \frac{2}{3}\mu\left(\frac{\partial u}{\partial x} + \frac{\partial v}{\partial y} + \frac{\partial w}{\partial z}\right) \qquad (4.41)$$

$$= -p + \Delta\sigma_{xx}$$

此处，用 $\Delta\sigma_{xx}$ 表示由黏性项带来的附加应力，可以进一步写成如下形式：

$$\Delta\sigma_{xx} = 2\mu\left[\underbrace{\varepsilon_{xx}}_{(A)} - \underbrace{\left(\frac{\partial u}{\partial x} + \frac{\partial v}{\partial y} + \frac{\partial w}{\partial z}\right)}_{(B)}/3\right] \qquad (4.42)$$

为了方便理解，上式中将附加应力的作用效果分成（A）、（B）两部分，通过前面学习，第一项（A）中，已知 ε_{xx} 描述的是线变形率，则该项对应了附加应力导致的流体质点的线变形。第二项（B）的表达式是流体的散度，即等同于前文所述的 $\nabla \cdot \boldsymbol{V}$，而该项的变化对应着流体质点的体变形率，即压缩或膨胀产生的体积变化率。相同的分析方法可以解释其余各方向上的正应力与切应力表达式的物理含义。须知，当应力不改变体积的情况，即为不可压缩流动，此时方程中的（B）项可忽略不计。

在此，在笛卡儿坐标系下总结 N‐S 方程常见的三种完整形式。

标量形式：

$$\rho\frac{Du}{Dt} = -\frac{\partial p}{\partial x} + \rho\boldsymbol{g}_x + \mu\left(\frac{\partial^2 u}{\partial x^2} + \frac{\partial^2 u}{\partial y^2} + \frac{\partial^2 u}{\partial z^2}\right) + \frac{\mu}{3}\frac{\partial}{\partial x}\left(\frac{\partial u}{\partial x} + \frac{\partial v}{\partial y} + \frac{\partial w}{\partial z}\right)$$

$$\rho\frac{Dv}{Dt} = -\frac{\partial p}{\partial y} + \rho\boldsymbol{g}_y + \mu\left(\frac{\partial^2 v}{\partial x^2} + \frac{\partial^2 v}{\partial y^2} + \frac{\partial^2 v}{\partial z^2}\right) + \frac{\mu}{3}\frac{\partial}{\partial y}\left(\frac{\partial u}{\partial x} + \frac{\partial v}{\partial y} + \frac{\partial w}{\partial z}\right) \qquad (4.43)$$

$$\rho\frac{Dw}{Dt} = -\frac{\partial p}{\partial z} + \rho\boldsymbol{g}_z + \mu\left(\frac{\partial^2 w}{\partial x^2} + \frac{\partial^2 w}{\partial y^2} + \frac{\partial^2 w}{\partial z^2}\right) + \frac{\mu}{3}\frac{\partial}{\partial z}\left(\frac{\partial u}{\partial x} + \frac{\partial v}{\partial y} + \frac{\partial w}{\partial z}\right)$$

矢量形式：

$$\rho \frac{\mathrm{D}\boldsymbol{V}}{\mathrm{D}t} = -\nabla p + \rho \boldsymbol{g} + \mu \nabla^2 \boldsymbol{V} \tag{4.44}$$

张量形式：

张量写法基于求和约定(summation covention)，也是常见的表达形式，后续气动声学方程的推导将沿用这一表达式。该写法前面未加描述，在此给出连续方程和动量方程的完整微分形式及补充说明：

$$\frac{\partial \rho}{\partial t} + \frac{\partial}{\partial x_j}\rho u_j = 0$$

$$\rho\left(\overset{(1)}{\frac{\partial u_i}{\partial t}} + \overset{(2)}{u_j \frac{\partial}{\partial x_j}u_i}\right) = -\overset{(3)}{\frac{\partial p}{\partial x_i}} + \overset{(4)}{\frac{\partial \tau_{ij}}{\partial x_j}} + \overset{(5)}{f_i} \tag{4.45}$$

这种写法在形式上比标量方程简洁，比矢量方程包含更丰富的直观信息。此处对方程(4.45)动量方程中各项含义分别进行介绍：

(1)时间相关的加速度项，定常和静止的流体为零；

(2)输运项，相对静止的流场为零；

(3)压差力，普遍起主导作用，如翼型低攻角流动，压差力远大于黏性力；

(4)黏性力，理想流体黏性力为零；

(5)任意形式的体积力，如重力、电磁力或自定义的力。

关于式中较为复杂的黏性力基于求和约定补充说明：

$$\tau_{ij} = \begin{cases} \mu\left(\dfrac{\partial u_i}{\partial x_j} + \dfrac{\partial u_j}{\partial x_i}\right) & i \neq j \\ 2\mu \dfrac{\partial u_i}{\partial x_j} - \dfrac{2}{3}\mu \nabla \cdot \boldsymbol{u} & i = j \end{cases} \Rightarrow$$

$$\frac{\partial \tau_{ij}}{\partial x_j} = \begin{cases} \mu\left(\dfrac{\partial^2 u_i}{\partial x_j^2} + \dfrac{\partial^2 u_j}{\partial x_i \partial x_j}\right) & i \neq j \\ 2\mu \dfrac{\partial^2 u_i}{\partial x_j^2} - \dfrac{2}{3}\mu \dfrac{\partial}{\partial x_j}(\nabla \cdot \boldsymbol{u}) & i = j \end{cases} \tag{4.46}$$

对式中所含的导数项分别应用求和约定，得

$$\frac{\partial^2 u_i}{\partial x_j^2} \xlongequal{i=1} \sum_{j=2}^3 \frac{\partial^2 u}{\partial x_j^2} = \frac{\partial^2 u}{\partial y^2} + \frac{\partial^2 u}{\partial z^2}$$

$$\frac{\partial^2 u_j}{\partial x_i \partial x_j} \xlongequal{i=1} \sum_{j=2}^3 \frac{\partial^2 u_j}{\partial x \partial x_j} = \frac{\partial^2 v}{\partial x \partial y} + \frac{\partial^2 w}{\partial x \partial z}$$

$$2\frac{\partial^2 u_i}{\partial x_j^2} \xlongequal{i=1} \sum_{j=1}^1 2\frac{\partial^2 u}{\partial x_j^2} = 2\frac{\partial^2 u}{\partial x^2} \qquad (4.47)$$

$$-\frac{2}{3}\frac{\partial}{\partial x_j}(\nabla \cdot u) \xlongequal{i=1} -\frac{2}{3}\sum_{j=1}^1 \frac{\partial}{\partial x_j}\left(\frac{\partial u}{\partial x} + \frac{\partial v}{\partial y} + \frac{\partial w}{\partial z}\right) = -\frac{2}{3}\left(\frac{\partial^2 u}{\partial x^2} + \frac{\partial^2 v}{\partial x \partial y} + \frac{\partial^2 w}{\partial x \partial z}\right)$$

对式(4.47)求和即得到(4.45)中第(4)项黏性项在 $i=1$ 时的标量形式,完全等同于式(4.43)关于 x 轴方向动量守恒的表达形式。

4.2.6 能量方程微分形式——热力学第一定律

最后简要补充能量方程的微分形式。能量方程在风力机空气动力学及气动声学中扮次要角色,但是在航空航天等超高速飞行研究领域中声热的耦合研究是无法分割的关系。

当温度、密度、速度发生改变时,流体内能的输送和转移关系遵循热力学第一定律。方程(4.48)~方程(4.50)描述了能量守恒的关系。其中,密度 ρ、黏性系数 μ、焓 h、热量输运项 k 均为压力与温度的函数。方程(4.49)中流体焓的变化包含了动能、势能、压力做功、黏性力做功。流体可压缩的情况下,需计入流体内能的变化,否则当流体密度均匀情况下仅需考虑机械能守恒;进一步假设无黏、不可压缩流体,方程可直接简化为熟知的伯努利方程,它反映的是机械能守恒关系。

$$\rho = \rho(p, T), \ \mu = \mu(p, T), \ h = h(p, T), \ k = k(p, T) \qquad (4.48)$$

$$\rho\frac{\mathrm{D}h}{\mathrm{D}t} = \frac{\mathrm{D}p}{\mathrm{D}t} + \mathrm{div}(k\nabla T) + \tau'_{ij}\frac{\partial u_i}{\partial x_j} \qquad (4.49)$$

$$\tau'_{ij} = \mu\left(\frac{\partial u_i}{\partial x_j} + \frac{\partial u_j}{\partial x_i}\right) + \delta_{ij}\lambda\,\mathrm{div}\boldsymbol{V} \qquad (4.50)$$

最后值得一提的是,N-S方程成立仅需满足几个基本条件:① 流体对象是一个连续体;② 流体质点均处于热力学平衡状态;③ 唯一有效的体积力是来自重力;④ 热传导满足傅里叶关系;⑤ 没有内部热源。

第五章
气动声学控制方程

5.1 引 言

随着计算机技术的高速发展,计算声学的手段也更加多样化。本节探讨一些常用的计算声学方法。气动噪声的数值预测方法可以粗略地分为两类:直接模拟法和其他混合方法。CAA 方法分类示意图如 5.1 所示。可以看出,模拟流场时有两个选项,解可压缩 N‐S 方程和不可压缩 N‐S 方程。前面提到声传播的介质必须是可压缩的,此处流场采用不可压缩 N‐S 方程求解并无矛盾,因为许多混合方法中,可压缩 N‐S 方程已经分解为不可压缩流动方程和声学控制方程,后面将会进行相关介绍。图 5.1 中,沿着流程的左侧进行观察,可以看到直接求解可压缩 N‐S 方程可以不采用任何湍流模型,称为直接数值模拟(direct numerical simulation, DNS)。通常,是否选择湍流模型,如 LES、RANS、DES 等取决于雷诺数的大小,具体选择哪一种湍流模型,取决于预期想要达到的计算精度与计算机的配置等级。流场模拟的开始、中途或者流场计算完成以后都可以进行气动噪声计算。之所以这样,是根据声学计算的方法而异。基本上所有的声学计算都可以和流场计算同步进行,DNS 方法保留了流动和声学的同步求解,基于声类比的 Lighthill 方法通常是在流场收敛以后,采用后处理的方式求解声学方程,当然同步求解也是完全可行的。其他一些方法,如线性欧拉方程(linearized Euler equation, LEE)、可压缩方程分解法(flow/acoustic splitting technique, FAST)只能随流场同步求解,或者在流场模拟中途进行求解,后者是较为节省计算资源的一种做法。

5.2 湍流模型在 CAA 中的应用

直接数值模拟 DNS,正如其名称所定义的,是对 N‐S 方程的直接求解,即使对于湍流运动仍然可不采用湍流模型,通过高密度的网格、高精度的差分格式达到精确求解的目的。可以想象,湍流作为时空运动无序的非线性流动,是流体力学中永恒的难题,依靠直接数值模拟方法存在理论上的可能。当然,对于低雷诺数流体运

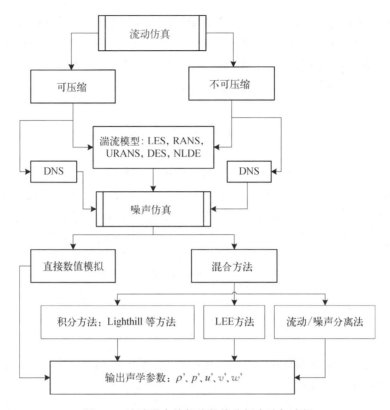

图5.1　流致噪声的部分数值分析方法与路径

动 DNS 是一种可供选择的方法。求解的对象是上节所述的三大流体力学方程,即非稳态 N - S 方程组。对于小尺度的湍流结构必须同时兼顾网格高密度和高精度差分方法。谱方法也是采用比较多的数值方法,求解的核心思想是将带求变量在空间上使用特制函数展开,常用的方法是采用傅里叶级数展开。时域解通常通过高阶有限差分法离散目标方程,关于高阶差分格式以及推导方法本书有相关的介绍。

很明显,DNS 方法不考虑湍流模型中采用的假设条件,因此方程是完全封闭的。但是尽管计算低雷诺数流动仍然需要庞大的网格量和内存容量。所以,当前 CFD 和 CAA 应用中,采用较多的是基于湍流统计理论的雷诺平均方法(Reynolds averaged Navier-Stokes, RANS)方法和非稳态 RANS 方法(unsteady Reynolds averaged Navier-Stokes, URANS)。根据对湍流应力项的处理方式不同,当前流行的 RANS 湍流模型有 SA、$k - \varepsilon$、$k - \omega$ 以及从它们衍生出来的各类模型。RANS 方法虽然适用性比较广泛,但是比较依赖流动的几何形状和边界条件,在大分离流动,尤其是出现逆压梯度较大的情况下,计算的准确度降低,而且对于应用者的经验要求较高。大涡模拟方法(large eddy simulation, LES)方法是目前非定常计算中的主流计算方法。为了在计算精度和计算效率方面进一步寻找平衡点,脱体涡方法(dettached eddy simulation,DES)作为一种混合计算方法,它在近壁面处采用 RANS 方法,在其他区域采用 LES 方法进行计算,对于流动带有显著脱体涡的现象具有较高的计算效率和精度。关于湍流模型详细的介绍可阅文献[86]。

5.3　Lighthill 方程

19 世纪 50 年代,建立在计算机技术实现快速突破的基础上,计算声学方法得以迅速发展。1962 年,Lighthill 提出了声类比方法,开启了计算声学的新篇章[87]。Lighhill 方程的推导源于质量守恒与动量守恒方程。动量方程中的非线性项都归并整理在一起,此项称为 Lighhill 应力张量。连续方程和动量方程写为

$$\frac{\partial \rho}{\partial t} + \frac{\partial}{\partial x_j}(\rho u_j) = 0 \tag{5.1}$$

$$\rho\left(\frac{\partial}{\partial t}u_i + u_j\frac{\partial}{\partial x_j}u_i\right) = -\frac{\partial p}{\partial x_i} + \frac{\partial \tau_{ij}}{\partial x_j} \tag{5.2}$$

式中,ρ、u、p 分别是流体的密度,速度和压强,考虑气动噪声问题,不计重力作用,τ_{ij} 是黏性应力张量:

$$\tau_{ij} = \mu\left(\frac{\partial u_i}{\partial x_j} + \frac{\partial u_j}{\partial x_i} - \frac{2}{3}\delta_{ij}\frac{\partial u_k}{\partial x_k}\right) \tag{5.3}$$

从之前推导的 N-S 方程开始,继续完成对 Lighthill 方程的推导过程。首先对连续方程(5.1)两边乘以 u_i 并与动量方程(5.2)相加可得

$$\left(u_i\frac{\partial \rho}{\partial t} + \rho\frac{\partial u_i}{\partial t}\right) + \left[u_i\frac{\partial}{\partial x_j}(\rho u_j) + (\rho u_j)\frac{\partial u_i}{\partial x_j}\right] = -\frac{\partial p}{\partial x_i} + \frac{\partial \tau_{ij}}{\partial x_j} \tag{5.4}$$

不难发现,等式左边的时间导数项和位移导数项可以进行合并,得

$$\frac{\partial}{\partial t}(\rho u_i) + \frac{\partial}{\partial x_j}(\rho u_i u_j) = -\frac{\partial p}{\partial x_i} + \frac{\partial \tau_{ij}}{\partial x_j} \tag{5.5}$$

将等式右边压力梯度项的求和约定改写为标量形式:

$$\frac{\partial}{\partial t}(\rho u_i) + \frac{\partial}{\partial x_j}(\rho u_i u_j) = -\delta_{ij}\frac{\partial p}{\partial x_j} + \frac{\partial \tau_{ij}}{\partial x_j} \qquad (若\ i \neq j,则\ \delta_{ij} = 0) \tag{5.6}$$

$$\frac{\partial}{\partial t}(\rho u_i) = -\frac{\partial}{\partial x_j}(\rho u_i u_j + \delta_{ij}p - \tau_{ij}) \tag{5.7}$$

对连续方程求时间导数：

$$\frac{\partial \rho}{\partial t} + \frac{\partial}{\partial x_j}(\rho u_j) = 0$$

$$\Downarrow 导数$$

$$\frac{\partial^2 \rho}{\partial t^2} + \frac{\partial^2}{\partial x_j \partial t}\rho u_j = 0 \tag{5.8}$$

对方程(5.7)求散度：

$$\frac{\partial}{\partial t}\rho u_i = -\frac{\partial}{\partial x_j}(\rho u_i u_j + \delta_{ij}p - \tau_{ij})$$

$$\Downarrow 散度$$

$$\frac{\partial^2}{\partial x_i \partial t}\rho u_i = -\frac{\partial^2}{\partial x_i \partial x_j}(\rho u_i u_j + \delta_{ij}p - \tau_{ij}) \tag{5.9}$$

方程(5.8)与方程(5.9)相减,时间与位移的混合导数消去,将速度梯度的标量写法重新写回求和约定的形式：

$$\frac{\partial^2 \rho}{\partial t^2} - \frac{\partial^2 p}{\partial x_i^2} = \frac{\partial^2}{\partial x_i \partial x_j}(\rho u_i u_j - \tau_{ij}) \tag{5.10}$$

式(5.10)两边各加入新的项：$-c_0^2 \partial^2 \rho / \partial y_i^2$,考虑远离湍流区域脉动密度 $\rho' \equiv \rho - \rho_0$ 可得

$$\frac{\partial^2 \rho}{\partial t^2} - c_0^2 \frac{\partial^2 \rho}{\partial x_i^2} = \frac{\partial^2 T_{ij}}{\partial x_i \partial x_j}$$

$$\Downarrow \rho' \equiv \rho - \rho_0$$

$$\frac{\partial^2 \rho'}{\partial t^2} - c_0^2 \nabla^2 \rho' = \frac{\partial^2 T_{ij}}{\partial x_i \partial x_j} \tag{5.11}$$

式(5.11)为 Lighthill 气动声学方程,其中的 Lighthill 应力张量为

$$T_{ij} = \rho u_i u_j + (p - c_0^2 \rho)\delta_{ij} - \tau_{ij} \tag{5.12}$$

方程求得脉动密度,可用压力和密度的关系式算得声压脉动,亦可直接求解脉动压力方程：

$$\frac{1}{c_0}\frac{\partial^2 p'}{\partial t^2} - \frac{\partial^2 p'}{\partial x_i^2} = q \leftarrow p - p_0 = c_0^2(\rho - \rho_0) \tag{5.13}$$

分析脉动压力方程,假设声源的源项 $q = 0$,则上述方程描述了波动方程,例如平面

一维波的解析表达式为

$$p(x, t) = A_1 \mathrm{e}^{i(k_0 x - \omega t)} + A_2 \mathrm{e}^{i(k_0 x + \omega t)} \tag{5.14}$$

气动声源的产生与传播是两个不同的研究方向,后续将介绍风力机及风电场远场气动噪声传播方面的理论与计算实例,此处 Lighthill 方程并不适用于声传播带来的折射及反射等效应。Lighthill 方程的应力张量为速度与压力耦合形式,从物理意义上分析,方程右侧张量导数是四极子源项,在远离湍流运动的流场区域,右端项近似为零,因此简化成波动方程。湍流中密度脉动导致四极子声源产生脉动,它们之间存在声类比关系,需要指出的是,该类比关系通常建立在声速为常数的情况下。

Lighthill 方程右侧的源项是求解方程关键,通常有两种途径得到,即通过实验方法和数值仿真计算。根据应力张量近似原则,针对高雷诺数的流动,在方程的源项中,黏性应力 τ_{ij} 通常远小于雷诺应力项 $\rho u_i u_j$。假如流体中密度引起张量的变化忽略不计,那么应力张量的计算相对简化了:

$$T_{ij} \cong \rho u_i u_j \tag{5.15}$$

在研究风力机空气动力学的前提下,马赫数对于流动和噪声的影响可以忽略不计,Lighthill 方程写成积分形式通常的表达式为

$$4\pi c_0^2 \rho' = \frac{\partial^2}{\partial x_i \partial x_j} \int_\infty \frac{T_{ij}(\boldsymbol{y}, t')}{|\boldsymbol{x} - \boldsymbol{y}|} \mathrm{d}\Omega(y) \tag{5.16}$$

式中,$\boldsymbol{x}$ 和 $\boldsymbol{y}$ 分别是接收者和声源的发送位置,Ω 是积分区域,该区域内应力张量的计算与接收者和声源的位置相关,其中产生的时滞为 $t - |\boldsymbol{x} - \boldsymbol{y}|/c_0$。

5.4　Ffowcs Williams-Hawkings 方程

FWH 方程在形式上与 Lighthill 方程十分接近,推导的过程也具有相似性。Lighthill 方程与 Curle 方程的差异主要在于后者考虑了物体边界产生的声源,FWH 主要的贡献在于进一步考虑了实体移动带来的单极子和偶极子项。因此,FWH 方程具有更广泛的应用性,本节将对两种方程的区别进行简要阐述。

图 5.2 以翼型流动噪声为例进行说明。原则上积分域 Ω 应是一个包含无穷大流动范围的区域,而实际计算必须给定一个有限的边界,该边界以外的流动应近似于远场自然流动。物体表面 S 具备运动与变形的特征,是时间与位置的函数,在物体表面 $f(\boldsymbol{x}, t) = 0$,FWH 方程通过广义函数 f 描述流场,控制面运动速度为 $\boldsymbol{u}(\boldsymbol{x}, t)$。控制面的单位法向量为 $\boldsymbol{n} = \nabla f = \partial f/\partial x_j$。FWH 方程在质量守恒方程添加了质量源项

$$\frac{\partial \rho}{\partial t} + \frac{\partial}{\partial x_j}(\rho u_j) = \rho_0 u_j \delta(f)\,\frac{\partial f}{\partial x_j} \tag{5.17}$$

为方便描述,不妨将方程(5.6)中压力源项和黏性力源项合并为

$$\frac{\partial}{\partial x_j}p_{ij} = \frac{\partial}{\partial x_j}\left\{ p\delta_{ij} + \mu\left[-\frac{\partial u_i}{\partial x_j} - \frac{\partial u_j}{\partial x_i} + \frac{2}{3}\left(\frac{\partial u_k}{\partial x_k}\right)\delta_{ij} \right] \right\} \tag{5.18}$$

该源项移至方程左侧,FWH 方程右侧添加新动量源项:

$$\frac{\partial}{\partial t}(\rho u_i) + \frac{\partial}{\partial x_j}(\rho u_i u_j + p_{ij}) = p_{ij}\delta(f)\,\frac{\partial f}{\partial x_j} \tag{5.19}$$

质量方程和动量方程中新增的源项又称为质量和动量的面源分布。剩余步骤采用上节同样方法,整理得到 FWH 方程的表达式:

$$\frac{\partial^2 \rho'}{\partial t^2} - c_0^2 \nabla^2 \rho' = \underbrace{\frac{\partial^2 T_{ij}}{\partial x_i \partial x_j}}_{(1)} - \underbrace{\frac{\partial}{\partial x_i}\left[p_{ij}\delta(f)\,\frac{\partial f}{\partial x_j} \right]}_{(2)} + \underbrace{\frac{\partial}{\partial t}\left[\rho_0 u_j \delta(f)\,\frac{\partial f}{\partial x_j} \right]}_{(3)} \tag{5.20}$$

方程右侧的三项分别表示了四极子气动声源、第二项为偶极子声源、第三项为单极子声源。其中偶极子声源又称为载荷噪声,单极子声源称为厚度噪声。不同的流动场景下,主导声源的可能是各个声源的集合,也可能主要表现为其中的一种。厚度噪声的气动声源机理表现为物体运动引起的气流位移而产生的噪声;载荷噪声的声源在多数翼型气动噪声中表现为主导声源,其产生来源于物体表面上非定常气动载荷;四极子声源呈体积源分布,如流场内部存在涡扰动强烈、存在激波等状况时表征相对强烈。

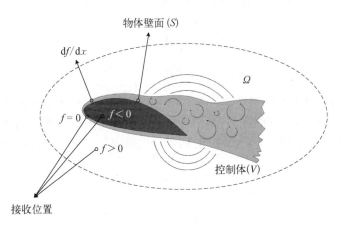

图 5.2　移动物体的实体边界 S、流场域 V 与积分域 Ω

5.5   Farassat 方程

美国兰利研究中心学者 Farassat 基于 FWH 方程,经过长期实践积累,总结了该方程在亚声速情况下的两种形式的解[88]。以直升机气动噪声为研究对象,Farassat 方程体现了针对旋翼气动噪声较强的计算精度和运算效率[89-92]。该文献中,Farassat 方程 1 是推导 1A 的基础,其中原始方程 1 存在一个观测者位置对时间的导数数值求解,增加了计算时间,在方程 1A 中,作者将该项替换为解析表达函数。Farassat 方程对于风力机气动噪声求解更为实用,无论从方程的形式上和求解速度方面均比较理想。

Farassat 将格林函数应用到 FWH 方程中:

$$G(\boldsymbol{x}, t; \boldsymbol{y}, \tau) = \begin{cases} 0 & \tau > t \\ \delta(\tau - t + r/c)/4\pi r & \tau < t \end{cases} \tag{5.21}$$

式中,观测者和声源的距离为 $r = |\boldsymbol{x} - \boldsymbol{y}|$,$\boldsymbol{x}$ 和 t 分别为观测者位置和观察者时间;而 $\boldsymbol{y}$ 和 τ 分别为声源位置和声源时间。将 FWH 方程的解写成如下格式,分别表示了三类声源,厚度和载荷噪声源属于声学源项中的表面积分项,式中包含 $\delta(f)$ 项以区分物体表面内外区间。当物体包含在控制表面内时,厚度噪声源项为物体运动引起的流体位移而产生的噪声,载荷噪声源项为流体作用在物体上的非定常气动载荷引起的噪声。此外,四极子噪声源表示体积源分布,采用 $H(f)$ 代表非线性引起的噪声源

$$\Box^2 c^2 \rho' \equiv \Box^2 p' = \frac{\partial}{\partial t}[\rho_0 U_n]\,\delta(f) - \frac{\partial}{\partial x_i}[L_i \delta(f)] + \frac{\partial^2}{\partial x_i \partial x_j}[T_{ij}H(f)] \tag{5.22}$$

式中,$\Box^2$ 为波算子或达朗贝尔算子,U_n 和 L_i 分别写成

$$U_n = \left(1 - \frac{\rho}{\rho_0}\right)v_n + \frac{\rho u_n}{\rho_0}$$

$$L_i = p\delta_{ij}n_j + \rho u_i(u_n - v_n) \tag{5.23}$$

具体应用 CFD/CAA 进行积分计算时,我们希望其积分区域既能包含足够大的声源空间,又能够贴近物体的表面,从而有效利用物体周围的高网格密度。以此为出发点,首先推导厚度噪声与载荷噪声,两者分别对应的单极子和偶极子声源:

$$\Box^2 p'_T = \frac{\partial}{\partial t}[\rho_0 v_n \delta(f)]$$

$$\Box^2 p'_L = \frac{\partial}{\partial x_i}[p n_i \delta(f)] \tag{5.24}$$

上面两个表达式归属于同类形式：

$$\Box^2 p'_T = Q(\boldsymbol{x},\, t)\delta(f) \tag{5.25}$$

使用公式(5.21)给出的自由空间格林函数来推导这个方程的解,积分以后的形式为

$$4\pi p'(\boldsymbol{x},\, t) = \int Q(\boldsymbol{y},\, \tau)\delta(f)\frac{\delta(g)}{r}\mathrm{d}\boldsymbol{y}\mathrm{d}\tau \tag{5.26}$$

式中, $g = \tau - t + r/c$,其关于声源位置时间的导数是

$$\frac{\partial g}{\partial \tau} = 1 + \frac{1}{c}\frac{\partial r}{\partial y_i}\frac{\partial y_i}{\partial \tau} = 1 - M_r \tag{5.27}$$

式中, M_r 表示在声源时间 τ 时刻,声传播方向上的马赫数。针对风力机和直升机这样的旋转机械,研究流动与噪声通常是在叶片的相对坐标系中,关于相对坐标系的问题,会在风力机气动理论部分进行讲述。鉴于旋转机械研究的特点,Farassat 定义叶片坐标系为 $\boldsymbol{\eta}$ -frame。这个概念可以理解为叶片的贴体表面坐标系,任意一个点 $\boldsymbol{y}$ 在惯性坐标系中是时间的函数,但是在这个坐标系中看来是静止不动的。基于这一坐标系继续上式的积分变换:

$$4\pi p'(\boldsymbol{x},\, t) = \int Q[\boldsymbol{y}(\boldsymbol{\eta},\, \tau),\tau]\,\delta(\tilde{f})\frac{\delta(g)}{r\,|\det(\partial\boldsymbol{\eta}/\partial\boldsymbol{y})\,|}\mathrm{d}\boldsymbol{\eta}\mathrm{d}\tau \tag{5.28}$$

这里在移动物体表面上的函数 $f(\boldsymbol{y},\, \tau)=0$ 也就变成了 $\boldsymbol{\eta}$ 坐标系中的 $\tilde{f}(\boldsymbol{\eta},\, \tau)=0$ 。再根据 g 与 τ 的函数关系,代入式(5.28)得到:

$$\begin{aligned}4\pi p'(\boldsymbol{x},\, t) &= \int \tilde{Q}(\boldsymbol{\eta},\, \tau)\delta(\tilde{f})\frac{\delta(g)}{r\,|1-M_r|}\mathrm{d}g\mathrm{d}\boldsymbol{\eta}\\ &= \iint\left(\frac{\tilde{Q}(\boldsymbol{\eta},\, \tau)\delta(\tilde{f})}{r\,|1-M_r|}\right)_{g=0}\mathrm{d}\boldsymbol{\eta}\end{aligned} \tag{5.29}$$

式(5.29)分母上出现的 $|1-M_r|$ 为多普勒系数。多普勒效应代表了观察者时间尺度与声源时间尺度之间的压缩或膨胀,它依赖于声源是否远离或接近观察者。对于任意可积分的方程 $Q(\boldsymbol{y})$,Farassat 相关文献中证明并应用了下面的体积分至面积分转换[93,94]:

$$\int_{\mathscr{R}^3} Q(\boldsymbol{y}) = \int_{f=0} Q(\boldsymbol{y})\mathrm{d}S \tag{5.30}$$

基于这个转换关系,可得

$$4\pi p'(\boldsymbol{x},\, t) = \int_{f=0}\left[\frac{Q(\boldsymbol{y},\, \tau)}{r\,|1-M_r|}\right]_{\mathrm{ret}}\mathrm{d}S \tag{5.31}$$

式中,ret 是 retarted time 的缩写,表示延迟时间:

$$\tau_{ret} = t - \frac{|\boldsymbol{x} - \boldsymbol{y}(\tau_{ret})|}{c} \tag{5.32}$$

基于以上的推导结论,Farassat 方程 1 可以仿照上面的结果形式直接写出,首先根据厚度噪声的定义 $\square^2 p'_T$ 写出其积分表达式:

$$4\pi p'_T(\boldsymbol{x}, t) = \frac{\partial}{\partial t} \int_{f=0} \left[\frac{\rho_0 v_n}{r(1 - M_r)} \right]_{ret} \mathrm{d}S \tag{5.33}$$

根据载荷噪声的定义 $\square^2 p'_L$ 写出其积分表达式:

$$4\pi p'_L(\boldsymbol{x}, t) = \frac{\partial}{\partial t} \int_{f=0} \left[\frac{p\cos\theta}{r(1 - M_r)} \right]_{ret} \mathrm{d}S + \int_{f=0} \left[\frac{p\cos\theta}{r^2(1 - M_r)} \right]_{ret} \mathrm{d}S \tag{5.34}$$

两者相加得到 Farassat 方程 1:

$$4\pi p'(\boldsymbol{x}, t) = \frac{\partial}{\partial t} \int_{f=0} \left[\frac{\rho_0 v_n}{r(1 - M_r)} + \frac{p\cos\theta}{r(1 - M_r)} \right]_{ret} \mathrm{d}S + \int_{f=0} \left[\frac{p\cos\theta}{r^2(1 - M_r)} \right]_{ret} \mathrm{d}S$$

$$\tag{5.35}$$

观察方程右侧第一项可见,当实际应用于翼型或风力机等气动噪声计算时需要首先对物体表面的速度和压力等相关量进行积分,然后再对时间求导数。无论从计算效率还是时间导数的数值差分精度来看,这个方程还有一定改进空间。

　　Farassat 将上述方程中时间导数放入积分内部,最终得到方程 1A 版本。

$$4\pi p'(\boldsymbol{x}, t) = \int_{f=0} \frac{\partial}{\partial t} \left[\frac{\rho_0 v_n}{r(1 - M_r)} + \frac{p\cos\theta}{r(1 - M_r)} \right]_{ret} \mathrm{d}S + \int_{f=0} \left[\frac{p\cos\theta}{r^2(1 - M_r)} \right]_{ret} \mathrm{d}S$$

$$\tag{5.36}$$

Farassat 给出在 $\boldsymbol{\eta}$ -frame 和 $\boldsymbol{y}$ -frame 之间以下转换关系成立:

$$\left[\frac{1}{1 - M_r} \frac{\partial Q(\boldsymbol{x}, \boldsymbol{y}, \tau)}{\partial \tau} \right]_{ret} = \left[\frac{1}{1 - M_r} \frac{\partial Q(\boldsymbol{x}, \boldsymbol{\eta}, \tau)}{\partial \tau} \right]_{\tau_e} \tag{5.37}$$

将这个关系应用到 1A 方程中,得

$$4\pi p'(\boldsymbol{x}, t) = \int_{f=0} \left\{ \frac{1}{1 - M_r} \frac{\partial}{\partial \tau} \left[\frac{\rho_0 v_n}{r(1 - M_r)} + \frac{p\cos\theta}{r(1 - M_r)} \right] \right\}_{\tau_e} \mathrm{d}S$$

$$\tag{5.38}$$

$$+ \int_{f=0} \left[\frac{p\cos\theta}{r^2(1 - M_r)} \right]_{\tau_e} \mathrm{d}S$$

式(5.38)中,$\cos\theta = \boldsymbol{n} \cdot \hat{r}$,$M_r = \boldsymbol{M} \cdot \hat{r}$。需要注意的是这些变量都是基于 $\boldsymbol{\eta}$-

frame。下面考虑时间相关导数 $\partial/\partial\tau$ 对于速度和压强的导数分别写成 $\dot{v}_n$ 和 $\dot{p}$，显然对于速度的导数存在下列关系：

$$\dot{v}_n = \frac{\partial}{\partial\tau}(\boldsymbol{v}\cdot\boldsymbol{n}) = \dot{\boldsymbol{v}}\cdot\boldsymbol{n} + \boldsymbol{v}\cdot\dot{\boldsymbol{n}} = a_n + \boldsymbol{v}\cdot\boldsymbol{\omega}\times\boldsymbol{n} \tag{5.39}$$

式中，$a = \dot{v} = \partial v/\partial\tau = c\dot{\boldsymbol{M}}$ 是某点在 $\boldsymbol{\eta}$ 坐标下的加速度，ω 则是叶片表面旋转的角速度。关于其他项关于时间的导数就相对比较直观：

$$\frac{\partial r}{\partial\tau} = \frac{\partial r}{\partial y_i}\frac{\partial y_i(\boldsymbol{\eta},\tau)}{\partial\tau} = -\hat{\boldsymbol{r}}\cdot\boldsymbol{v} = v_r$$

$$\frac{\partial\hat{r}_i}{\partial\tau} = \frac{\hat{r}_i v_r - v_i}{r} \tag{5.40}$$

$$\frac{\partial M_r}{\partial\tau} = \frac{1}{cr}(r_i\dot{v}_i + v_r^2 - v^2) = \hat{r}_i\dot{M}_i + \frac{c(M_r^2 - M^2)}{r}$$

有了这些时间导数关系，接下来可以对 1A 方程执行冗长的时间差分从而得到最终直接应用于旋转机械气动噪声计算的 1A 方程，方程中所有的时间相关导数都在积分内部给定，其厚度噪声与载荷噪声分别如下：

$$4\pi p_T'(\boldsymbol{x},t) = \int_{f=0}\left[\frac{\rho_0\dot{v}_n}{r(1-M_r)^2} + \frac{\rho_0 v_n\hat{r}_i\dot{M}_i}{r(1-M_r)^3}\right]_{\mathrm{ret}}\mathrm{d}S \tag{5.41}$$
$$+ \int_{f=0}\left[\frac{\rho_0 c v_n(M_r - M^2)}{r^2(1-M_r)^3}\right]_{\mathrm{ret}}\mathrm{d}S$$

$$4\pi p_L'(\boldsymbol{x},t) = \int_{f=0}\left[\frac{\dot{p}\cos\theta}{cr(1-M_r)^2} + \frac{\hat{r}_i\dot{M}_i p\cos\theta}{cr(1-M_r)^3}\right]_{\mathrm{ret}}\mathrm{d}S \tag{5.42}$$
$$+ \int_{f=0}\left[\frac{p(\cos\theta - M_i n_i)}{r^2(1-M_r)^2} + \frac{(M_r - M^2)p\cos\theta}{r^2(1-M_r)^3}\right]_{\mathrm{ret}}\mathrm{d}S$$

5.6 声扰动方程

直接数值模拟方法求解可压缩 N-S 方程并从流场压力脉动中分离出声压，该方法计算量过大，尤其是高雷诺数三维计算需要消耗大量的计算资源。声扰动方程(acoustic pertubation equation, APE)将可压缩 N-S 方程的流动和声学方程分离，实现计算效率的大幅提高，同时又区别于声比拟方法，能够反映近壁面声源产生的物理机制。该方法由 Hardin 等提出[15]，声学方程基于原始可压缩方程，为非线性方程。考虑如下形式的可压缩方程，推导过程如下：

$$\frac{\partial \rho}{\partial t} + \frac{\partial}{\partial x_j}(\rho u_j) = 0 \tag{5.43}$$

$$\frac{\partial}{\partial t}(\rho u_i) + \frac{\partial}{\partial x_j}(\rho u_i u_j + p_{ij}) = 0 \tag{5.44}$$

$$p = p(\rho, S) \tag{5.45}$$

$$T\frac{\mathrm{D}S}{\mathrm{D}t} = c_p T \frac{\mathrm{D}T}{\mathrm{D}t} - \frac{\beta T}{\rho}\frac{\mathrm{D}p}{\mathrm{D}t} = \phi + \frac{1}{\rho}\frac{\partial}{\partial x_i}\left(k\frac{\partial T}{\partial x_i}\right) \tag{5.46}$$

式中,密度、压强、温度和熵分别表示为 ρ、p、T、S。系数 c_p、β、k、ϕ 则分别表示恒定温度下的比定亚热容、热膨胀系数、导热系数以及黏性耗散。

如流场不可压缩,即密度为常量 ρ_0,则方程可写为

$$\frac{\partial U_i}{\partial x_i} = 0 \tag{5.47}$$

$$\frac{\partial U_i}{\partial t} + \frac{\partial(U_i U_j)}{\partial x_j} = -\frac{1}{\rho_o}\frac{\partial P}{\partial x_i} + \nu\frac{\partial^2 U_i}{\partial x_i \partial x_j} \tag{5.48}$$

式中,$P(x_i, t)$ 和 $U_i(x_i, t)$ 是非稳态流场的压力和速度。已知流场中压力脉动可以表示为

$$\mathrm{d}p = P - p_0 \tag{5.49}$$

将式(5.49)代入(5.45)进行导数计算:

$$\mathrm{d}p = \left(\frac{\partial p}{\partial \rho}\right)_S \mathrm{d}\rho + \left(\frac{\partial p}{\partial S}\right)_\rho \mathrm{d}S \tag{5.50}$$

根据声速的定义:

$$c = \sqrt{\left(\frac{\partial p}{\partial \rho}\right)_S} \tag{5.51}$$

可知:

$$\mathrm{d}p = c^2 \cdot \mathrm{d}\rho + \left(\frac{\partial p}{\partial S}\right)_\rho \mathrm{d}S \tag{5.52}$$

由式(5.52)可知,密度和熵变是与压力脉动关联的重要参数。而两个参数的影响强弱可以进行深入分析。正如 Batchelor[95] 所指出的,在求解压力波动的振幅时,可以假设流量为等熵。黏性作用和热传导对压力波动的影响较小,通常只对压力分布的影响较大。因此,这些影响在声传播的时间尺度上是缓慢的。式(5.53)给

出了时均不可压缩压力分布:

$$\overline{P}(x_i) = \lim_{T \to \infty} \frac{1}{T} \int_0^T P(x_i, t) \, \mathrm{d}t \qquad (5.53)$$

流体总压为

$$p(\rho, S) = p'(\rho) + \overline{P}(S) \qquad (5.54)$$

式中,时均压力 $\overline{P}$ 与熵效应有关,脉动压力假定为等熵。总压力 $p(\rho, S)$ 对时间求导可得

$$\frac{\partial p}{\partial t} = \frac{\partial p'}{\partial t} = \frac{\partial p'}{\partial \rho} \frac{\partial \rho}{\partial t} = \left(\frac{\partial p}{\partial \rho}\right)_S \frac{\partial \rho}{\partial t} = c^2 \frac{\partial \rho}{\partial t} \qquad (5.55)$$

将可压缩方程中的速度、压力和密度项分解为

$$\begin{aligned} u_i &= U_i + u_i' \\ p &= P + p' \\ \rho &= \rho_0 + \rho_1 + \rho' \end{aligned} \qquad (5.56)$$

式中, ρ_1 是关于不可压缩假设(ρ_0)的修正值:

$$\rho_1(x_i, t) = \frac{P(x_i, t) - \overline{P}(x_i)}{c_0^2} \qquad (5.57)$$

式中, P 是不可压缩流的压强; $\overline{P}$ 为压强的时间平均值。代入可压缩方程并进行整理可得声学方程组:

$$\frac{\partial \rho'}{\partial t} + \frac{\partial f_i}{\partial x_i} = -\frac{\partial \rho_1}{\partial t} - U_i \frac{\partial \rho_1}{\partial x_i} \qquad (5.58)$$

$$\frac{\partial f_i}{\partial t} + \frac{\partial}{\partial x_j} [f_i(U_j + u_j') + (\rho_0 + \rho_1) U_i u_j' + p' \delta_{ij}]$$
$$= -\frac{\partial(\rho_1 U_i)}{\partial t} - U_j \frac{\partial(\rho_1 U_i)}{\partial x_j} \qquad (5.59)$$

$$\frac{\partial p'}{\partial t} - c^2 \frac{\partial \rho'}{\partial t} = c^2 \frac{\partial \rho_1}{\partial t} \qquad (5.60)$$

式中,

$$f_i = (\rho_0 + \rho_1) u_i' + (U_i + u_i') \rho' \qquad (5.61)$$

$$c^2 = \frac{\gamma p}{\rho} = \frac{\gamma(P + p')}{\rho_0 + \rho_1 + \rho'} \tag{5.62}$$

式中，γ 为比热容比（比定压热容与比定容热容之比），在空气动力学中，空气的 γ 值常取为 1.40。式(5.62) 为 Hardin 提出的非线性声学方程，共有 5 个方程和 5 个未知量。通过时间迭代计算，流场的量作为声学每次迭代所需的输入量，进而求得各项声学量。随后，Shen 等[16] 提出，该方程的需要对源项进行修正，通过定义新的变量代入方程。首先定义

$$\bar{\rho} = \rho_1 + \rho' \tag{5.63}$$

$$\bar{f}_i = \rho u_i' + \bar{\rho} U_i \tag{5.64}$$

代入方程可得

$$\frac{\partial \bar{\rho}}{\partial t} + \frac{\partial \bar{f}_i}{\partial x_i} = 0 \tag{5.65}$$

$$\frac{\partial \bar{f}_i}{\partial t} + \frac{\partial}{\partial x_j}[\bar{f}_i(U_j + u_j') + \rho_0 U_i u_j' + p'\delta_{ij}] = 0 \tag{5.66}$$

$$\frac{\partial p'}{\partial t} - c^2 \frac{\partial \rho'}{\partial t} = 0 \tag{5.67}$$

由上述公式可以看出，当变化方程的形式后，方程右侧源项均为零。提出的修正方式如下：

$$\begin{aligned} u_i &= U_i + u_i' \\ p &= P + p' \\ \rho &= \rho_0 + \rho' \end{aligned} \tag{5.68}$$

重新代入可压缩方程整理得到新的声学方程组：

$$\frac{\partial \rho}{\partial t} + \frac{\partial f_i}{\partial x_i} = 0 \tag{5.69}$$

$$\frac{\partial f_i}{\partial t} + \frac{\partial}{\partial x_j}[f_i(U_j + u_j') + \rho_0 U_i u_j' + p'\delta_{ij}] = 0 \tag{5.70}$$

$$\frac{\partial p'}{\partial t} - c^2 \frac{\partial \rho'}{\partial t} = -\frac{\partial P}{\partial t} \tag{5.71}$$

$$f_i = \rho u_i' + U_i \rho' \tag{5.72}$$

$$c^2 = \frac{\gamma p}{\rho} = \frac{\gamma(P + p')}{\rho_0 + \rho'} \tag{5.73}$$

以三维方程为例,上述方程组可以写成线性欧拉方程的一般形式:

$$\frac{\partial \boldsymbol{Q}}{\partial t} + \frac{\partial \boldsymbol{E}}{\partial x} + \frac{\partial \boldsymbol{F}}{\partial y} + \frac{\partial \boldsymbol{G}}{\partial z} = \boldsymbol{S} \tag{5.74}$$

式中,向量 $\boldsymbol{Q}$ 、$\boldsymbol{E}$ 、$\boldsymbol{F}$ 、$\boldsymbol{G}$ 和源项 $\boldsymbol{S}$ 的表达式分别为

$$\boldsymbol{Q} = \begin{bmatrix} \rho' \\ \rho u' + \rho' U \\ \rho v' + \rho' V \\ \rho w' + \rho' W \\ p' \end{bmatrix},\ \boldsymbol{E} = \begin{bmatrix} \rho u' + \rho' U \\ \rho(2Uu' + u'^2) + \rho' U^2 + p' \\ \rho(Vu' + Uv' + u'v') + \rho' UV \\ \rho(Wu' + Uw' + u'w') + \rho' UW \\ c^2(\rho u' + \rho' U) \end{bmatrix},$$

$$\boldsymbol{F} = \begin{bmatrix} \rho v' + \rho' V \\ \rho(Vu' + Uv' + u'v') + \rho' UV \\ \rho(2Vv' + v'^2) + \rho' V^2 + p' \\ \rho(Vw' + Wv' + v'w') + \rho' VW \\ c^2(\rho v' + \rho' V) \end{bmatrix},\ \boldsymbol{G} = \begin{bmatrix} \rho w' + \rho' W \\ \rho(Wu' + Uw' + u'w') + \rho' UW \\ \rho(Wv' + Vw' + v'w') + \rho' VW \\ \rho(2Ww' + w'^2) + \rho' W^2 + p' \\ c^2(\rho w' + \rho' W) \end{bmatrix},$$

$$\boldsymbol{S} = \begin{bmatrix} 0 \\ 0 \\ 0 \\ 0 \\ -\dfrac{\partial P}{\partial t} \end{bmatrix} \tag{5.75}$$

第六章
风力机气动力与流场的计算方法

6.1 引　言

大多数风力机气动声源的解析方法和工程方法建立在风力机气动模型的框架之中,本章首先介绍经典的风力机叶素动量理论,随后的章节中还会讲述风力机及风电场中噪声的传播问题,因此,不可避免的又涉及风电场的尾流传播问题。本章节是关于风力机空气动力学计算方法的总体概括,在后续章节中将讲述气动模型与噪声模型的结合方法。

6.2 风力机叶素动量理论

6.2.1 理想状态下的动量守恒关系

本节将从一维动量守恒方程入手,对风力机叶轮的受力和动量守恒关系进行分析。一维动量守恒分析是对风力机叶轮的简化,这也将有助于对以后复杂叶素动量理论的理解。在一维模型中,风力机的叶轮被虚拟为一个可渗透型的圆盘,换言之,流体可以自由穿透圆盘。图 6.1 给出了该模型的示意图,图中沿 x 轴正方向为来流方向。

对于一个给定的来流速度 V_0,首先可以得到一个简单的能量关系式

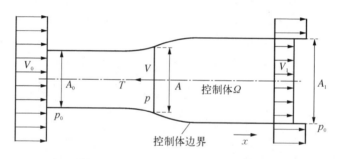

图 6.1　一维风力机叶轮控制体模型

$$P_{\text{total}} = \frac{1}{2}\rho_0 V_0^3 A \tag{6.1}$$

式$(6.1)P_{\text{total}}$给出的是风速为V_0时穿过面积为A的区域所携带的总功率,其中有多少功率可以被叶轮吸收并转化为旋转方向的扭矩是研究风力机空气动力学的核心问题。

在当前的简化模型中,要考虑的是一维不可压缩定常流动,在尾流中没有旋转的速度分量。在x轴方向对图6.1中描述的控制体应用动量方程:

$$F = \frac{\partial}{\partial t}\iiint_{\Omega}\rho V \mathrm{d}\Omega + \iint_{s} V\rho V \mathrm{d}s \tag{6.2}$$

根据定常流动的假设,式(6.2)中对时间的导数项为零,即式中右侧第一项为零。等式(6.2)的右侧第二项为速度在控制体法向方向的积分。控制体Ω受到的力可以分解为

$$F = \iint_{s} p\mathrm{d}s + F_f - T \tag{6.3}$$

等式右侧第一项为压强在控制体法向方向的积分,假设控制体进口处的压强和尾流出口处的压强相等,可以得出压强积分为零。同样假设为零的是F_f,即控制体受到的叶轮摩擦阻力以及其他黏性力。剩余项T定义为叶轮对流体的轴向反作用力(推力),作用力沿x轴负方向。整理式(6.2)和(6.3)得出轴向推力为

$$T = \rho A_0 V_0^2 - \rho A_1 V_1^2 \tag{6.4}$$

由质量守恒定律可得

$$\dot{m} = \rho V_0 A_0 = \rho V_1 A_1 = \rho V A \tag{6.5}$$

利用式(6.5)的关系,式(6.4)可以写成

$$T = \rho V A (V_0 - V_1) = \dot{m}(V_0 - V_1) \tag{6.6}$$

接下来推导叶轮前后两侧产生的压力差。在当前问题中,伯努利方程适用于两个区间:① 从来流入口至叶轮前端;② 从叶轮后端至尾流出口。设叶轮前方压强为p、叶轮前后压差为Δp。对两处区间分别建立伯努利方程可得

$$p_0 + \frac{1}{2}\rho V_0^2 = p + \frac{1}{2}\rho V^2 \tag{6.7}$$

$$(p - \Delta p) + \frac{1}{2}\rho V^2 = p_0 + \frac{1}{2}\rho V_1^2 \tag{6.8}$$

式(6.7)和式(6.8)合并可得

$$\Delta p = \frac{1}{2}\rho(V_0^2 - V_1^2) \tag{6.9}$$

由于

$$T = \Delta p \cdot A \tag{6.10}$$

结合式(6.6)和式(6.10)可以得到如下速度关系式：

$$V = \frac{1}{2}(V_0 + V_1) \tag{6.11}$$

由此可见穿过叶轮的速度是来流和尾流速度的平均值。

接着引入一个重要参量：轴向诱导因子(axial induction factor)

$$a = \frac{V_0 - V}{V_0} \tag{6.12}$$

结合式(6.11)和式(6.12)可得到尾流速度和轴向诱导因子的关系：

$$V_1 = (1 - 2a)V_0 \tag{6.13}$$

根据前面的计算可以推导出作用在转轴上的功率为

$$P = \frac{1}{2}\dot{m}(V_0^2 - V_1^2) = 2\rho V_0^3 a(1 - a)^2 A \tag{6.14}$$

式(6.14)给出的是旋转面区域内风能被叶轮所吸收的功率，结合式(6.1)给出的总功率，可以对 P 进行无量纲化得到风力机的功率系数：

$$C_P = \frac{P}{P_{\text{total}}} = 4a(1 - a)^2 \tag{6.15}$$

可见，功率系数可表达成轴向诱导速度的函数。同理可以推导轴向推力系数：

$$C_T = \frac{T}{\frac{1}{2}\rho V_0^2 A} = 4a(1 - a) \tag{6.16}$$

对式(6.15)求导可以得出功率系数的理论最大值为 16/27，这一极限值又称为贝茨极限(Betz limit)，限定入流面积为 πR^2，任何单叶轮风力机的效率都不可能超过理论极限59.3%。图6.2为功率系数和轴向推力系数随轴向诱导因子的变化曲线。由图可见理论最大功率系数约为0.593。

值得注意是当轴向推力系数趋近于0.5的时候尾流速度会接近于零，这时候动量理论已经不再适用。此时的尾流已经处于非稳定状态，在尾流和外部流场之间的剪切层内有很大的速度梯度,由此产生一系列的漩涡,伯努利定律失效。因此外部流场的能量进入尾流导致动量守恒不再成立。以往的计算和实验表明当 a 值小于0.4的时候动量定理具有可用性。实际上这一最大功率系数受其他因素的影响还要有所降低。具体因素有:① 因为叶轮实际上是旋转的,所以尾流会有旋转效应;② 叶轮运动时受到旋转方向上的空气阻力(drag);③ 叶轮事实上不是一个整体的轮盘,而是由有限数目的叶片组成;④ 翼尖损失(tip loss);⑤ 塔柱对来流的阻滞作用。在接下来的章节中会陆续探讨这些问题,这样一个研究的过程也就是对风力机的空气动力学模型不断完善的过程。

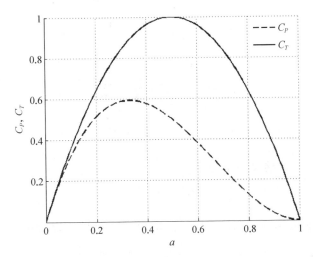

图 6.2　功率系数和轴向推力系数随轴向诱导因子的变化关系

6.2.2　尾流的旋转与切向诱导因子

前面主要讨论了风力机的功率系数和轴向诱导因子的关系。本节将引入一个新的概念,切向诱导因子(tangential induction factor)。和轴向诱导因子相似,切向诱导因子也会导致功率系数的变化。

如图6.3所示,在一个半径为 R 的控制体中选取一个微小的环状控制单元,其厚度为 dr。这个微小单元体产生的功率为

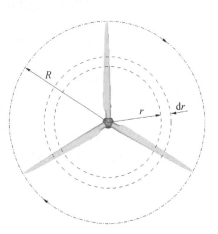

$$dP = dM \cdot \omega = \dot{m}rV_\theta\omega = 2\pi r^2\rho V V_\theta dr$$

$$(6.17)$$

图 6.3　叶轮控制体中截取的环状截面

式(6.17)中功率可以表示成单元体的在转轴

上的扭矩 $\mathrm{d}M$ 和角速度 ω 的乘积。式(6.17)中流过该环形控制体的速度表示为 V,由尾流旋转所产生的速度为 V_θ。图6.4给出了来流速度和旋转速度所构成的矢量关系。图中 V_{rot} 表示该环形截面的旋转速度,即

$$V_{\mathrm{rot}} = \omega r \tag{6.18}$$

V_{rel} 表示相对速度(relative velocity),这一相对速度也称为有效风速,是该截面处的翼型段所能感受到的实际风速,各个分量的矢量叠加形成相对风速:

$$V_{\mathrm{rel}} = V + V_\theta + V_{\mathrm{rot}} \tag{6.19}$$

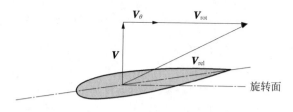

图6.4　速度矢量图

由尾流旋转所产生的速度表示为

$$V_\theta = 2a'\omega r \tag{6.20}$$

式(6.20)中将 a' 表示为切向诱导因子。结合式(6.12)可以得出式(6.17)的另一种表达方法:

$$\mathrm{d}P = 4\pi\rho\omega^2 V_0 a'(1-a)r^3 \mathrm{d}r \tag{6.21}$$

整个叶轮中的各翼型段切向力作用在转轴上的总功率可以通过积分求得

$$P = 4\pi\rho\omega^2 V_0 \int_0^R a'(1-a)r^3 \mathrm{d}r \tag{6.22}$$

功率系数可以写成以下积分形式:

$$C_P = \frac{8}{\lambda^2} \int_0^\lambda a'(1-a)\varsigma^3 \mathrm{d}\varsigma \tag{6.23}$$

该表达式中引入了两个无量纲常数,其中 λ 是叶尖速比,定义为

$$\lambda = \frac{V_{\mathrm{rot}}}{V_0} = \frac{\omega R}{V_0} \tag{6.24}$$

一般三叶片的叶尖速比为5~8,二叶片的叶尖速比高于三叶片。另一个无量纲和 λ 相似,表示为

$$\varsigma = \frac{\omega r}{V_0} \qquad (6.25)$$

式中，ς 表示的是在半径 r 处叶片单元的旋转速度与来流速度之比，当 $r = R$ 时，$\varsigma = \lambda$。

在式(6.23)中，假如固定叶尖速比 λ，那么要获得最大的 C_P 值就必须求解 $a'(1 - a)$ 的最大值。在相对较小角度入流情况下，总诱导速度(轴向和切向诱导速度之和)垂直于相对速度 V_{rel} 的方向。图 6.5 中，总诱导速度矢量表示为 W，它的轴向分量为 aV_0，切向分量为 $a'\omega r$。总诱导速度 W 和来流 V_0 之夹角为 ϕ。

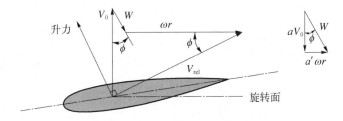

图 6.5　速度及诱导速度矢量关系

由图可知以下几何关系式成立：

$$\tan \phi = \frac{a'\omega r}{aV_0} = \frac{(1 - a)V_0}{(1 + a')\omega r} \qquad (6.26)$$

整理式(6.26)并将式(6.25)代入，可得

$$\varsigma^2 a'(1 + a') = a(1 - a) \qquad (6.27)$$

等式(6.27)对 a 求导数，同时注意 a' 也为 a 的函数，可得如下关系式：

$$\frac{\mathrm{d}a'}{\mathrm{d}a} = \frac{1 - 2a}{(1 + 2a')\varsigma^2} = \frac{(1 - 2a)(1 + a')a'}{(1 + 2a')(1 - a)a} \qquad (6.28)$$

在式(6.23)中，设 $f = a'(1 - a)$，则当 C_P 有极大值时如下等式成立：

$$\frac{\mathrm{d}f}{\mathrm{d}a} \equiv 0 \qquad (6.29)$$

整理可得

$$\frac{\mathrm{d}a'}{\mathrm{d}a} = \frac{a'}{1 - a} \qquad (6.30)$$

结合式(6.28)和式(6.30)可得 a 与 a' 的关系式为

$$(1 - 2a)(1 + a') = (1 + 2a')a \tag{6.31}$$

由等式(6.31)解出两个诱导因子之间的函数关系为

$$a' = \frac{1 - 3a}{4a - 1} \tag{6.32}$$

在得到优化的 a 和 a' 关系式以后,可以重新整理一下 a、a'、C_P、λ 和 ς 几个参数之间的数值的关系。对于每一个给定的 a 值,我们可以通过式(6.32)和式(6.27)分别得到 a',和 ς 的值。图6.6给出了它们之间的函数曲线关系。

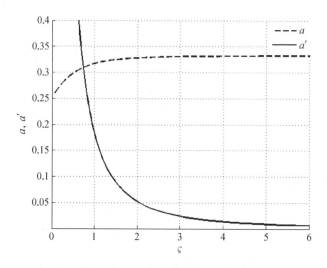

图6.6　叶片局部转速比和诱导因子之间的函数关系

　　对于给定的来流速度和叶轮旋转速度,ς 的值和 r 值是正比关系。图6.6也可以理解为在径向距离为 r 时对应的诱导因子。图6.6说明在叶片上的不同位置,针对 C_P 所优化出的 a 和 a' 是变化的。可以看出切向诱导因子在高转速比的情况下迅速减小,而轴向诱导因子基本维持恒定。对于风力机叶片而言,其设计的叶尖速度比是一个很重要的参数。在不考虑切向诱导速度的情况下存在一个贝茨极限 $C_P \approx 0.593$,当引入 a' 后,最大 C_P 值将是叶尖速比 λ 的函数。

　　如图6.7所示,最大功率系数正比于叶尖速度比 λ。这意味着当叶轮旋转速度越快,由尾流旋转所产生的能量损耗比率越小。然而在实际的叶轮设计过程中不可能采用过高的叶尖速度,因为高速运动的叶轮需要对应高强度的材料,从而增加成本;此外高速旋转带来的噪声也会显著增加,从而带来环境问题。

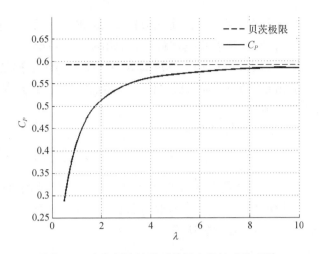

图6.7　考虑尾流旋转时的最大理论功率系数

6.2.3　叶素动量BEM基础理论

在前面的章节中,已经具体描述了一维动量守恒方法在风力机上的应用。这种方法对风轮进行了大大的简化,整个叶轮被简化成一个整体圆盘。这个简化模型中需要的输入量仅为来流速度和旋转速度,而风轮叶片的具体形态则被忽略。本章是在前面章节的基础上对动量守恒方法的延伸。在BEM模型中叶片的具体几何尺寸都是重要的输入参数。

BEM方法是将动量守恒的原理应用在每一个单一的叶片元素上(翼型段),而不是简单地使用圆盘来模拟整个叶轮。图6.8描述了BEM方法对叶片的划分原理,每个叶片可以被分割成N个独立元素。这些元素的宽度可以是均匀分布的,也

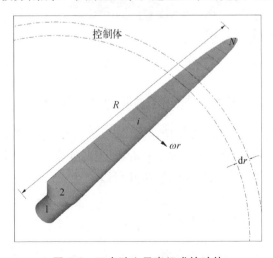

图6.8　N个独立元素组成的叶片

可以在翼尖部位加密元素数量以得到更精确的解。如图 6.8 所示,假设某元素宽度为 dr,则宽度为 dr 的环形筒状控制体将作为应用动量守恒原理的对象。在具体应用之前有必要做一些假设:① 每个环形筒状控制体内的流动都是互相独立的,控制体表面上具有相同的流线,即控制体相互之间没有质量和能量交换;② 受力在环形面上是均匀分布的。

在环形截面上的轴向力可以表示为

$$dT = d\dot{m}(V_0 - V_1) = 2\pi r \rho V(V_0 - V_1)dr = 4\pi r \rho V_0^2 a(1 - a)dr \qquad (6.33)$$

式中,V_0 和 V_1 分别为来流速度和尾流速度;V 为环形截面处的流速;r 为该元素所处的径向位置。如前所述,式(6.33)中同样假设来流和尾流处的压力相等。可以写出转矩和轴功率在位置 r 处的表达式:

$$dM = \dot{m}rV_\theta = 2\pi r^2 \rho V \cdot V_\theta dr = 2\pi r^2 \rho V_0(1 - a) \cdot 2\omega r a' dr \qquad (6.34)$$

$$dP = dM \cdot \omega = 4\pi r^3 \rho V_0 \omega a'(1 - a)dr \qquad (6.35)$$

式中各参量都在以前章节中有过叙述,这里不再重复。在 BEM 模型中,V_0、ω、r 都是已知量,所以 dT、dM、dP 都是 a 和 a' 的函数。假设在式(6.33)和式(6.34)中能够找到 dT、dM 的另一种表达方式,则可以求出 BEM 模型下的 a 和 a' 的解析表达式。

现在换一个方法表达 dT、dM,除了可以使用动量定理描述 dT、dM 以外,可以对每个具体的叶片元素进行受力分析,从而积分后求出轴向力和转矩。在图 6.8 中任意选取第 i 个元素进行分析,其速度分布如图 6.9 所示。

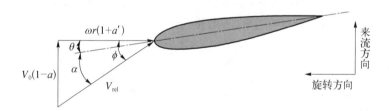

图 6.9　某个叶片元素上的速度矢量图

图 6.9 中,相对速度 V_{rel} 和旋转方向的夹角 ϕ 也称为入流角(flow angle),相对速度和翼弦的夹角 α 称为迎角或攻角(angle of attack),θ 是该叶片元素的几何扭转角度。在已知各个速度分量的前提下,入流角可以求得

$$\tan\phi = \frac{V_0(1 - a)}{(1 + a')\omega r} \qquad (6.36)$$

将翼型的受力用升力 L 和阻力 D 来描述,升力的方向定义为垂直于相对速度的方

向,阻力则平行于相对速度的方向。
在某叶片元素 i 处的受力情况参见图
6.10。

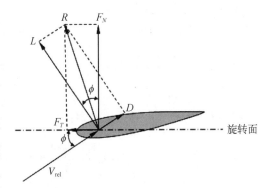

　　图 6.10 中可以由升力和阻力合
成一个总的作用力 R,这个总作用力
可以分别在轴向和旋转方向进行分
解,分别记做 F_N 和 F_T。如果已知该
叶片元素的弦长 c、升力系数 C_l 和阻
力系数 C_d,则可以求出该处的升力和
阻力值为

图 6.10　某个叶片元素上的受力矢量图

$$L = \frac{1}{2}\rho V_{\rm rel}^2 c C_l \tag{6.37}$$

$$D = \frac{1}{2}\rho V_{\rm rel}^2 c C_d \tag{6.38}$$

　　在应用 BEM 模型时,升力系数 C_l 和阻力系数 C_d 都是作为已知量,它们的值
一般由实验数据给出,也可以应用 CFD 方法估算。已知升力阻力,得出轴向作用
力为

$$F_N = L\cos\phi + D\sin\phi \tag{6.39}$$

切向作用力为

$$F_T = L\sin\phi - D\cos\phi \tag{6.40}$$

对等式(6.39)和等式(6.40)进行无量纲化,两边同时除以 $1/2\rho V_{\rm rel}^2 c$ 可得

$$C_n = C_l\cos\phi + C_d\sin\phi \tag{6.41}$$

$$C_t = C_l\sin\phi - C_d\cos\phi \tag{6.42}$$

式中,C_n 为叶片元素的轴向受力系数;C_t 为叶片元素的切向受力系数。

　　现在可以建立 $\mathrm{d}T$ 与 F_N 以及 $\mathrm{d}M$ 与 F_T 的关系。考虑当前所计算出的 F_N 和 F_T
是单位长度上的力,对于叶片数目为 B 的叶轮,在叶片元素 i 处长度为 $\mathrm{d}r$ 的位置,
轴向力关系为

$$\mathrm{d}T = BF_N\mathrm{d}r \tag{6.43}$$

转矩关系为

$$\mathrm{d}M = BF_T r\mathrm{d}r \tag{6.44}$$

已知

$$F_N = \frac{1}{2}\rho V_{\text{rel}}^2 cC_n \qquad (6.45)$$

$$F_T = \frac{1}{2}\rho V_{\text{rel}}^2 cC_t \qquad (6.46)$$

且由图 6.10 所示几何关系得到:

$$V_{\text{rel}} = \frac{V_0(1-a)}{\sin\phi} = \frac{\omega r(1+a')}{\cos\phi} \qquad (6.47)$$

将式(6.45)和式(6.46)代入式(6.43)和式(6.44)并应用关系式(6.47),可得轴向力为

$$dT = \rho BcC_n \frac{V_0^2(1-a)^2}{2\sin^2\phi}dr \qquad (6.48)$$

切向力为

$$dM = \rho BcC_t\omega r^2 \frac{V_0(1-a)(1+a')}{2\sin\phi\,\cos\phi}dr \qquad (6.49)$$

由于式(6.33)的推导是建立在无限多个叶片的基础上,而式(6.48)则考虑实际叶片数目为 B,两者在径向距离为 r,区间长度为 dr 处的面积之比为

$$\sigma = \frac{cBdr}{2\pi rdr} = \frac{cB}{2\pi r} \qquad (6.50)$$

应用式(6.50)并比较式(6.33)和式(6.48)可得轴向诱导因子为

$$a = \frac{1}{\dfrac{4\sin^2\phi}{\sigma C_n} + 1} \qquad (6.51)$$

应用式(6.50)并比较式(6.34)和式(6.49)可得切向诱导因子为

$$a' = \frac{1}{\dfrac{4\sin\phi\,\cos\phi}{\sigma C_t} - 1} \qquad (6.52)$$

6.2.4　叶尖损失

1. 普朗特(Prandtl)叶尖损失修正[96]

在式(6.33)中给出了一个环形控制体截面上的轴向推力,这个结论的前提是假设叶轮由无限多个叶片组成。实际当中由有限个叶片组成的风轮所形成的翼尖

涡流和盘状叶轮所形成的涡流是显然不同的,环状控制体内的流动也不是均匀的。为取得更实际的计算结果,普朗特对这一假设做了纠正。式(6.33)修正为

$$dT = 4\pi r\rho V_0^2 a(1-a)F dr \qquad (6.53)$$

同理式(6.34)修正为

$$dM = 4\pi r^3 \rho V_0 \omega(1-a)a'F dr \qquad (6.54)$$

式中,参数 F 称为普朗特修正因子,其表达式如下:

$$F = \frac{2}{\pi}\arccos\left[\exp\left(-\frac{B(R-r)\sqrt{1+\lambda^2}}{2R}\right)\right] \qquad (6.55)$$

式(6.55)中可见不同的叶尖速度比 λ 对应着不同的 F 值。

　　如图6.11所示,普朗特修正因子在叶片的根部趋近于1,在叶尖处为零。换言之,越靠近叶尖,修正效果越明显。比较 λ =4、6、8这三种情况可见,对于叶尖速度比大的叶轮,其叶尖损失较小。

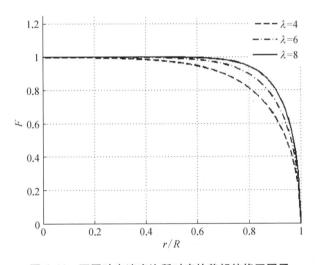

图6.11　不同叶尖速度比所对应的普朗特修正因子

　　以普朗特修正因子为基础,格劳沃特(Glauert)给出了普朗特修正因子的另一种描述方式:

$$F = \frac{2}{\pi}\arccos\left[\exp\left(-\frac{B}{2} \cdot \frac{R-r}{r\sin\phi}\right)\right] \qquad (6.56)$$

式(6.56)更加适合BEM模型,在将叶片分成 N 个元素以后,每个叶片元素的入流角随叶片径向距离 r 变化,F 值和每个叶片元素处的入流角度相关。已知 F 值,便

可以对式(6.51)和式(6.52)进行修正:

$$a = \frac{1}{\dfrac{4F\sin^2\phi}{\sigma C_n} + 1} \tag{6.57}$$

$$a' = \frac{1}{\dfrac{4F\sin\phi\ \cos\phi}{\sigma C_t} - 1} \tag{6.58}$$

2. 威尔逊(Wilson)和里斯曼(Lissaman)叶尖损失修正[97,98]

威尔逊和里斯曼对普朗特因子做了进一步修改。如果把普朗特因子的影响从尾流扩展到叶轮旋转平面,那么流经叶轮旋转平面的速度 V 也要做如下的修正:

$$V = V_0(1 - aF) \tag{6.59}$$

应用式(6.59)取代 $V = V_0(1 - a)$ 并重复以上对 a 和 a' 的推导过程可得

$$a' = \frac{1}{\dfrac{4F\sin\phi\ \cos\phi}{\sigma C_t} - 1} \tag{6.60}$$

$$\frac{(1 - aF)aF}{(1 - a)^2} = \frac{\sigma C_n}{4\sin^2\phi} \tag{6.61}$$

求解 a 可得

$$a = \frac{2S_1 + F - \sqrt{F^2 + 4S_1 F(1 - F)}}{2(S_1 + F^2)} \tag{6.62}$$

式中,

$$S_1 = \frac{\sigma C_n}{4\sin^2\phi} \tag{6.63}$$

可见,威尔逊和里斯曼的计算改变了轴向诱导因子 a 和叶尖损失系数 F 的关系,而切向诱导因子仍然保持不变。

3. 弗里斯(Vries)叶尖损失修正[99]

接下来在威尔逊和里斯曼的计算基础上,弗里斯提出了一个相似的叶尖损失计算方法。在弗里斯的方法中轴向诱导因子与威尔逊和里斯曼的计算保持一致,即等同于式(6.62)。弗里斯对切向诱导因子的修正如下:

$$\frac{a'F(1 - aF)}{(1 + a')(1 - a)} = \frac{\sigma C_t}{4F\sin\phi\ \cos\phi} \tag{6.64}$$

求解 a' 可得

$$a' = \frac{S_2}{\dfrac{F(1-aF)}{1-a} - S_2}$$ （6.65）

式中，

$$S_2 = \frac{\sigma C_t}{4F\sin\phi\,\cos\phi}$$ （6.66）

由于切向诱导因子的影响比较小，所以在实际计算中弗里斯的修正方法给出的结果非常接近于威尔逊和里斯曼的方法。

4. Shen 叶尖损失修正[100]

前述各种对叶尖损失的描述都没有考虑叶尖的三维流动特征。沈和罗伯特在他们的计算模型中包括了对叶尖三维流动的修正。首先从轴向受力系数 C_n 和切向受力系数 C_t 入手，并引入一个新的参数 F_1，将 C_n 和 C_t 写成如下格式：

$$C_n^r = F_1 \cdot C_n$$ （6.67）

$$C_t^r = F_1 \cdot C_t$$ （6.68）

式中，F_1 是对推力系数的修正；C_n 和 C_t 为修正值。修正系数的表达式类似于普朗特因子，如下：

$$F_1 = \frac{2}{\pi}\arccos\left[\exp\left(-g\,\frac{B}{2} \cdot \frac{R-r}{r\sin\phi}\right)\right]$$ （6.69）

式中，系数 g 表达式为

$$g = \exp[-0.125(B\lambda - 21)] + 0.1$$ （6.70）

将式（6.67）和式（6.68）应用于弗里斯的算法中可得

$$\frac{a'F(1-aF)}{(1+a')(1-a)} = F_1\,\frac{\sigma C_t}{4F\sin\phi\,\cos\phi}$$ （6.71）

$$\frac{(1-aF)aF}{(1-a)^2} = F_1\,\frac{\sigma C_n}{4\sin^2\phi}$$ （6.72）

式（6.71）、式（6.72）的解与式（6.65）、式（6.62）的解具有相同格式，其区别在于其中的系数 S_1、S_2 必须改写成如下形式：

$$S_1 = F_1\,\frac{\sigma C_t}{4\sin^2\phi}$$ （6.73）

$$S_2 = F_1 \frac{\sigma C_t}{4F\sin\phi\,\cos\phi} \tag{6.74}$$

6.2.5　高轴向诱导因子修正

前面提到过当轴向诱导因子 $a > 0.4$ 时,尾流进入涡流状态,因此简单的动量定理不再适用。这种情况下需要引入一些半经验公式来模拟。

1. 格劳沃特修正[101]

推导修正公式的方法是从实验数据着手,然后根据已知的数据采用曲线拟合法得到函数表达式。格劳沃特首先给出了轴向推力系数与轴向诱导因子的经验公式:

$$C_T = \begin{cases} 4a(1-a)F & a \leqslant \dfrac{1}{3} \\[2mm] 4a[1-0.25(5-3a)a]F & a > \dfrac{1}{3} \end{cases} \tag{6.75}$$

式中,F 是上面中提到的普朗特修正因子。

式(6.75)的另一种相似表达式为

$$C_T = \begin{cases} 4a(1-a)F & a \leqslant a_c \\[2mm] 4[a_c^2 + (1-2a)a]F & a > a_c \end{cases} \tag{6.76}$$

式中,$a_c = 0.2$。

已知

$$C_T = \frac{\mathrm{d}T}{\dfrac{1}{2}\rho V_0^2 2\pi r \mathrm{d}r} \tag{6.77}$$

将式(6.77)中的 $\mathrm{d}T$ 用式(6.48)代入可得

$$C_T = \frac{(1-a)^2 \sigma C_n}{\sin^2\phi} \tag{6.78}$$

比较式(6.78)与式(6.76),当 $a \leqslant a_c$ 时可以推算出轴向诱导因子普朗特修正完全一致。

当 $a > a_c$ 时

$$4[a_c^2 + (1-2a)a]F = \frac{(1-a)^2 \sigma C_n}{\sin^2\phi} \tag{6.79}$$

求解可得

$$a = \frac{1}{2} \left[2 + K(1 - 2a_c) - \sqrt{(K(1 - 2a_c) + 2)^2 + 4(Ka_c^2 - 1)} \right] \quad (6.80)$$

式中，

$$K = \frac{4F\sin^2\phi}{\sigma C_n} \quad (6.81)$$

2. 威尔逊修正[98]

根据威尔逊的修正,当 $a>0.38$ 时式(6.61)替换为

$$\frac{(k_1 + k_2 a)F}{(1 - a)^2} = \frac{\sigma C_n}{4\sin^2\phi} \quad (6.82)$$

式中,$k_1 = 0.587$;$k_2 = 0.96$。由式(6.82)解得

$$a = \frac{2S_1 + k_2 F - \sqrt{(k_2 F)^2 + 4(k_1 + k_2)S_1 F}}{2S_1} \quad (6.83)$$

式中,

$$S_1 = \frac{\sigma C_n}{4\sin^2\phi} \quad (6.84)$$

3. 关于轴向因子的小结

为方便理解涡状尾流时叶轮的具体受力特点,可将一维动量理论下推导的轴线推力系数 C_T 和格劳沃特修正相比较,并和实验值进行对比。

在图 6.12 中,假定叶尖损失因子 $F=1$,虚线部分所示为格劳沃特的半经验模

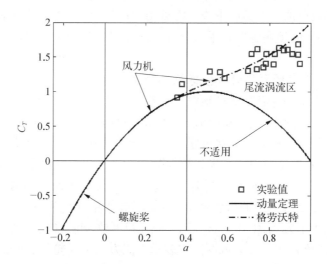

图 6.12　涡状尾流时轴向推力系数的理论值和测量值的比较

拟公式,实线部分为一维简单动量方程的解。如图 6.12 可见,在 a 值大于 0.4 以后格劳沃特给出的解和实验值比较接近,而简单动量方程显然不能适用。需要注意的是当 a 值为负数时对应的是螺旋桨运动状态。

6.3　叶片相对坐标系与非稳态气动模型

6.3.1　关于非稳态气动模型的介绍

本章是应用 6.2 节中叶素动量理论方法进行风力机气动模型的完善。正如本章开头所介绍的,多数风力机气动噪声的计算必须经过前期的气动计算,而本节讲述的是目前工程上应用广泛的方法。通过前面讲到的 BEM 模型可知,当经过数次的迭代以后可以求解到一个稳定的轴功率与受力等。由于自然界的风是随时间和空间变化的,所以轴功率也是时间的函数。对于非稳定的来流,每个叶片元素对应着随时间变化的相对入流速度。在时间和空间上求解每个叶片元素的相对速度 $V_{rel}(t, x)$ 是建立非稳定 BEM 模型的关键步骤。这一章节将在原有 BEM 模型的基础上引入以下几个新的概念:叶轮的偏航(yaw)和仰角(tilt);塔柱影响(tower effect);动态失速(dynamic stall);动态尾流(dynamic wake)。当叶轮偏航或者有仰角时,速度的诱导因子在叶轮的周向分布将是变化的;塔柱的存在会对其周围的流场产生影响,因此当叶片运动在这一区域时,速度和受力都将改变;旋转的叶片运行在风切等工况时,在大攻角情况下流体和翼型在负压区产生周期性分离常常形成动态失速现象。当某叶片元素上产生失速,并且攻角和速度随时间变化,那么就需要引入动态失速模型;当环绕叶片的近距离流场在短时间发生较大变化时(比如突然改变桨距角),其尾流部分尚未在第一时间感受到这一变化,这种情形会导致叶片上的气动载荷瞬时上升或下降。需要指出的是,尽管气动噪声本质上是时间序列的压力脉动,但是在工程方法的应用中,多数情况下可采用稳态的气动计算。

6.3.2　惯性坐标系与叶片坐标系的变换

在介绍风力机坐标系之前必须定义一些几何角度。图 6.13 所示为一个三叶片水平轴风力机。图中,θ_{tilt}(tilt angle)表示风轮仰角,是风轮旋转轴与水平方向的夹角。多数的风力机仰角都接近零度,采用小幅的仰角可以使叶片更远离塔柱,但同时由于速度诱导因子在风轮周向的变化会产生一定的周期性受力。风轮锥角用 θ_{cone}(cone angle)表示,是叶片和垂直于旋转轴的平面的夹角。风轮锥角可以减小由于旋转变形产生的弯曲应力,因而制造叶片时多采用叶片预弯曲设计。风轮的旋转角表示为 θ_{wing}(wing angle),它表示叶片在旋转平面内的周向位置。此外,风轮的偏航角为 θ_{yaw}(yaw angle),它表示来流方向和风轮旋转面的法向平面的夹角。偏航角一般由偏航系统控制,用于使风轮可靠地迎风偏转。偏航类型可分

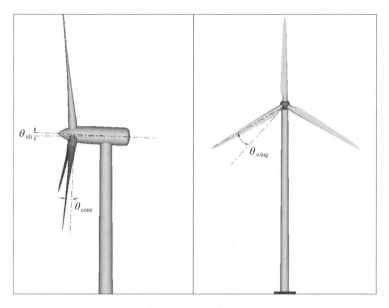

图 6.13 三叶片水平轴式风力机的几何角度定义

为主动偏航(水平轴上风式)、自由偏航(水平轴下风式)和固定偏航(垂直轴)。

为了求解叶片上的气动载荷分布,必须首先计算每个元素处的速度分布,即相对速度 V_{rel}。如图 6.14 所示,最终需要求解的风速为位于叶片坐标系 X_4 (x_4, y_4, z_4) 中的相对速度。因为来流风速 V_1 位于惯性坐标系中,所以必须正确建立惯性坐标系和叶片坐标系的转换关系。在图 6.14 中,定义塔柱底部为惯性坐标系 X_1 (x_1, y_1, z_1),在塔柱顶端的机舱位置为机舱坐标系 X_2 (x_2, y_2, z_2),在旋转轴上建立转轴坐标系 X_3 (x_3, y_3, z_3),最后在任意一根叶片上建立叶片坐标系 X_4 (x_4, y_4, z_4)。

已知塔柱坐标系为 X_1 (x_1, y_1, z_1),机舱坐标系为 X_2 (x_2, y_2, z_2)。那么坐标系 X_1 内的某个矢量表达成坐标系 X_2 中的矢量可以通过转换矩阵来表示:

$$A_2 = a_{12}A_1 \qquad (6.85)$$

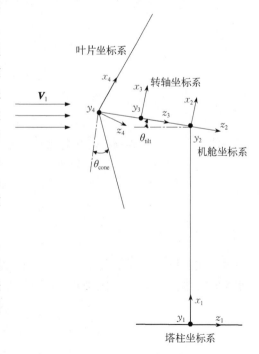

图 6.14 风力机坐标关系示意图

同样道理,把坐标系 $\boldsymbol{X}_2$ 中的矢量表示到坐标系 $\boldsymbol{X}_1$ 也可以借助于逆矩阵来表示

$$\boldsymbol{a}_{21} = \boldsymbol{a}_{12}{}^{\mathrm{T}} \tag{6.86}$$

对应于图 6.14 所示,叶轮旋转角 θ_{wing}、偏航角 θ_{yaw} 和仰角 θ_{tilt} 定义为正值,而图 6.14 中所示的锥角 θ_{cone} 为负值(图 6.13 中所示锥角则为正值),具体应用时需要加以注意。在图 6.14 中,比较坐标系 $\boldsymbol{X}_1$ 和 $\boldsymbol{X}_2$ 可以发现,首先在偏航角 θ_{yaw} 不为零的情况下,$\boldsymbol{X}_2$ 坐标系相对于 $\boldsymbol{X}_1$ 坐标系对 x_2 轴的旋转角度为 θ_{yaw}。对偏航角的转换矩阵为

$$\boldsymbol{a}_1 = \begin{bmatrix} 1 & 0 & 0 \\ 0 & \cos\theta_{\mathrm{yaw}} & \sin\theta_{\mathrm{yaw}} \\ 0 & -\sin\theta_{\mathrm{yaw}} & \cos\theta_{\mathrm{yaw}} \end{bmatrix} \tag{6.87}$$

其次,在仰角 θ_{tilt} 不为零的情况下 $\boldsymbol{X}_2$ 坐标系对 y_2 轴的旋转角度为 θ_{tilt}。对仰角的转换矩阵为

$$\boldsymbol{a}_2 = \begin{bmatrix} \cos\theta_{\mathrm{tilt}} & 0 & -\sin\theta_{\mathrm{tilt}} \\ 0 & 1 & 0 \\ \sin\theta_{\mathrm{tilt}} & 0 & \cos\theta_{\mathrm{tilt}} \end{bmatrix} \tag{6.88}$$

最后考虑到 $\boldsymbol{X}_2$ 坐标系对 z_2 轴无旋转,所以转换矩阵为

$$\boldsymbol{a}_3 = \begin{bmatrix} 1 & 0 & 0 \\ 0 & 1 & 0 \\ 0 & 0 & 1 \end{bmatrix} \tag{6.89}$$

综合上述几步转换关系可以得到总转换关系 $\boldsymbol{A}_2 = \boldsymbol{a}_{12}\boldsymbol{A}_1$,其中,

$$\boldsymbol{a}_{12} = \boldsymbol{a}_3 \cdot \boldsymbol{a}_2 \cdot \boldsymbol{a}_1 \tag{6.90}$$

下一步建立 $\boldsymbol{X}_2$ 坐标系到 $\boldsymbol{X}_3$ 坐标系的转换关系。假设旋转轴为刚性,则坐标系 $\boldsymbol{X}_2$ 和 $\boldsymbol{X}_3$ 的唯一区别在于 $\boldsymbol{X}_3$ 坐标系对 z_3-轴的旋转角为 θ_{wing}。因此 $\boldsymbol{A}_3 = \boldsymbol{a}_{23}\boldsymbol{A}_2$,其中,

$$\boldsymbol{a}_{23} = \begin{bmatrix} \cos\theta_{\mathrm{wing}} & \sin\theta_{\mathrm{wing}} & 0 \\ -\sin\theta_{\mathrm{wing}} & \cos\theta_{\mathrm{wing}} & 0 \\ 0 & 0 & 1 \end{bmatrix} \tag{6.91}$$

最后对比坐标系 $\boldsymbol{X}_3$ 和 $\boldsymbol{X}_4$ 可以发现坐标系 $\boldsymbol{X}_4$ 在 $\boldsymbol{X}_3$ 的基础上仅增加了锥角的变化,即 $\boldsymbol{X}_4$ 坐标系对 y_4-轴的旋转角度为 θ_{cone}。因此 $\boldsymbol{A}_4 = \boldsymbol{a}_{34}\boldsymbol{A}_3$,其中,

$$\boldsymbol{a}_{34} = \begin{bmatrix} \cos\theta_{\mathrm{cone}} & 0 & -\sin\theta_{\mathrm{cone}} \\ 0 & 1 & 0 \\ \sin\theta_{\mathrm{cone}} & 0 & \cos\theta_{\mathrm{cone}} \end{bmatrix} \tag{6.92}$$

通过上述转换关系可以写出某矢量从惯性坐标系到叶片坐标系的转换关系：

$$A_4 = a_{34} \cdot a_{23} \cdot a_{12} \cdot A_1 \tag{6.93}$$

反之，通过求解逆矩阵，某矢量从叶片坐标系到惯性坐标系的转换关系为

$$A_4 = a_{12}{}^T \cdot a_{23}{}^T \cdot a_{34}{}^T \cdot A_1 \tag{6.94}$$

对于图 6.14 中位于惯性坐标系里的一个速度矢量 V_1，可以通过式（6.94）的关系求出它在叶片坐标系中的速度矢量：

$$V_0 = \begin{bmatrix} V_x \\ V_y \\ V_z \end{bmatrix} = a_{34} \cdot a_{23} \cdot a_{12} \cdot V_1 = a_{14} \cdot V_1 \tag{6.95}$$

对于叶片坐标系上的一点 P，它在惯性坐标中的位置矢量可以通过式（6.93）求得。在图 6.15 中，r_t、r_s、r_b 和 r 都是定义在惯性坐标系（x，y，z）下的位置矢量，其中字母的下标分别表示 tower、shaft、blade。则叶片上一点 P 在惯性坐标系中的位置可表示为

$$r = \begin{bmatrix} x_p \\ y_p \\ z_p \end{bmatrix} = r_t + r_s + r_b \tag{6.96}$$

式（6.96）中，在惯性坐标系中求解 r_t 无须坐标变换：

$$r_t = \begin{bmatrix} H \\ 0 \\ 0 \end{bmatrix} \tag{6.97}$$

式（6.96）中，在惯性坐标系中求解 r_s 需要经过两次坐标变换：

$$r_s = a_{23}{}^T \cdot a_{12}{}^T \cdot \begin{bmatrix} 0 \\ 0 \\ -L \end{bmatrix} \tag{6.98}$$

式（6.96）中，在惯性坐标系中求解 r_b 需要经过三次坐标变换：

$$r_b = a_{12}{}^T \cdot a_{23}{}^T \cdot a_{34}{}^T \cdot \begin{bmatrix} x \\ 0 \\ 0 \end{bmatrix} \tag{6.99}$$

式（6.97）~式（6.99）中，H 为塔高；L 为塔顶中心点到叶轮旋转中心的距离；x 为叶轮旋转中心到 P 点的径向距离。

6.3.3　叶片坐标系中的相对来流速度

为简化问题,假设来流风速在 x 轴方向上速度为零,即不考虑垂直于地面方向上的速度分量。以这一假设为前提,图 6.16 给出了叶片坐标系中在 yz 平面内的速度矢量。由图可见,在这一相对坐标系中 V_0 直接按照式(6.95)的坐标变换关系求出。相对速度 $V_{\rm rel}$ 为各速度矢之和:

$$V_{\rm rel} = V_0 + V_{\rm rot} + W \qquad (6.100)$$

式(6.100)也可写成如下标量形式:

$$\begin{bmatrix} V_{{\rm rel},\,x} \\ V_{{\rm rel},\,y} \\ V_{{\rm rel},\,z} \end{bmatrix} = \begin{bmatrix} V_x \\ V_y \\ V_z \end{bmatrix} + \begin{bmatrix} 0 \\ -\omega \cdot x\cos\theta_{\rm cone} \\ 0 \end{bmatrix} + \begin{bmatrix} W_x \\ W_y \\ W_z \end{bmatrix}$$

$$(6.101)$$

式(6.101)中 x 轴方向的速度可以忽略不计。在考虑风轮锥角的情况下,由于叶片旋转半径的减小将导致叶片元素的旋转速度低于没有锥角的情况。

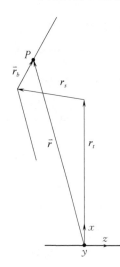

图 6.15　叶片上一点的空间位置矢量图

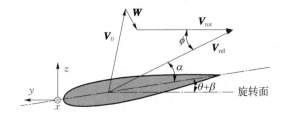

图 6.16　叶片坐标系中的速度矢量图

在偏航角为零的情况下,式(6.101)中的诱导速度 W 可以分解为轴向和切向分量并分别求出:

$$\begin{aligned} W_x &= (1-a)V_0 \\ W_y &= (1+a')\omega r \end{aligned} \qquad (6.102)$$

随后根据相对速度的两个分量计算入流角:

$$\tan\phi = \frac{V_{{\rm rel},\,z}}{V_{{\rm rel},\,y}} \qquad (6.103)$$

攻角 α 等于入流角减去几何角与桨距角之和。求得攻角后便可通过插值法从已知表格中读取升力和阻力系数从而求得该叶片元素处的受力大小。

6.3.4　诱导速度

在偏航角稳定,并且偏航角不为零的情况下,对诱导速度的解法需要做一些修正。应用动量定理并考虑偏航角所带来的质量流量的偏差,可以推出如下关系式:

$$C_T = 4a(\cos \theta_{yaw} - a) \tag{6.104}$$

$$C_P = 4a(\cos \theta_{yaw} - a)^2 \tag{6.105}$$

$$a = \frac{\cos \theta_{yaw}}{3} \tag{6.106}$$

$$C_{P\max} = \frac{16\cos^3 \theta_{yaw}}{27} \tag{6.107}$$

如式(6.104)~式(6.107)所示,推力系数、功率系数以及轴向诱导因子都是偏航角度函数,它们都随偏航角的增大而减小。式(6.107)用于估算在偏航情况下的最大功率系数,可见偏航角越大,风能的利用率越低。图 6.17 所示为不同偏航角状态下的功率系数随轴向诱导因子的关系。由图 6.17 可见,为提高功率输出,风力机应避免在大偏航角状态下运行。

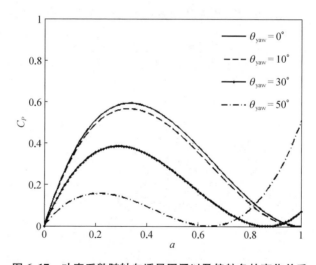

图 6.17　功率系数随轴向诱导因子以及偏航角的变化关系

对于非稳态 BEM 方法,诱导因子或者诱导速度必须在每一个叶片元素处修正。在偏航状态下,尾流的速度构成如图 6.18 所示。图中叶轮被简化为圆盘,圆盘对来流的反作用力为 T,方向垂直于旋转面。推力 T 由叶轮前后压差 Δp 产生,这一推力使来流风速降低,即产生诱导速度 W_n,其方向和推力方向一致。如图 6.18 所示,位置(1)表示靠近叶轮处,其诱导速度为 $W_n = aV_0$,位置(2)表示尾流远

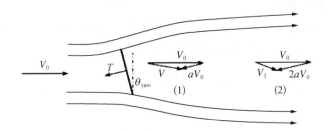

图 6.18   偏航状态下的尾流速度矢量

端,其诱导速度为 $W_n = 2aV_0$。(注:尾流远端指距离叶轮约 2~3 个叶轮直径。)

根据格劳沃特提出的轴向推力(或轴向推力系数)和诱导速度的关系, Bramwell[102] 提出了对于偏航状态下诱导速度的具体计算方法:

$$W_n = \boldsymbol{n} \cdot \boldsymbol{W} = \frac{T}{2\rho AV} \tag{6.108}$$

式中, $\boldsymbol{n} = (0, 0, -1)$ 是位于转轴坐标系 $\boldsymbol{X}_3$ 中的单位矢量(与推力 T 同一方向)。 应用 BEM 方法,将式(6.108)应用于每个叶片元素,将圆盘面积 A 替换为宽度为 $\mathrm{d}r$ 的圆环面积,即 $\mathrm{d}A = 2\pi r\mathrm{d}r/B$, B 为叶片数目。可得轴向诱导速度为

$$W_n = W_z = \frac{-L\cos\phi \cdot \mathrm{d}r}{F \dfrac{4\rho\pi r\mathrm{d}r}{B}V} = \frac{-BL\cos\phi}{4F\rho\pi rV} \tag{6.109}$$

切向诱导速度为

$$W_t = W_y = \frac{-L\sin\phi \cdot \mathrm{d}r}{F \dfrac{4\rho\pi r\mathrm{d}r}{B}V} = \frac{-BL\sin\phi}{4F\rho\pi rV} \tag{6.110}$$

式(6.109)和式(6.110)中, V 为叶轮后的速度值。如图 6.16 所示,速度 V 的数量 值可由如下矢量关系求得:

$$V = |\boldsymbol{V}_0 + \boldsymbol{W}_n| \tag{6.111}$$

显然,式(6.109)和式(6.110)必须通过循环迭代的方法求解。首先初始化 W_n 和 W_t,然后根据来流速度和诱导速度的角度关系,得出速度 V 的数量值。最后将速度 V 代入式(6.109)和式(6.110)得到轴向和切向诱导速度。在非稳态的 BEM 模型 中,由于变量都是时间的函数,所以在迭代求解诱导速度的时候直接在时间序列上 做循环。假设计算时采用的时间步长为 Δt,且时间步长足够小,则每个时间步长 内叶片元素的周向角位移为 $\Delta\theta_{\mathrm{wing}} = \omega\Delta t$。在当前时间所采用的诱导速度值为前一

个时间的计算结果,而当前计算出的诱导速度将被用于下一步计算。

　　此外,根据格劳沃特理论,上述计算方法仅适用于小诱导因子的情况,对于大诱导因子需要做格劳沃特修正:

$$V = \left| \boldsymbol{V}_0 + f_g \boldsymbol{W}_n \right| \tag{6.112}$$

式中,

$$f_g = \begin{cases} 1 & a \leqslant a_c \\ \dfrac{a_c}{a}\left(2 - \dfrac{a_c}{a}\right) & a > a_c \end{cases} \tag{6.113}$$

式中,a_c 取 0.2。此处关于格劳沃特的轴向诱导因子的修正方法和已经在前面章节介绍过,其原理一致。

　　有偏航和仰角情况下的诱导速度需进一步修正,在不考虑风切的情况下,偏航和仰角带来的效应是一致的。前面所述方法计算所得的诱导速度在每个叶片元素所在的环形区域内沿叶轮周向呈均匀分布。由于偏航角或者仰角的存在,诱导速度随旋转角 θ_{wing} 变化。在图 6.18 中,轴向诱导速度沿轴向的变化区间为 $W_n = [aV_0,\ 2aV_0]$,即在靠近旋转面处 W_n 值较小。图 6.19 中,叶轮由圆盘表示,比较叶轮上 A 点和 B 点的

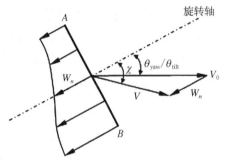

图 6.19　有偏航/仰角时的轴向诱导速度沿轴向变化

位置可见 A 点比 B 点远离尾流,所以 A 点位置的诱导速度小于 B 点。以图 6.19 的 A 点为例,当叶轮开始旋转时,A 点向 B 点方向运动。在旋转过程中,A 点逐渐深入尾流区域,从而诱导速度随旋转角 θ_{wing} 增大的而增大,在到达 B 点位置时,轴向诱导速度达到最大值。

　　为纠正这一影响,Snel 等[103]提出了以下模型:

$$\boldsymbol{W}_n = f_s \cdot \boldsymbol{W}_n \tag{6.114}$$

式(6.114)中,f_s 是纠正系数:

$$f_s = 1 + \frac{r}{R}\tan\left(\frac{\chi}{2}\right)\cos(\theta_{wing} - \theta_0) \tag{6.115}$$

式(6.115)中,r 是叶片元素所处的径向位置,R 为叶片长度,χ 为偏斜角(如图 6.19 所示),θ_0 表示轴向诱导速度最大时叶片所处的周向位置。如果只考虑有偏航角的情况,则 θ_0 取 90° 或者 270°;如果只考虑仰角,则 θ_0 取 0° 或者 180°。对于偏

斜角χ 的求解,不需要在每个叶片元素处都进行计算,此时可取一个特征位置,如在叶片上 $r/R=0.7$ 的位置解出偏斜角即可。

6.3.5 塔影与风切的影响

图 6.20 显示的是塔筒某个横切面上的流动速度分布示意图。根据前面定义的坐标系关系,该图对应的是(y,z)平面。距离塔筒一定的距离处,观察叶片上某个固定的叶素,这一叶素单元相对于塔筒的圆柱截面呈周期性的运动变化规律。当叶素位置到达圆柱附近区域,可以近似认为该叶素与圆柱截面处于同一平面内。在这个平面内叶素感受的相对风速,也就是真实风速是随 z 方向发生变化的。在 T1 时刻,入流风速大幅度受到塔影影响,导致流动攻角发生显著变化,从而影响气动与噪声,在 T2 时刻,翼型段开始远离塔筒,塔影效应逐渐减弱并消失。从工程方法的角度思考和解决这个问题,可以假设圆柱绕流为简单的势流运动。经典的圆柱绕流给出绕圆柱附近的速度场可以表示成柱面坐标下的切向速度和径向速度,如式(6.116)所示。结合图 6.20,考虑任意一点 $p(r,\theta)$ 所在的流体质点,当地的速度沿流线方向分解成 V_r 和 V_θ。考虑风力机气动建模采用的笛卡儿坐标系,将坐标进行转换得到该位置 $p(x,y)$ 所在的速度分量 V_x 和 V_y,如式(6.117)和(6.118)所示。

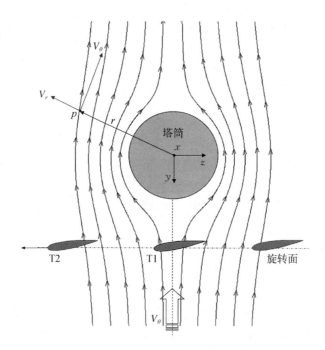

图 6.20   塔筒某横切面上的流动示意图

$$V_r = V_0 \left[1 - \left(\frac{a}{r} \right)^2 \right] \cos\theta \ , \ V_\theta = -V_0 \left[1 + \left(\frac{a}{r} \right)^2 \right] \sin\theta \qquad (6.116)$$

$$V_z = V_r\cos\theta - V_\theta\sin\theta \ , \ V_y = -V_r\sin\theta - V_\theta\cos\theta \qquad (6.117)$$

$$\cos\theta = \frac{z}{r} \ , \ \sin\theta = -\frac{y}{r} \ , \ r = \sqrt{z^2 + y^2} \qquad (6.118)$$

来流风速沿塔筒高度 x 方向发生变化,假设参考风速 V_0 在塔筒高度 H 位置,根据风切 γ 的大小,可以表达成对数或指数形式:

$$V(x) = V_0 \left(\frac{x}{H} \right)^\gamma \qquad (6.119)$$

关于塔影效应带来的气动噪声周期变化,将在后续章节介绍具体实例。

6.3.6　关于风力机气动建模的小结

上面讲到了气动建模过程中所涉及的基本要点,对于后续进行风力机气动噪声的仿真工作已经具备了必要的气动模型平台。本节介绍的要点仅仅关于几何外形带来的气动特性影响,所以是建模中所不可或缺的,在此基础上,读者可以进一步深入气动建模方面的研究,不断完善气动模型的功能。后续的完善可以围绕动态入流、动态失速、动态尾流等方面开展,关于风力机气动方面的深入推荐参阅相关的文献著作[8]、[10]、[104]、[105]。

6.4　风力机尾流工程算法

风速在经过风轮之后会产生衰减,处在下游的风力机的入流风速相对应的则是经过上游风力机衰减之后的风速,而在风速变化时,风力机所产生噪声源的声功率级不同,风速越大,声功率级越高,人耳所能接收到的噪声等级也越高。因此,处在上游风力机尾流中的风力机所产生的噪声相对来说会小于上游风力机产生的噪声。要对风电场噪声进行模拟,首先要了解风电场中的尾流情况。

经过多年的研究探索,现在已经发展了很多尾流模型,Jensen 模型[106]、Frandsen 模型[107]、Larsen 模型[108] 以及关于 Jensen 模型的改进模型[109,110]。本节以当前应用最广泛的 Jensen 模型为例,介绍该模型结合多台风力机计算气动噪声的具体耦合途径。

Jensen 尾流模型是由丹麦国家实验室风能研究所的 Jensen 在 20 世纪 80 年代基于动量守恒提出的一种模拟尾流区风速的简单模型。该模型假设风力机尾流的

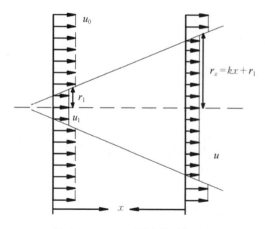

图 6.21　Jensen 尾流模型原理图

扩散半径 r_x 和尾流扩散距离 x 呈线性关系：$r_x = kx + r_1$，并且尾流区在径向截面上的风速为常数。该模型的原理示意图如图 6.21 所示。

图 6.21 中，u_0 是来流风速；u 是风力机下游 x 处的风速；r_1 是紧靠风力机下游处的尾流半径；u_1 是紧靠风力机下游处的风速。

$$r_1 = r_d \sqrt{\frac{1 - a}{1 - 2a}} \qquad (6.120)$$

尾流中速度的计算公式为

$$u = u_0 \left[1 - 2a \left(\frac{r_1}{r_1 + kx} \right)^2 \right] \qquad (6.121)$$

式中，

$$a = \frac{(1 - \sqrt{1 - C_T})}{2} \qquad (6.122)$$

k 为尾流膨胀系数，对于陆上风力机一般取 0.075。

在风电场中，只有单台风力机尾流干扰的情况不常见，下游风力机往往处在多个上游风力机的尾流中，因此在尾流模拟时，还需要考虑多个尾流的叠加效应。对此，若干尾流叠加模型被提出用于解决此类问题，其中包括了平方和模型、几何和模型、线性叠加模型和能量守恒模型。实践证明，基于平方和模型计算结果较为精确，应用也较多，对于实际编程建模也比较简便，所以本节利用平方和模型来讲解尾流的叠加，其尾流叠加计算公式为

$$\left(1 - \frac{u_i}{u_0} \right)^2 = \sum_j \left(1 - \frac{u_{ij}}{u_j} \right)^2 \qquad (6.123)$$

式中，u_i 是第 i 台风力机轮毂处的入流风速；u_j 是第 j 台风力机轮毂处的入流风速；u_{ij} 是第 j 台风力机的尾流到达第 i 台风力机轮毂处的风速。此处关于尾流模型在气动噪声中的应用也只是建立在最基础的建模需求之上，对于多台风力机的尾流相干下的气动噪声源模拟是必不可少的，同时也是应用最为简洁的模型之一。虽然这种工程模型存在许多弊端，但是对于工程上的应用仍然具有简单实用性。因此，关于尾流工程模型的研究一直在进行，感兴趣的读者可以查阅尾流相关研究最新进展的综述性论文[111]。

6.5 风力机尾流 AL/AD 数值方法

由于风力机与风电场气动力和流场计算存在许多非稳态因素,许多问题从经典的 BEM 理论和工程尾流模型里面无法找到确切的解,从而为后续风力机气动噪声计算所需要的输入条件制造了难度,也限制了其应用的场景。例如,复杂地形中,考虑风电场噪声源的计算和噪声的传播问题,如何计算对应的流场就必须在工程方法和 CFD 方法之间进行融合和取舍。在当前的风力机气动计算中,基于 CFD 方法的致动线(actuator line, AL)、致动盘(actuator disc, AD)和致动面(actuator surface, AS)方法具有相当的实用性,这些方法最初由丹麦科技大学提出,并在过去的十多年得到十分广泛的应用[112−116]。三种方法均是基于在 NS 动量方程之中添加源项,其基本出发点是一致的,这节以 AL 方法为例,讲解其方程的具体物理意义以及该方法存在的意义和价值。

风力机叶片的非定常力是各个截面的二维翼型段气动力沿叶片展向的积分。公式(6.124)是叶片气动载荷的积分形式。图 6.22(a)中气动载荷在各个截面上分解为轴向 z(来流)和切向 θ(旋转)方向。采用表达式(6.124)~式(6.126),气动力的大小取决于升阻力系数(C_l 和 C_d)、叶片弦长(c)、叶片数量(B)、相对速度和入流角(V_{rel} 和 ϕ)。图 6.22(b)中展示了叶轮旋转面上的局部网格布局和旋转涡量,在复杂来流条件下,致动线转动时产生时序变化的相对速度 V_{rel},该速度和致动线体积力形成耦合关系在动量方程中进行迭代计算。

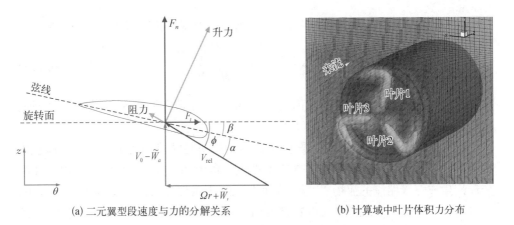

(a) 二元翼型段速度与力的分解关系　　(b) 计算域中叶片体积力分布

图 6.22　叶片载荷计算示意图

$$f_{\text{AL}} = \left(\int_0^R F_z \mathrm{d}r, \ \int_0^R F_\theta \mathrm{d}r \right) \tag{6.124}$$

$$F_z = \frac{1}{2}\rho V_{\text{rel}}^2 cBC_n = \frac{1}{2}\rho V_{\text{rel}}^2 cB(C_l\cos\phi + C_d\sin\phi) \tag{6.125}$$

$$F_\theta = \frac{1}{2}\rho V_{\text{rel}}^2 cBC_t = \frac{1}{2}\rho V_{\text{rel}}^2 cB(C_l\sin\phi - C_d\cos\phi) \tag{6.126}$$

回顾前面的章节中,通过推导 N-S 方程,得到如下表达式:

$$\rho\left(\overset{(1)}{\frac{\partial u_i}{\partial t}} + \overset{(2)}{u_j\frac{\partial}{\partial x_j}u_i}\right) = -\overset{(3)}{\frac{\partial p}{\partial x_i}} + \overset{(4)}{\frac{\partial \tau_{ij}}{\partial x_j}} + \overset{(5)}{f_i} \tag{6.127}$$

方程中的第 5 项表示任意形式的体积力,如重力、电磁力或自定义的力。在此,代表风力机叶片受力的体积力源项即为 f_{AL}。由于计算不需要采用贴体网格包裹叶片,避免了求解叶片表面湍流边界层带来的高网格密度和时间步长的限制。同时,保持网格不变,风力机乃至风电场中机位点的变化可以随意设定。该方法的计算量取决于计算域的大小、具体风力机的台数,同时还涉及其他耦合的计算模型。在具体应用中,AL 方法处理任意时变来流的特点可以和其他多种模型进行叠加。例如,前述的风切模型可以与 AL 模型共同作为体积力源项写入动量方程。该方法隐含的基本物理意义仍然可以通过前面章节介绍的流体力学动量方程简要阐述:假设保持地表面无压力梯度的稳态流场需要一个体积力 f_{shear},那么动量方程左侧的加速度项为零:

$$\nu\frac{\partial^2 V(x)}{\partial x^2} + f_{\text{shear}} = 0 \tag{6.128}$$

式(6.128)表达黏性力与体积力之和为零,则需要保持风轮廓需要的体积力是

$$f_{\text{shear}} = -\gamma(\gamma - 1)\nu\frac{V_0}{H^2}\left(\frac{x}{H}\right)^{\gamma-2} \tag{6.129}$$

这里在公式(6.128)中,将 $V(x)$ 用前面讲述的风切指数方程代入,读者可以通过两次积分进行推导。

应对湍流来流的情况,可以采用相似的原理,进行湍流场的脉动速度与体积力的换算。如图 6.23 所示,基于谱方法模拟大气的湍流入流环境,可以应用快速畸变理论生成三维湍流的流场[117,118],从而十分便捷地结合大涡模拟和致动线方法,同时考虑大气风切实现更真实的物理流场。采用以上基于 CFD 的 AL 方法为后续风电场的噪声传播提供了湍流环境输入。随着计算机运行速度与集群规模的发展,这些综合数值计算的方法目前在风力机气动噪声中逐步推进并取得了一些进展[40,119-122]。

目前风力机的仿真建模越来越趋向于多学科交叉的耦合,不同学科领域的交

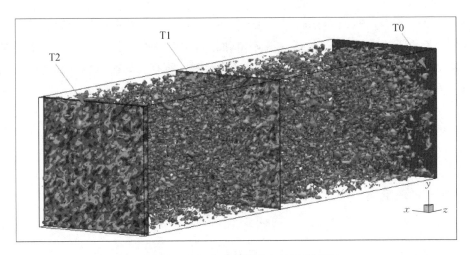

图 6.23　人工合成的湍流入流流场环境

又实现了多物理场的综合效应。同样,在本书中介绍了风力机气动力建模和气动噪声建模的耦合关系。实际上,风力机相比于飞行器而言是一种高柔性的结构,在运行过程中,面对复杂的地形环境和湍流环境,发生的弹性变形十分显著。因此,本章的最后将风力机气动、弹性与噪声的耦合关系整理在图 6.24 中。风力机的来流可以是简单的均匀来流、带有风切的来流、湍流来流或者是处于其他风力机中的尾流。读入风力机外形参数、运行参数、必要的气动参数以及涉及风电场计算的布局参数等,选取气动计算模型进行气动力计算,涉及风电场的计算一般应考虑尾流

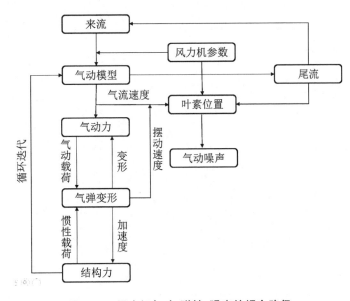

图 6.24　风力机气动、弹性、噪声的耦合路径

模型或采用基于 CFD 平台的致动线或致动盘模型。气动噪声源的计算需要输入每个叶素位置的流动信息,包括入流攻角和相对来流速度。其中有些气动噪声模型需要输入尾缘边界层厚度以及动量厚度等参数。所有气动噪声的计算在叶片当地参考坐标系中进行,也就是本章前文介绍的第 4 个坐标系。以风力机为研究对象,气动噪声是在低马赫数下产生的,对于流场没有反馈影响,因此仅属于单向耦合。当考虑气动力作用于柔性叶片及塔架的情况时,需要纳入结构动力学,气动力与结构变形产生耦合作用,从而改变各叶素位置的气流状态,导致气动噪声的计算形成动态的过程。如果进一步采用湍流入流,则气动噪声的仿真模拟将更加反映真实的流动环境。

第七章
风力机气动声源解析与工程模拟方法

7.1 引　言

尽管基于 CFD/CAA 的数值算法可以带来高精度的计算结果,但是其计算仿真所需的时间很难满足低噪声翼型及风力机的设计需求。结合气动噪声理论而开发出的风力机气动噪声计算模型在实际工程应用中十分广泛。

按照风力机气动噪声机理进行分类,低频噪声是由于塔影效应、风切效应和尾流效应等引起风速的变化,从而形成周期性的、频率为叶片通过频率整数倍的离散噪声。湍流入流噪声是宽带噪声,它是由风力机叶片和来流湍流相互作用产生的。风力机的叶片自激励产生的噪声是由叶片翼型边界层和近尾迹内的气流和翼型本身作用产生的,其本质是由非稳态气动力产生的动态载荷造成的,这些噪声主要源自翼型的后缘,主要包括以下噪声。

(1)湍流边界层尾缘噪声:它是由湍流边界层与叶片尾缘相互作用形成的,是风力机主要的中高频噪声源。

(2)边界层分离和失速噪声:当翼型表面边界层发生分离以及失速时,气流在叶片表面产生非定常流动区域沿尾缘向前缘迁移,使宽带噪声辐射增加,中低频噪声更加明显。

(3)层流边界层涡脱落产生的噪声:由尾缘涡脱落与尾缘上游层流边界层内不稳定波的反馈循环形成,多呈现高频噪声,且仅存在于中低雷诺数情况。

(4)钝尾缘厚度导致涡脱落产生的噪声:当尾缘达到一定钝度,钝尾缘当地流动满足一定的雷诺数,尾缘处的涡脱落产生特定频率的离散噪声,若尾缘厚度和尾缘边界层厚度的尺度相差很大时,它会在总的辐射噪声中占较大的比重。

(5)叶尖涡形成产生的噪声:它是由叶尖处的尾缘与叶尖涡相互作用产生的,与其他噪声源不同,它的实质是三维绕流产生的噪声。

本章首先将对风力机气动噪声机理进行介绍,在分类介绍的同时将一套完整的风力机气动噪声模型贯穿在一起。随后,对于翼型与风力机气动噪声的其他模型展开说明,提供读者进行风力机气动噪声建模的多种可行方案。

7.2   湍流入流噪声

7.2.1   湍流强度与特征尺度

风力机气动噪声的强度与来流湍流强度具有较强关联性,不仅体现在声源的强度,而且湍流环境影响噪声的传播。因此,采用合适的湍流入流对于整体风力机噪声声谱的准确性具有不可忽略的影响。对于给定的湍流入流,其产生的气动噪声强度与翼型前缘形状关联比较密切。其声源产生机理属于湍流与翼型前缘相干作用(turbulence and airfoil leading edge interaction)。翼型前缘外形又与前缘的曲率和厚度有关,如图 7.1 所示,在湍流入流的环境下,前缘产生的气动噪声是湍流入流噪声的根源。从外形设计角度分析,设计合理的翼型前缘形状也有助于降低湍流入流噪声的强度并减少气动阻力。

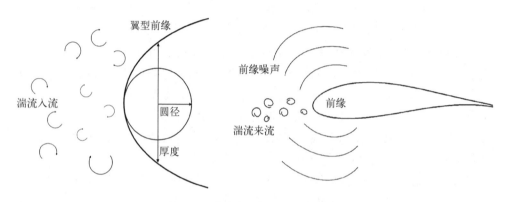

图 7.1   湍流来流与翼型前缘形状

分析风力机的湍流强度和湍流的特征尺寸通常是它们考虑在机舱高度的值,有些可以直接测量,有些则通过不同的高度关系进行换算。考虑近地大气湍流的各向同性特征,在各个方向上湍流的脉动具有相似性,于是考虑风力机流动中最关注的来流迎风方向,湍流的脉动速度可以表示成[37]

$$w = \bar{w}\mathrm{e}^{\mathrm{i}\omega_z(t-z/V_o)} \tag{7.1}$$

式中,$\bar{w}$ 是平均湍流脉动速度;ω_z 是考虑的来流方向上的脉动频率;V_o 则是平均入流风速。这个表达式对于水平轴风力机而言是比较合理的,它注重反应水平方向上速度发生的脉动变化。将水平方向不同频率的脉动谱进行积分:

$$\bar{w}^2 = \int \Phi_z \mathrm{d}\omega \tag{7.2}$$

其中湍流谱的表达式为

$$\Phi_z(\eta, V_o) = \frac{w_r^2}{\omega}\left[\frac{0.164\eta/\eta_o}{1 + 0.164(\eta/\eta_o)^{5/3}}\right] \tag{7.3}$$

η_o 是在地表位置处的特征频率，$\eta = \omega h/V_0$ 是在高度为 h 位置的特征频率。其中 w_r 是参照湍流脉动速度：

$$w_r^2 = 0.2[2.18V_o h^{-0.353}]^{(1.185-0.193\lg h)^{-1}} \tag{7.4}$$

公式(7.2)的积分表达式可整理为与叶片长度 R 和来流风速相关的函数：

$$\bar{w}^2 = w_r^2\{hw_r[V_o R(w_r - 0.014w_r^2)]\}^{-2/3} \tag{7.5}$$

另一种在应用上相对更加简便的方法，采用地面粗糙度为风切和湍流强度的参考依据。在风力机叶素动量理论的介绍章节，讲述了采用指数方程描述风切。应用这个方法，需要知道对应的风切指数从而计算对应的风轮廓。可以根据拟合公式求得风切指数[123]：

$$\gamma = 0.24 + 0.096\lg z_o + 0.016(\lg z_o)^2 \tag{7.6}$$

则湍流强度可以表达为

$$\bar{w}/\bar{V} = \gamma\frac{\ln(30/z_o)}{\ln(z/z_o)} \tag{7.7}$$

式中，z_o 代表表面粗糙度，根据不同地貌特征取值可以参考表格 7.1。

表 7.1　表面粗糙度的选定

地 面 特 征	z_o/cm
光滑冰表面	0.01
平静湖面	0.2
雪地	3.0
平整草坪	8.0
粗糙草坪	10.0
收获后的耕地	30.0
种植中的耕地	50.0
少量树木	100.0
较多树木	250.0

续　表

地 面 特 征	z_o/cm
森林	500.0
郊区	1 500.0
城区	3 000.0

　　图 7.2 以 Vestas80 风力机的尺寸为例,假定塔筒高度为 80 m,叶片长度为 40 m,设定地面为粗糙的草坪,计算得到在一定高度范围内,风轮旋转面上的湍流强度分布可以采用上述方法计算得到。

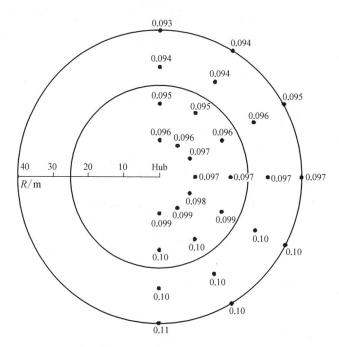

图 7.2　风力机叶轮旋转面内的湍流强度变化

　　除此之外,湍流的特征尺度也是描述湍流的重要参数。对应风力机来流,湍流中必然包含了多种尺度。第六章中讲述了湍流来流的数值算法,应用体积力的方式生成任意尺度的湍流入流,再进一步结合 CFD 仿真计算。另一种途径,若需要结合工程模型则可以采用简化的湍流尺度方程[124]:

$$L_{ESDU} = 25z^{0.35}z_o^{-0.063} \tag{7.8}$$

结合文献[123],作者也给出了相应的湍流特征尺度表达式

$$L_c = 300(z/300)^{0.46 + 0.074 \ln z_0} \tag{7.9}$$

湍流特征尺度在风力机旋转面内同样沿着高度方向发生变化,通过上述两个方程都可以刻画出类似于湍流强度变化的特征尺度分布。

7.2.2　湍流入流噪声

Amiet[32]关于翼型的湍流入流噪声研究是建立风力机湍流入流噪声方程的基础。作者采用该方法验证了在风洞湍流入流环境下的翼型噪声与湍流来流的关联性。Lowson[125]基于翼型湍流入流噪声的基础研究,开发了针对旋翼叶片的湍流入流噪声模型,该方法将 Amiet 方程应用到每个独立的叶素单元,最后将声压叠加形成旋翼的湍流入流噪声谱:

$$L_{p,\,\mathrm{INF}} = L_{p,\,\mathrm{INF}}^H + 10 \lg \frac{K_c}{1 + K_c} \tag{7.10}$$

表达式中,高频部分表达式为

$$L_{p,\,\mathrm{INF}}^H = 10 \lg \left[\rho_0^2 c_0^2 l \frac{\Delta L}{r^2} M^3 I^2 \hat{k}^3 (1 + \hat{k}^2)^{-7/3} \right] + 58.4 \tag{7.11}$$

式中, l 和 I 分别是湍流特征尺度和湍流强度,均可由前述的方法求得; ΔL 是叶素的展向长度的一半; r 是该叶素距离噪声接收点的距离; M、ρ_0、c_0 分别是马赫数、密度和声速,均与前面章节的定义一致。低频部分的表达式为

$$K_c = 10 S^2 M \frac{\hat{k}^2}{\beta^2} \tag{7.12}$$

式中,

$$S^2 = \left(\frac{2\pi \hat{k}}{\beta^2} + \frac{1}{1 + 2.4\hat{k}/\beta^2} \right)^{-1} \tag{7.13}$$

$$\beta^2 = 1 - M^2 \tag{7.14}$$

上述公式中的波数 $\hat{k}$ 是个无量纲的参数,

$$\hat{k} = \pi f c / V_{\mathrm{rel}} \tag{7.15}$$

7.3　翼型尾缘湍流边界层噪声

翼型尾缘湍流边界层噪声此处简称 TBL - TE 噪声(turbulent boundary layer trailing edge noise),通常发生在翼型入流攻角较小的情况,如图 7.3 所示。翼型尾

缘湍流边界层噪声相关的仿真可以直接采用 FWH 方程进行数值仿真计算,然而从工程角度出发,可以对 FWH 方程本身的关键参数进行分析,通过和实验数据进行拟合,形成具有工程应用价值的翼型气动噪声模型,例如,声压脉动与其他参数存在以下的函数关系[126]:

$$\langle p^2 \rangle \propto \rho_0^2 \bar{w}^2 \frac{V_{\text{rel}}^3}{c_o} \left(\frac{\Delta L \ell}{r^2} \bar{D} \right) \tag{7.16}$$

式中,$\langle p^2 \rangle$ 是声源距离观测点距离 r 处的压力均方值;$\bar{w}^2$ 是湍流在主流动方向上的脉动均方值;ℓ 是与湍流边界层相关的参数;$\bar{D}$ 是声指向函数,接收点垂直于物体表面时取最大值 $\bar{D} = 1$,后面将有该方程的详细描述,方程(7.16)中的其他参数和前文定义一致。

(a) 小攻角压力面与吸力面噪声为主   (b) 大攻角分离与失速噪声为主

图 7.3   翼型尾缘湍流边界层噪声示意图

Frink[127] 基于上述量化关系,分析研究了机翼尾缘边界层噪声,根据近似规律,$w \propto V_{\text{rel}}$ 以及 $\ell \propto \delta$,(此处边界层厚度表示为 δ,后面其相应的无量纲化位移厚度为 δ^*)得到 TBL - TE 噪声频谱与斯特劳哈尔数存在关联:

$$\text{SPL}_{\text{TBL-TE}} \propto F(St) + K \propto 10 \lg \left(M^5 \frac{\delta^* L}{r^2} \right) + K \tag{7.17}$$

式中,$F(St)$ 是一个关于斯特劳哈尔数的函数;K 是个待定常数。

基于这个前期的研究工作,Brooks 等[31] 进行了大量的风洞翼型噪声实验工作,将方程中未定的参数进行了标定,并对照了实验,给出了 TB - LTE 噪声的相关方程组:

$$\text{SPL}_{\text{TBL-TE}} = 10 \lg (10^{\text{SPL}_p/10} + 10^{\text{SPL}_s/10} + 10^{\text{SPL}_\alpha/10}) \tag{7.18}$$

根据声学基础部分介绍的声压叠加原理,将 TBL - TE 噪声谱进一步划分为三种声源机理并进行合并。其中 SPL_p、SPL_s、SPL_α 分别表示压力面、吸力面和边界层分离噪声:

$$\text{SPL}_P = 10 \lg \left(\frac{\delta_P^* M^5 \Delta L \bar{D}_h}{r^2} \right) + A \left(\frac{St_P}{St_1} \right) + (K_1 - 3) + \Delta K_1 \tag{7.19}$$

$$\text{SPL}_s = 10\lg\left(\frac{\delta_s^* M^5 \Delta L \overline{D}_h}{r^2}\right) + A\left(\frac{St_s}{St_1}\right) + (K_1 - 3) \tag{7.20}$$

$$\text{SPL}_\alpha = 10\lg\left(\frac{\delta_s^* M^5 \Delta L \overline{D}_h}{r^2}\right) + B\left(\frac{St_s}{St_2}\right) + K_2 \tag{7.21}$$

当攻角较大并逐步达到流动失速,此时边界层由分离转变为失速噪声

$$\text{SPL}_\alpha = 10\lg\left(\frac{\delta_s^* M^5 \Delta L \overline{D}_l}{r^2}\right) + A'\left(\frac{St_s}{St_2}\right) + K_2 \tag{7.22}$$

此时,其他两项压力面和吸力面的噪声忽略不计,表示为 $\text{SPL}_p = -\infty$ 和 $\text{SPL}_s = -\infty$。根据压力面和吸力面的尾缘边界层位移厚度,定义各自的斯特劳哈尔数为

$$St_p = \frac{f\delta_p^*}{U} \tag{7.23}$$

$$St_s = \frac{f\delta_s^*}{U} \tag{7.24}$$

相对翼型而言,U 为远场来流速度,考虑风力机叶素相对来流,则对应着来流与旋转速度的矢量之和,本书记为 V_{rel}。其余两项关于斯特劳哈尔数的函数分别为

$$St_1 = 0.02M^{-0.6} \tag{7.25}$$

$$St_2 = St_1 \times \begin{cases} 1 & (\alpha < 1.33°) \\ 10^{0.0054(\alpha-1.33)^2} & (1.33° \leqslant \alpha \leqslant 12.5°) \\ 4.72 & (\alpha > 12.5°) \end{cases} \tag{7.26}$$

St_1 与 St_2 存在比例关系,在小攻角情况下,两个参数相等,攻角到达失速时,St_2 对应着边界层厚度的大幅增加,并通过函数 A 和 B 改变其峰值频域的位置。通常随着 δ^* 的增加,气动噪声频谱向低频位置移动。

$$A(a) = A_{\min}(a) + A_R(a_o)\left[A_{\max}(a) - A_{\min}(a)\right] \tag{7.27}$$

$$B(b) = B_{\min}(b) + B_R(b_o)\left[B_{\max}(b) - B_{\min}(b)\right] \tag{7.28}$$

方程(7.27)和(7.28)中的各个参数分别为

$$A_{\min}(a) = \begin{cases} \sqrt{67.552 - 886.788a^2} - 8.219 & (a < 0.204) \\ -32.665a + 3.981 & (0.204 \leqslant a \leqslant 0.244) \\ -142.795a^3 + 103.656a^2 - 57.757a + 6.006 & (a > 0.244) \end{cases}$$

$$\tag{7.29}$$

$$A_{max}(a) = \begin{cases} \sqrt{67.552 - 886.788a^2} - 8.219 & (a < 0.13) \\ -15.901a + 1.098 & (0.13 \leqslant a \leqslant 0.321) \\ -4.669a^3 + 3.491a^2 - 16.699a + 1.149 & (a > 0.321) \end{cases}$$

$$(7.30)$$

式中,参数 a 是斯特劳哈尔数的比值:

$$a = |\lg(St/St_{peak})|$$

$$(7.31)$$

式中, $St = St_p$; $St_{peak} = 0.5(St_1 + St_2)$; A_R 是个插值函数:

$$A_R(a_o) = \frac{-20 - A_{min}(a_o)}{A_{max}(a_o) - A_{min}(a_o)}$$

$$(7.32)$$

式中的 a_o 是雷诺数的函数:

$$a_o(R_c) = \begin{cases} 0.57 & (R_c < 9.52 \times 10^4) \\ (-9.57 \times 10^{-13})(R_c - 8.57 \times 10^5)^2 + 1.13 & (9.52 \times 10^4 \leqslant R_c \leqslant 8.57 \times 10^5) \\ 1.13 & (R_c > 8.57 \times 10^5) \end{cases}$$

$$(7.33)$$

相似的定义规则应用于方程(7.28)

$$B_{min}(b) = \begin{cases} \sqrt{16.888 - 886.788b^2} - 4.109 & (b < 0.13) \\ -83.607b + 8.138 & (0.13 \leqslant b \leqslant 0.145) \\ -817.810b^3 + 355.210b^2 - 135.024b + 10.619 & (b > 0.145) \end{cases}$$

$$(7.34)$$

$$B_{max}(b) = \begin{cases} \sqrt{16.888 - 886.788b^2} - 4.109 & (b < 0.10) \\ -31.330b + 1.854 & (0.10 \leqslant b \leqslant 0.187) \\ -80.541b^3 + 44.174b^2 - 39.381b + 2.344 & (b > 0.187) \end{cases}$$

$$(7.35)$$

$$b = |\lg(St_s/St_2)|$$

$$(7.36)$$

$$B_R(b_o) = \frac{-20 - B_{min}(b_o)}{B_{max}(b_o) - B_{min}(b_o)}$$

$$(7.37)$$

$$b_o(R_c) = \begin{cases} 0.30 & (R_c < 9.52 \times 10^4) \\ (-4.48 \times 10^{-13})(R_c - 8.57 \times 10^5)^2 + 0.56 & (9.52 \times 10^4 \leqslant R_c \leqslant 8.57 \times 10^5) \\ 0.56 & (R_c > 8.57 \times 10^5) \end{cases}$$

$$(7.38)$$

方程组中的 K_1 和 K_2 分别用于调整雷诺数和马赫数带来幅值的变化：

$$K_1 = \begin{cases} 4.31 \lg R_c + 156.3 & (R_c < 2.47 \times 10^5) \\ -9.0 \lg R_c + 181.6 & (2.47 \times 10^5 \leqslant R_c \leqslant 8.0 \times 10^5) \\ 128.5 & (R_c > 8.0 \times 10^5) \end{cases} \quad (7.39)$$

$$K_2 = K_1 + \begin{cases} -1\,000 & (\alpha < \gamma_0 - \gamma) \\ \sqrt{\beta^2 - (\beta/\gamma)^2 (\alpha - \gamma_0{}^2)} + \beta_0 & (\gamma_0 - \gamma \leqslant \alpha \leqslant \gamma_0 + \gamma) \\ -12 & (\alpha > \gamma_0 + \gamma) \end{cases} \quad (7.40)$$

$$\begin{cases} \gamma = 27.094M + 3.31 \\ \gamma_0 = 23.43M + 4.651 \\ \beta = 72.65M + 10.74 \\ \beta_0 = -34.19M - 13.82 \end{cases} \quad (7.41)$$

$$\Delta K_1 = \begin{cases} \alpha [1.43 \lg R_{\delta_p{}^*} - 5.29] & (R_{\delta_p{}^*} \leqslant 5\,000) \\ 0 & (R_{\delta_p{}^*} > 5\,000) \end{cases} \quad (7.42)$$

式中，$R_{\delta_p{}^*}$ 是基于翼型尾缘压力面边界层位移厚度的雷诺数。

7.4　翼型尾缘层流边界层涡脱噪声

翼型尾缘层流边界层涡脱噪声此处简称 LBL-VS 噪声（laminar boundary layer vortex shedding noise）。在一定的雷诺数区间，通常在 $10^4 < Re < 10^6$ 这一范围且当层流边界层的大部分存在于翼型的压力面或者吸力面时，就会产生涡脱落噪声。涡脱落噪声主要是由尾缘的涡脱落以及起源于尾缘上游层流边界层的不稳定循环流动引起的。当涡从尾缘分离时，它引起的压力会传播到上游，从而导致边界层的波动；当不稳定的边界层波动（boundary layer wave）达到尾缘，导致涡脱落。这样循环流动就产生了层流边界层涡脱落噪声。LBL-VS 噪声与其他噪声机理区别显著，当出现该类噪声意味着在噪声谱中的特定频率位置（通常出现在高频位置）将出现明显高于宽频噪声的线谱噪声。不过，在风力机噪声频谱中很少出现 LBL-VS 噪声源，由于层流边界层的存在是产生该类噪声的前提条件，只有当风力机运行在较低的雷诺数情况下（$Re < 100\,000$），才有可能产生层流边界层的不稳定现象。Brooks 等针对该类噪声进行了相应的实验并总结了相关的表达式：

$$\text{SPL}_{\text{LBL-VS}} = 10 \lg \left(\frac{\delta_p M^5 \Delta L \overline{D}_h}{r^2} \right) + G_1 \left(\frac{St'}{St'_{\text{peak}}} \right) + G_2 \left[\frac{R_c}{(R_c)_0} \right] + G_3(\alpha) \quad (7.43)$$

式中的三个斯特劳哈尔数分别定义为

$$St' = \frac{f\delta_p}{U} \qquad (7.44)$$

$$St'_1 = \begin{cases} 0.18 & (R_c \leqslant 1.3 \times 10^5) \\ 0.001\,756R_c^{0.393\,1} & (1.3 \times 10^5 < R_c \leqslant 4 \times 10^5) \\ 0.28 & (R_c > 4 \times 10^5) \end{cases} \qquad (7.45)$$

$$St'_{\text{peak}} = St'_1 \times 10^{-0.04\alpha} \qquad (7.46)$$

方程 $G_1(e)$ 表达的是频谱的分布规律,其中 $e = St'/St'_{\text{peak}}$

$$G_1(e) = \begin{cases} 39.8\lg e - 11.12 & (e \leqslant 0.597\,4) \\ 98.409\lg e + 2.0 & (0.597\,4 < e \leqslant 0.854\,5) \\ -5.076 + \sqrt{2.484 - 506.25[\lg e]^2} & (0.854\,5 < e \leqslant 1.17) \\ -98.409\lg e + 2.0 & (1.17 < e \leqslant 1.674) \\ -39.8\lg e - 11.2 & (e > 1.674) \end{cases}$$
$$(7.47)$$

式中,当 $e = 1$ 时,G_1 具有峰值 -3.5 dB。方程 G_2 和 G_3 分别是雷诺数和攻角的函数:

$$G_2(d) = \begin{cases} 77.852\lg d + 15.328 & (d \leqslant 0.323\,7) \\ 65.188\lg d + 9.152 & (0.323\,7 < d \leqslant 0.568\,9) \\ -114.052(\lg d)^2 & (0.568\,9 < d \leqslant 1.757\,9) \\ 65.188\lg d + 9.152 & (1.757\,9 < d \leqslant 3.088\,9) \\ -77.852\lg d + 15.328 & (d > 3.088\,9) \end{cases} \qquad (7.48)$$

$$(R_c)_0 = \begin{cases} 10^{0.215\alpha+4.978} & (\alpha \leqslant 3.0) \\ 10^{0.120\alpha+5.263} & (\alpha > 3.0) \end{cases} \qquad (7.49)$$

$$G_3(\alpha) = 171.04 - 3.03\alpha \qquad (7.50)$$

7.5 叶尖涡噪声

叶尖涡噪声(tip noise)与二维翼型段流动相关,但是叶尖位置存在显著的三维绕流现象。如图7.4示意图所示,达到一定的叶尖速比,叶尖涡强度足以形成较强的气动声源。除叶片旋转速度之外,叶尖噪声的强度与具体的叶片尖部的外形有

关。叶尖涡噪声可以理解为叶尖位置
的升力面产生的局部分离或失速噪
声,从气动噪声的机理分类,可以归属
为尾缘噪声(TE noise)。

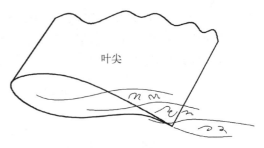

叶尖
图7.4　叶尖涡噪声示意图

　　叶尖涡噪声的方程形式与前述方
程显著的差异在于考虑叶尖区域的特
征长度 l' 。

$$\text{SPL}_{\text{TIP}} = 10 \lg\left(\frac{M^2 M_{\max}^3 \ell^2 \overline{D}_h}{r^2}\right) - 30.5\left[\lg(St'' + 0.3)\right]^2 + 126 \qquad (7.51)$$

$$St'' = \frac{f\ell}{U_{\max}} \qquad (7.52)$$

$$\ell/c = 0.008\alpha_{\text{TIP}} \qquad (7.53)$$

式中,翼尖特征长度的选择取决于当地的入流攻角与弦长的大小,关于如何确定入
流攻角 α_{TIP} ,Brooks 等[128]提出该攻角计算的前提是存在较大的展弦比,超过 10 m
量级的风力机叶片都能满足这一前提。另一个前提是该位置处叶片沿展向无扭
角,这一点对于风力机叶片而言较难满足,叶片通常的桨距角分布是沿叶根到叶尖
的线性变化,部分叶片在叶尖位置扭角可以忽略不计。针对这些问题,引入了 α'_{TIP}
这一参数,计算攻角直接使用当地气动力在展向的梯度,如公式(7.54)所示。

$$\ell/c = \begin{cases} 0.0230 + 0.0169\alpha'_{\text{TIP}} & (0° \leqslant \alpha'_{\text{TIP}} \leqslant 2°) \\ 0.0378 + 0.0095\alpha'_{\text{TIP}} & (\alpha'_{\text{TIP}} > 2°) \end{cases} \qquad (7.54)$$

$$\alpha'_{\text{TIP}} = \left[\left(\frac{\partial L'/\partial y}{(\partial L'/\partial y)_{\text{ref}}}\right)_{y\text{tip}}\right] \qquad (7.55)$$

$$M_{\max}/M \approx (1 + 0.036\alpha_{\text{TIP}}) \qquad (7.56)$$

$$U_{\max} = c_0 M_{\max} \qquad (7.57)$$

值得一提的是现代风力机的气动噪声沿展向分布规律呈现出噪声极大值的位置通
常出现在叶片前 1/3,并非集中在叶尖。当然,排除叶片设计中带来的特殊情况而
产生过高的叶尖噪声。后面的实际算例中,本书也将针对特定的噪声机理进行
分析。

7.6　钝尾缘涡脱落噪声

　　钝尾缘涡脱落噪声是翼型尾缘存在较大钝度时产生的明显涡脱落噪声,如图

7.5 所示,本书简称 TEB – VS 噪声 (trailing edge bluntness vortex shedding noise)。这类噪声产生的频率与涡脱落频率一致,强度随着流速成正比关系,与尾缘钝度的大小和入流攻角存在密切关联。

钝尾缘

图 7.5   钝尾缘涡脱落噪声示意图

方程的原始形式来源于 TBL – TE 噪声与 LBL – VS 噪声。根据 Brooks 等的实验模型数据归纳的数学模型为

$$SPL_{TE-BVS} = 10 \lg\left(\frac{hM^{5.5}\Delta L \overline{D}_h}{r^2}\right) + G_4\left(\frac{h}{\delta_{avg}^*}, \Psi\right) + G_5\left(\frac{h}{\delta_{avg}^*}, \Psi, \frac{St'''}{St'''_{peak}}\right) \tag{7.58}$$

式中,h 是尾缘的钝度,即真实的尾缘厚度。

$$St''' = \frac{fh}{U} \tag{7.59}$$

$$St'''_{peak} = \begin{cases} \dfrac{0.212 - 0.0045\,\Psi}{1 + 0.235(h/\delta_{avg}^*)^{-1} - 0.0132(h/\delta_{avg}^*)^{-2}} & (h/\delta_{avg}^* \geqslant 0.2) \\ 0.1(h/\delta_{avg}^*) - 0.00243\Psi + 0.095 & (h/\delta_{avg}^* < 0.2) \end{cases} \tag{7.60}$$

其中,平均边界层位移厚度 δ_{avg}^* 是吸力面和压力面的平均值,Ψ 是翼型尾缘的几何外形角度,即尾缘处压力面型线与吸力面型线的夹角。存在一定钝度的尾缘,将上下表面延伸估算其夹角。对于平板而言,$\Psi = 0°$,实验对象 NACA0012 翼型取值 $\Psi = 14°$。

$$G_4\left(\frac{h}{\delta_{avg}^*}, \Psi\right) = \begin{cases} 17.5 \lg(h/\delta_{avg}^*) - 1.114\Psi + 157.5 & (h/\delta_{avg}^* \leqslant 5) \\ -1.114\Psi + 169.7 & (h/\delta_{avg}^* > 5) \end{cases} \tag{7.61}$$

方程 G_5 取值是介于 $\Psi = 0°$ 和 $\Psi = 14°$ 之间的线性方程:

$$G_5\left(\frac{h}{\delta_{avg}^*}, \Psi, \frac{St'''}{St'''_{peak}}\right) = (G_5)_{\Psi=0°} + 0.0714\Psi[(G_5)_{\Psi=14°} - (G_5)_{\Psi=0°}] \tag{7.62}$$

$$(G_5)_{\Psi=14°} = \begin{cases} m\eta & (\eta < \eta_0) \\ 2.5\sqrt{1-(\eta/\mu)^2} - 2.5 & (\eta_0 \leqslant \eta < 0) \\ \sqrt{1.5625 - 1194.99\eta^2} - 1.25 & (0 \leqslant \eta < 0.03616) \\ -155.54\eta + 4.375 & (\eta \geqslant 0.03616) \end{cases} \tag{7.63}$$

式中的参数是 h/δ_{avg}^* 的比值,这个比值是 TEB‑VS 噪声中的关键参数,它反映了真实尾缘钝度的大小和实际流场在尾缘处形成的边界层厚度。即尾缘厚度并不能单一性地影响 TEB‑VS 噪声的产生与否,与之关联的还有来流速度和入流攻角。

$$\eta = \lg(St'''/St'''_{\text{peak}}) \tag{7.64}$$

$$\mu = \begin{cases} 0.1221 & (h/\delta_{avg}^* < 0.25) \\ -0.2175(h/\delta_{avg}^*) + 0.1755 & (0.25 \leqslant h/\delta_{avg}^* < 0.62) \\ -0.0308(h/\delta_{avg}^*) + 0.0596 & (0.62 \leqslant h/\delta_{avg}^* < 1.15) \\ 0.0242 & (h/\delta_{avg}^* \geqslant 1.15) \end{cases} \tag{7.65}$$

$$m = \begin{cases} 0 & (h/\delta_{avg}^* \leqslant 0.02) \\ 68.724(h/\delta_{avg}^*) - 1.35 & (0.02 < h/\delta_{avg}^* \leqslant 0.5) \\ 308.475(h/\delta_{avg}^*) - 121.23 & (0.5 < h/\delta_{avg}^* \leqslant 0.62) \\ 224.811(h/\delta_{avg}^*) - 69.35 & (0.62 < h/\delta_{avg}^* \leqslant 1.15) \\ 1583.28(h/\delta_{avg}^*) - 1631.59 & (1.15 < h/\delta_{avg}^* \leqslant 1.2) \\ 268.344 & (h/\delta_{avg}^* > 1.2) \end{cases} \tag{7.66}$$

$$\eta_0 = -\sqrt{\frac{m^2\mu^4}{6.25 + m^2\mu^2}} \tag{7.67}$$

$$k = 2.5\sqrt{1 - \left(\frac{\eta_0}{\mu}\right)^2} - 2.5 - m\eta_0 \tag{7.68}$$

$$(h/\delta_{avg}^*)' = 6.724(h/\delta_{avg}^*)^2 - 4.019(h/\delta_{avg}^*) + 1.107 \tag{7.69}$$

经过作者对实际风力机噪声的仿真应用与对比,在尾缘夹角 Ψ 很小的情况下,经常发现 TEB‑VS 噪声在频谱中起到主导作用,这与实际测量不符,同时也有违其噪声机理。钝尾缘噪声的产生机制类似于圆柱体绕流脱落涡噪声的产生机理,原理上应与物体后缘角度关联性较小,而不应起到主导作用。作者采用了数值计算

方法结合实验数据,对原方程进行了改进,与风力机气动噪声实验频谱进行对比达到了实际应用的良好效果[29]:

$$\text{SPL}_{\text{TE-BVS}} = 10 \lg\left[\frac{L \cdot h\sin^2(\theta/2)\sin^2\phi \cdot M^{5.7}}{(1 + M\cos\theta)(1 + 0.2M\cos\theta)^2 \cdot r^2}\right]$$
$$+ 20(1 + M^2)\lg(h/\delta_{\text{avg}}^*) + G_5(h/\delta_{\text{avg}}^*, St/St_{\text{peak}}) + S(t/c) + K_0 \tag{7.70}$$

式中,θ 和 ϕ 是声指向参数,将在 7.7 节介绍。

如图 7.6 所示,通过对比实验,声谱与马赫数的关系进行了矫正:

$$\text{SPL}_{\text{TE-BVS}} \propto 10 \lg M^{5.7} \tag{7.71}$$

频谱的峰值函数:

$$St_{\text{peak}} = \begin{cases} 0.149/[1 + 0.235(h/\delta_{\text{avg}}^*)^{-1} - 0.013\,2(h/\delta_{\text{avg}}^*)^{-2}] & (h/\delta_{\text{avg}}^* \geqslant 0.2) \\ 0.1(h/\delta_{\text{avg}}^*) + 0.06 & (h/\delta_{\text{avg}}^* < 0.2) \end{cases}$$
$$\tag{7.72}$$

方程中函数 S 考虑叶片相对厚度的展向变化,得

$$S = 654.43(t/c)^3 - 652.26(t/c)^2 + 58.77(t/c) \tag{7.73}$$

$$K_0 = \begin{cases} 150 & (h/\delta_{\text{avg}}^* < 0.2) \\ 150 - 20(h/\delta_{\text{avg}}^* - 0.2)^{1/4} & (h/\delta_{\text{avg}}^* \geqslant 0.2) \end{cases} \tag{7.74}$$

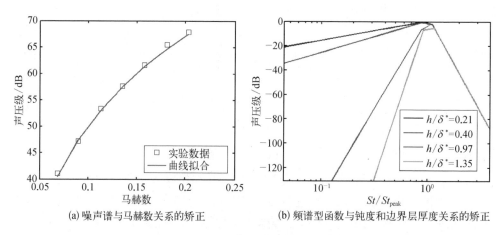

(a) 噪声谱与马赫数关系的矫正   (b) 频谱型函数与钝度和边界层厚度关系的矫正

图 7.6   函数矫正

7.7　声　指　向

声指向是相对于观测点的位置而定义的函数,对于外形近似与平板的情形声指向函数表达式为

$$\overline{D}_h(\theta, \phi) \approx \frac{2\sin^2(\theta/2)\ \sin^2\phi}{(1 + M\cos\theta)\ [1 + (M - M_c)\cos\theta]^2} \qquad (7.75)$$

$$\overline{D}_l(\theta, \phi) \approx \frac{\sin^2\theta\ \sin^2\phi}{(1 + M\cos\theta)^4} \qquad (7.76)$$

下标 h 和 l 分别代表高频和低频采用的声指向函数。如图 7.7 所示,该函数中对于观测位置的变化以 (θ, ϕ) 角度来表示。两个角度的定义可以理解为沿着翼型的周向旋转角 θ 和展向旋转角 ϕ。观察方程可见,当两个角度同时为 90°,即观测点垂直于尾缘的吸力面时,对应的湍流边界层产生的噪声在该观测方向强度最强。如沿着来流方向,则声指向系数理论上为零。考虑实际的风力机叶片,由图 7.7 所示的翼型段组成的多个叶素产生的声指向各有不同,但是声传播的强度在风轮前后正对来流的方向最大,在旋转面最小。考虑声波在逆风和顺风中的传播效应,通常风力机下游的强度高于上游。

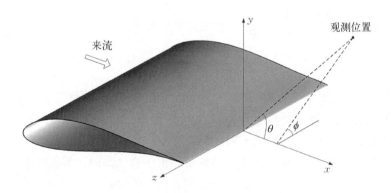

图 7.7　翼型段声指向示意图

7.8　边　界　层　厚　度

上述关于气动噪声源的各类计算都包含了边界层厚度这个关键的参数。对应于具体的建模需求,必要的计算模块是风力机气动计算,如 BEM 模型和边界层的流动计算模块。除了边界层的数值计算以外,Brooks 等在针对 NACA0012 翼型的

流场实验中也总结了边界层厚度的经验公式,其中,边界层厚度是指从边界层壁面到自由来流速度为 99% 位置的垂直距离,用 δ 表示。由于黏性作用产生的位移厚度用 δ^* 表示。吸力面、压力面边界层厚度和位移厚度的计算公式分别为

$$\frac{\delta_s}{\delta_0} = \begin{cases} 10^{0.031\,14\alpha_*} & (\alpha_* \leqslant 5°) \\ 0.346\,8 \times 10^{0.123\,1\alpha_*} & (5° < \alpha_* \leqslant 12.5°) \\ 5.718 \times 10^{0.025\,8\alpha_*} & (\alpha_* > 12.5°) \end{cases} \tag{7.77}$$

$$\frac{\delta_s^*}{\delta_0^*} = \begin{cases} 10^{0.067\,9\alpha_*} & (\alpha_* \leqslant 5°) \\ 0.381 \times 10^{0.151\,6\alpha_*} & (5° < \alpha_* \leqslant 12.5°) \\ 14.296 \times 10^{0.025\,8\alpha_*} & (\alpha_* > 12.5°) \end{cases} \tag{7.78}$$

$$\frac{\delta_p}{\delta_0} = 10^{[-0.041\,75\alpha_* + 0.001\,06\alpha_*^2]} \tag{7.79}$$

$$\frac{\delta_p^*}{\delta_0} = 10^{[-0.043\,2\alpha_* + 0.001\,13\alpha_*^2]} \tag{7.80}$$

其中的参照(位移)边界层厚度与雷诺数和弦长相关:

$$\delta_0 = c \times 10^{[1.656\,9 - 0.904\,5\lg Re + 0.059\,6(\lg Re)^2]} \tag{7.81}$$

$$\delta_0^* = c \times 10^{[3.018\,7 - 1.539\,7\lg Re + 0.105\,96(\lg Re)^2]} \tag{7.82}$$

毫无疑问,该经验公式对于 NACA0012 翼型比较准确,其他翼型的边界层计算推荐采用 CFD 方法或者更简便快捷的 Xfoil[41] 计算程序,使用 Xfoil 程序应注意失速工况与大厚度翼型气动计算精度会逐渐下降。为了提高计算效率,可以将边界层数据计算作为前处理过程,预先计算一定攻角和雷诺数区间的边界层厚度,形成数据库,在气动噪声起算过程中采用插值方式调取相应的数据。如图 7.8 中,通过编写程序自动调用 Xfoil 程序,将一定攻角和雷诺数区间的边界层数据存储为数据库。由于翼型表面粗糙度对气动性能影响明显,边界层的计算可以分别针对光滑翼型和粗糙翼型展开。光滑翼型采用自由转捩模式、粗糙翼型采用强制转捩模式。强制转捩的位置为翼型的压力面 10%-弦长位置和吸力面 5%-弦长位置。因此,在计算气动噪声时将区分光滑和粗糙这两种状态。图 7.9 是对于光滑翼型计算的气动结果,包含升力和阻力系数等,可编写外部程序将尾缘边界层吸力面和压力面的参数自动保存。

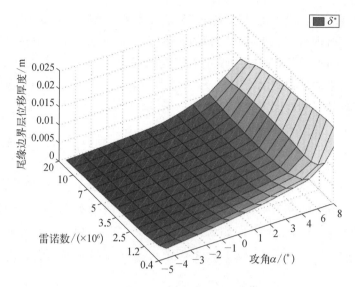

图 7.8　NACA63418 翼型边界层数据

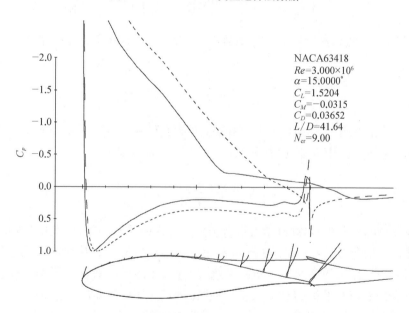

图 7.9　NACA63418 翼型某攻角下的气动计算结果

7.9　其他模拟方法

7.9.1　Amiet 模型

随着风电在世界范围内的广泛开发,风力机相关的气动噪声模型在 20 世纪 80

年代相继出现。部分风力机气动噪声模型的开发基于 Amiet 于 20 世纪 70 年代的翼型气动噪声机理研究。为简化方程的表述,翼型在早期的研究中被简化为平板,翼型噪声在 Amiet 的早期研究中设定为零度入流角、零厚度的薄板。平板尾缘边界层的噪声与表面压力脉动谱关联,压力谱由傅里叶变换后转化到为波数的关系,波数又分解成弦向和展向 $\boldsymbol{K} = (K_x, K_y)$。尾缘边界层噪声对应的能量谱为

$$S_{pp, \text{TE}}(\boldsymbol{x}, \omega) = \left(\frac{\omega c x_3}{4\pi c_0 S_0^2} \right)^2 \frac{L}{2} \left| Y_{\text{TE}}\left(\frac{\omega}{U}, \frac{k x_2}{S_0} \right) \right|^2 \Phi_{pp}(\omega) l_y\left(\omega, \frac{k x_2}{S_0} \right) \quad (7.83)$$

式中, x_1、x_2、x_3 代表声接收点位置。其下标分别代表弦向、展向和垂直于平板表面方向。L 表示展长;c 为弦长;Y_{TE} 表示尾缘噪声的传递函数,是对原始模型的拓展和延伸应用[129,130];l_y 是展向相关的特征尺度[131,132];Φ_{pp} 是表面压力脉动谱;$S_0 = \sqrt{x_1^2 + \beta_0^2(x_2^2 + x_3^2)}$,其中 $\beta_0 = \sqrt{1 - M^2}$。湍流来流噪声对应的能量谱为

$$S_{pp, \text{Inf}}(\boldsymbol{x}, \omega) = \left(\frac{\rho_0 \omega c x_3}{2\pi c_0 S_0^2} \right)^2 \pi U \frac{L}{2} \Phi_{ww}\left(\frac{\omega}{U}, \frac{k x_2}{S_0} \right) \left| Y_{\text{Inf}}\left(x_1, \frac{\omega}{U}, \frac{k x_2}{S_0} \right) \right|^2 \quad (7.84)$$

式中, Y_{Inf} 是湍流入流噪声的传递函数[130]。湍流脉动谱函数由卡门谱模型表示为

$$\Phi_{ww}(K_x, K_y) = \frac{4}{9\pi} \frac{\bar{\sigma}_u^2}{K_e^2} \frac{\hat{K}_x^2 + \hat{K}_y^2}{(1 + \hat{K}_x^2 + \hat{K}_y^2)^{7/3}} \quad (7.85)$$

式中, $\bar{\sigma}_u$ 是湍流速度脉动均方差;湍流脉动强度 $TI = \bar{\sigma}_u/U$;$\hat{K}$ 对应各坐标方向的波数 $\hat{K} = K/K_e$,其中 K_e 对应着湍流特征尺度 Λ,表达式为

$$K_e = \frac{\sqrt{\pi}}{\Lambda} \frac{\Gamma(5/6)}{\Gamma(1/3)} \quad (7.86)$$

基于 Amiet 方法,陆续有学者进行了广泛深入的研究与拓展,其中的核心部分是关于 Φ_{pp} 是表面压力脉动谱的半经验表达方法。Amiet 利用 Curle[12] 的远场噪声理论推导出了尾缘噪声的一个新的表达式。Amiet 的模型考虑了翼型响应函数中的运动介质效应和平板的有限长度。在 Amiet 模型中,壁面压力谱是一个重要的输入。因此,Amiet 在 Willmarth 等[133] 的实验数据的基础上提出了壁面压力谱的经验公式。此后该方法经历了一定的发展和进一步更新,例如,Howe 将平板延伸至翼型,并考虑存在流动分离状态时的压力脉动谱[134]。

7.9.2　壁面压力谱(WPS)的统一模型

由于壁面压力谱(wall pressure spectrum, WPS)相关研究的重要性和广泛应用性,本小节拓展介绍其统一函数表达式与模型之间的区别。随着 Amiet 方法的应

用,出现了不少基于该模型开发的翼型及风力机气动噪声计算模型,为了便于分析和对比,Lee 整理了多种不同的压力脉动表达式,将这些方法写成了统一模式,模型之间的区别对应了不同的参数选择。Lee 给出的壁面压力脉动谱为

$$\Phi(\omega)\mathrm{SS} = \frac{a(\omega\mathrm{FS})^b}{[\,i(\omega\mathrm{FS})^c + d\,]^e + [\,(fR_T^g)(\omega\mathrm{FS})\,]^h} \tag{7.87}$$

式中,$a,\cdots,i$ 是基于各模型的不同参数;FS 是频率比例因子;SS 是翼型压力面的谱标度因子;R_T 是时间尺度比率;$(\delta/U_e)/(\nu/u_\tau^2) = (u_\tau/\nu)\sqrt{C_f/2}$ 表征了雷诺数效应。参数 δ 是边界层厚度;U_e 是边界层速度;ν 是运动黏度;u_τ 是摩擦速度;C_f 是表面摩擦系数。几种典型壁面压力脉动谱对应的函数如表 7.2、表 7.3 所示。

表 7.2　经验壁面压力谱模型中的参数 $a\sim d$

模　型	a	b	c	d
Goody	3.0	2.0	0.75	0.5
Rozenberg	$[\,2.82\Delta^2(6.13\Delta^{-0.75}+d)^e\,][\,4.2(\Pi/\Delta)+1\,]$	2.0	0.75	$[\,4.76(1.4/\Delta)^{0.75}\,][\,0.375e-1\,]$
Kamruzzaman	$0.45[\,1.75(\Pi_c^2\beta_c^2)^m+15\,]$, $m=0.5(H_{12}/1.31)^{0.3}$	2.0	1.637	0.27
Hu	$(81.004d+2.154)10^{-7}$	1.0	$1.5h^{1.6}$	$10^{-5.8\cdot10^{-5}Re_\theta H-0.35}$
Lee	$\max[\,a,\,(0.25\beta_c-0.52)a\,]$	2.0	0.75	$\max(1.0,\,1.5d)$, $\beta_c<0.5$; d, $\beta_c\geqslant0.5$

表 7.3　经验壁面压力谱模型中的参数 $e\sim i$、SS、FS

模　型	e	f	g	h	i	SS	FS
Goody	3.7	1.1	-0.57	7.0	1.0	$U_e/\tau_\omega^2\delta$	δ/U_e
Rozenberg	$3.7+1.5\beta_c$	8.8	-0.57	$\min(3,\,19/\sqrt{R_T})+7$	4.76	$U_e/\tau_{max}^2\delta^*$	δ^*/U_e
Kamruzzaman	2.47	$1.15^{-2/7}$	$-2/7$	7.0	1.0	$U_e/\tau_\omega^2\delta^*$	δ^*/U_e
Hu	$1.13/h^{1.6}$	7.645	-0.411	6.0	1.0	$u_\tau/Q^2\theta$	θ/U_e
Lee	$3.7+1.5\beta_c$	8.8	-0.57	$\min[\,3,\,(0.139+3.1043\beta_c)\,]+7$	4.76	$U_e/\tau_\omega^2\delta^*$	δ^*/U_e

2004 年,Goody[132] 开发了一种基于雷诺数效应的经验壁面压力谱计算模型。

Goody 模型与零压力梯度流的测量结果吻合较好。此后 2012 年，Rozenberg[131]首次提出了逆压力梯度流的经验模型。逆压力梯度流在绕翼型流动中很常见，是壁面压力谱模型中典型的表征。2015 年，Kamruzzaman[135]建立了另一个逆压力梯度流的经验模型。他们在不同的翼型和流动条件下使用了不同的风洞试验数据。他们的模型均反映了翼型边界层与气动噪声的关联效应。2018 年，Lee[136]比较了现有的各种经验模型，提出了一种改进的零压力梯度流和逆压力梯度流共存的壁面压力谱计算模型。结果表明，与其他经验模型相比，Lee 模型对平板流和翼型流的测量结果更符合实际情况。Hu[137]也建立了一个相似的壁面压力谱经验模型。Hu 模型采用谱标度中的动压和边界层形状因子代替 Clauser 参数来表示流动。

尽管这些模型都可以应用于翼型后缘噪声预测，但尚未对这五种壁面压力谱模型在尾缘噪声预测中的精度进行详细的比较和评估。特别是由于 Lee 模型和 Hu 模型是相对较新的模型，因此有待在翼型后缘噪声中应用或验证。模型中普遍涉及的输入参数都与表面边界层厚度、边界层位移厚度及动量厚度相关，其计算方法多采用 Xfoil 进行快速计算，同时基于 RANS 的计算也比较常见。如采用 Xfoil 计算，则可以应用参数之间的关联计算表面边界层厚度：

$$\delta = \theta \left(3.15 + \frac{1.72}{H-1} \right) + \delta^* \qquad (7.88)$$

式中，δ^* 是边界层位移厚度；θ 是动量厚度；H 是形状因子，可以用 δ^* / θ 来表示。与 TNO 模型需要的壁面法向剖面不同，这些输入参数可以快速地获得，本节随后将介绍 TNO 方法的基础和应用。假设采用上述任意方法，得到声压脉动谱，对于低马赫数流和垂直于后缘的情况，一般可用 Howe 型预测后缘噪声：

$$S(\omega) = \frac{1}{4} \left(\frac{L}{\pi^2 R^2} \right) \left(\frac{M_{ac}}{1 - M_{ac}} \right) \Lambda_3(\omega) \phi(\omega) \qquad (7.89)$$

式中，$S(\omega)$ 是翼型的噪声谱；$M_{ac} = U_c / c_0$ 是对流马赫数；R 是观察距离；L 是翼型展长；Λ_3 是展向相干积分长度尺度。$\phi(\omega)$ 是由各个不同经验壁面压力谱模型中所获得的壁面压力谱，该参数在距前缘弦向距离的 99% 处获取。相对流速通常取值为 $U_c = 0.7U_\infty$。采用经验常数来计算展向相干积分长度尺度 $\Lambda_3 = \dfrac{U_c}{b\omega}$，取 $b = 1.0$。

这里需要注意的是参数 U_c 和 b 是由具体模型所决定的。例如，Amiet 模型中 $U_c = 0.8U_\infty$、$b = 0.476$。Stalnov[138]模型中 $U_c = 0.65U_\infty$、$b = 0.714$。在本文后续的计算实例中，$U_c = 0.7U_\infty$、$b = 1.0$ 这组数据和实验结果匹配较好。

最后，进行声压级的换算：

$$SPL(f) = 10 \lg \left[\frac{2\pi S(\omega) \, \mathrm{d}f}{P_{\mathrm{ref}}^2} \right] \qquad (7.90)$$

实际计算中为了方便与实验数据相比较,对窄带声压级进行了滤波处理,减少计算过程中偏差较大的点的影响,随后再进行 1/3 倍频程变换,前面已经介绍过倍频程的概念。

7.9.3 改进的 TNO 模型

Parchen[139]利用 Blake[140]提出的详细边界层剖面和波数频率表面压力谱模型,建立了一个新的后缘噪声模型。这就是 TNO 模型,或者称为 TNO – Blake 模型。Kamruzzaman[27]和 Bertagnolio 等[141]在 TNO 模型中考虑了各向异性湍流效应,提高了预测精度。Stalnove[138]将 Amiet 模型应用到 TNO 模型中,考虑了平板有限长度的影响。Nguyen 和 Lee[142]将 Cebeci-CSmith 涡黏性模型应用于基于 Xfoil 的 TNO 模型中,以 Xfoil 方法计算的结果作为输入数据来提高预测精度。Bertagnolio 针对大攻角情况 TNO 模型预测精度存在的问题进行了模型的改进:

$$\Phi_{pp}(k_{\parallel}, \omega) = 4\rho_0^2 \frac{k_1^2}{k_1^2 + k_3^2} \int_0^{\delta_{BL}} 2L_2(y) \left(\frac{\partial U_1}{\partial y}(y) \right)^2 \qquad (7.91)$$

$$\times \overline{u_2^2}(y) \, \widetilde{\Phi}_{22}(k_{\parallel}, \Lambda) \Phi_m(\omega - U_c(y) k_1) \mathrm{e}^{-2k_{\parallel} y} \mathrm{d}y$$

该模型的输入参数相对比较复杂。$k_{\parallel} = (k_1, k_3)$ 是平行于壁面的波数;δ_{BL} 是表面边界层厚度;L_2 是壁面垂直方向相关湍流尺度,用于表征垂直湍流速度分量 u_2;$\overline{u_2^2}$ 则是垂直脉动速度的均方值;U_1 是远端来流速度;$\widetilde{\Phi}_{22}$ 是壁面垂直方向速度扰动的归一化谱,其积分沿着 k_2 方向,具体应用方法详见文献[141]。

第八章
风电场大气声传播计算方法

8.1 引　言

前面各章节所涉及的内容均和气动噪声源相关,而风力机作为一种相对特殊的旋转机械,考虑气动噪声在大气中的传播和演变规律是十分重要的课题。风力机噪声对周边影响的强弱由许多因素组成:风力机翼型的气动设计;设计叶尖速比;塔筒高度;叶片与塔筒的相互作用;风速和湍流强度;环境噪声;气象条件;传播距离;风场中噪声传播的尾流影响等。在低风速风电场的深入开发的背景下,为了达到风资源的充分利用和获得等量的功率输出,塔筒的高度和叶片的长度普遍需要增加。由此带来噪声增加的不利因素,假定转速(ω)不变,小风速(V_0)大半径(R)导致尖速比($\omega R/V_0$)上升而从而产生噪声增加的可能;第二个较为严重的问题,在人口相对密集的区域,噪声传播距离的相对缩短和塔筒高度上升使噪声传播范围更广、强度更大。在低风速地区,树木和植被产生的自然环境噪声较小,风力机噪声可能成为潜在的主要噪声源。按照点声源传播的假定,排除噪声传播中的其他因素,随着传播距离的缩短,声压级的衰减更少。面对国家未来分布式风电的新格局,需要研究和提出可行的风电场噪声预测方法以应对风电场潜在的环境噪声问题,这就需要结合风电场噪声源的产生机理、大气声传播机理等多个学科进行科学分析,在低噪声和高能效风电场选址与布局之间寻找最佳的平衡点。

风电场气动噪声的传播是气动噪声一体化研究不可分割的一部分,却也是国内外研究中相对缺乏的部分。由多台风力机组成的风电场中,各风力机噪声的声源和各自传播的路径及其相互作用构成完整的风电场噪声研究。就风电场噪声传播而言,其区别于传统研究主要在于以下几点:① 风力机气动声源是旋转的动态声源(风力机旋转面);② 风力机尾流的存在对噪声传播的影响尤其明显;③ 噪声传播对于风向、风速和湍流度的强弱十分敏感;④ 地形地貌和风力机的位置布局的影响。因此,风力机气动噪声传播的研究在风力机复杂空气动力学这个背景下展开。

8.2　风力机大气声传播的要素

8.2.1　问题概述

目前风力机噪声计算和测试主要集中在近场,即不考虑复杂流动环境下的传播效应。各国对风电单台机组的噪声限值各有不同。其中北欧国家对噪声限定比较严格,丹麦还规定风力机低频噪声不能超过 20 dB。因此,风力机的噪声计算还需要综合考虑宽频噪声和低频噪声的不同机理,以及不同频率噪声的传播特性。世界各大洲不同国家都制定了各自的风电噪声限值,多数国家分别制定了白天和夜晚,城镇和郊区的限值。法国和英国等国家规定了风力机噪声不能超过环境噪声的 3~5 dB。我国也制定了风电噪声标准,但是随着生活品质的提高以及内陆分散式风电的发展,需要进一步从机理上认知风电场噪声的传播规律,从而给出相应的应对措施。风力机噪声研究集空气动力学、计算气动声学、大气声传播等学科。同时,风力机噪声研究又不能脱离风电机组效率这个核心问题,因此研究中还不可避免地包含了大气边界层稳定性研究、地形风资源评估、风电场年功率计算、风场优化布局,以及风场尾流作用下的气弹作用和疲劳寿命计算。风力机噪声在涡尾迹中的传播如图 8.1 所示,它是一种流—固—声耦合的综合物理现象,通常包含了:① 大气边界层中风力机的流场模拟;② 复杂地形和气象条件下噪声在湍流中的传播;③ 风力机叶片气弹作用对流场以及噪声传播的影响。为了简化内容,本书不对风力机气弹与噪声的耦合问题展开讨论,尽管在许多气动噪声领域振动与噪声具有内在的强关联性,但是风力机叶片的一阶和二阶振动频率大致不超过

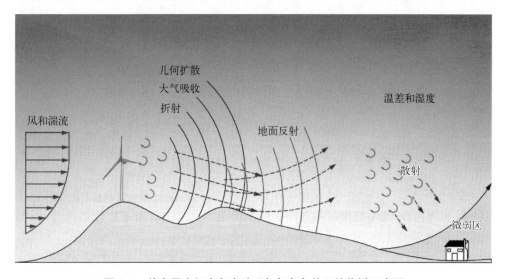

图 8.1　单台风力机在复杂地形与气象条件下的传播示意图

2 Hz,而且叶片越大其固有频率更低。

　　本书已经介绍了流场和气动声源的各种计算方法,应用流场解和声源频谱,进一步可以解决风力机远场噪声的传播问题。分析和研究的路径遵循了流场域→气动噪声源→风电场远场噪声这三个步骤。流场域的解决方案中可全面考虑大气湍流边界层中环境湍流与风力机尾迹涡的相干作用。声源的求解则可采用耦合声类比与致动线的思路、BPM 工程模型、TNO 等基于压力脉动谱的模型,应用者可根据计算资源、计算周期选取合适的声源计算方法。采用 CFD 计算所得时域计算的瞬态流场解提供远场声传播的流动环境,以此为基础,可以求解矢量抛物线方程,实现近场(时域)和远场(频域)耦合计算。

8.2.2　直线声传播与地面声反射

　　风力机噪声传播经由每个叶片的各个翼型段汇聚至接收者位置,理论上是直线传播与地面反射波的叠加。图 8.2 中展示了风力机噪声源与噪声观测者的相对位置关系。风力机叶片的旋转导致叶片各个位置的噪声源与接收者不断变化相对方位角与距离,除特殊情况方位与距离保持不变。考虑湍流运动、温度梯度等综合效应,声源的直线传播仅仅在理想状况下能够成立。

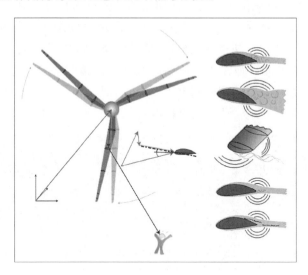

图 8.2　风力机各叶片气动噪声源与观测位置示意图

　　如图 8.3 所示,考虑一个单极子简谐声源,该声源位置坐标为 (r_s, Z_s),r 表示水平传播方向,Z 表示高度传播方向。图示代表了典型的自由场声传播情况,声源由直线传播至接收点,其声压表示为

$$p_{\text{free}} = S \frac{\exp(ikR_1)}{R_1} \tag{8.1}$$

式中,S 是表示振幅的系数;k 是波数;R_1 是直线传播的距离。同时部分声波经过地面反射到达接收点并与自由场声波叠加:

$$p_c = S\frac{\exp(\mathrm{i}kR_1)}{R_1} + QS\frac{\exp(\mathrm{i}kR_2)}{R_2} \tag{8.2}$$

考虑接收位置坐标为(r, Z),则直线波与反射波的传播距离分别为

$$R_1 = \sqrt{r^2 + (z - z_s)^2} \tag{8.3}$$

$$R_2 = \sqrt{r^2 + (z + z_s)^2} \tag{8.4}$$

如图 8.3 所示,反射波的传播距离可以采用声源镜像方法,根据地面形成的入射角 θ 关系将声源镜像至$-Z_s$ 高度。

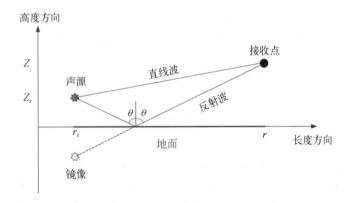

图 8.3　地面上的声源与接收位置示意图

8.2.3　地面声阻抗与反射系数

公式(8.2)中的 Q 对应球面入射波的地面反射系数。该系数为复数形式,与下列多个参数有关: ① 波数 k,或频率 $f = kc/2\pi$;② 反射波的传播距离 R_2 ;③ 反射角度 θ ;④ 地面声阻抗 Z(此处并不代表高度)。对于给定的声源,其波数或者频率是一定的,例如,某风力机气动噪声谱包含的频率及相应的声压等级是已经给定的已知条件。图 8.3 则给出了距离与角度的关系,剩余主要的未知量为**地面声阻抗**。

当声波入射某个界面(如地面),部分声波被反射,部分声波则传入介质内部。在空气与地面交界处,声速大小有明显的变化。地面可以描述成多孔可穿透的介质,入射声波导致空气在微小的空隙中发生振动,声传播速度在多孔介质中大幅度降低。在空气和地面的交界面上,速度和压力认为是连续的,因此无限邻近交界面的上下位置具有相同的速度和压力。交界面上的压力与法向方向的速度之比与入

射波的幅值无关,因此该比值可以用来描述界面的声学特性,该特性称为声阻抗,在自由空间且远离声源处,声波近似于平面传播,其特性声阻抗为

$$p_c/v_c = \rho c \tag{8.5}$$

当出现地面反射时,其交界面的声阻抗特性为

$$Z\rho c = p_c/v_{c,n} \tag{8.6}$$

式中,p_c 表示复数形式的压强幅值;n 表示法向方向的流动速度(压强则始终指向物体法向)。通常在考虑局部反射情况时假设法向速度接近与流动速度,即 $v_{c,n} \approx v_c$。尽管声阻抗与入射声波的幅值无关,但是不同频率的声波对应着不同的声阻抗。风力机气动噪声谱覆盖频率广,各个频率入射声波的反射强度是不统一的。由于压强和流速的相位实际上不会一致,所以声阻抗的值通常都是复数。对于全反射表面,声阻抗值为无穷大,因为空气无法透入表面,从而法向速度为零,即分子部分为零。Delany 和 Bazely[143] 给出了声阻抗的经验计算方法:

$$k = \frac{\omega}{c}\left[1 + 0.085\,8\left(\frac{\sigma}{f}\right)^{0.70} + \mathrm{i}0.175\left(\frac{\sigma}{f}\right)^{0.59}\right] \tag{8.7}$$

$$Z = 1 + 0.051\,1\left(\frac{\sigma}{f}\right)^{0.75} + \mathrm{i}0.076\,8\left(\frac{\sigma}{f}\right)^{0.73} \tag{8.8}$$

该方法适用于 σ/f 的比值范围为 $0.01 \sim 1.0\ \mathrm{m^3 \cdot kg^{-1}}$。例如,草地的流阻为 $100 \sim 300\ \mathrm{kPa \cdot s \cdot m^{-2}}$,对应于较小的 σ/f 比值 $0.000\,1 \sim 0.1\ \mathrm{m^3 \cdot kg^{-1}}$,该方法仍然给出了较好的实验比对结果[144]。表 8.1 给出了一些典型地面的流阻大小,在进行大气声传播计算中可依据实际地表状况选择合适的流阻参数。

表 8.1 地面流阻参考值

地 面 类 别	流阻/$(\mathrm{kPa \cdot s \cdot m^{-2}})$
(a) 干燥松软的雪地	$15 \sim 30$
(b) 粒状组成的雪地	$20 \sim 50$
(c) 小松树林	$20 \sim 80$
(d) 粗糙的草地、牧场	$150 \sim 300$
(e) 乱石路面	$300 \sim 800$
(f) 粗沙质路面	$800 \sim 2\,500$
(g) 细沙质路面	$1\,500 \sim 4\,000$

地　面　类　别	流阻/(kPa·s·m^{-2})
(h) 硬质土质表面	4 000~8 000
(i) 十分硬质土质表面	5 000~20 000
(j) 沥青路面	>20 000

确定了流阻便可以计算相应声阻抗,求解声阻抗,还需要应用其与反射系数 Q 之间的关系。图 8.3 所示的单极子声源传播,在近场仍然以球面波形式传播,球面波的反射系数为

$$Q = R_p + (1 - R_p)\ F(d) \tag{8.9}$$

式中,R_p 是平面波的反射系数,与声阻抗 Z 和入射角度 θ 具有比较简单的函数关系:

$$R_p = \frac{Z\cos\theta - 1}{Z\cos\theta + 1} \tag{8.10}$$

在远场情况下以及高频率段,Q 近似于 R_p。对于普遍情况,必须求出参数 $F(d)$,该参数表达边界反射损失:

$$F(d) = 1 + \mathrm{i}d\sqrt{\pi}\exp(-d^2)\ erfc(-\mathrm{i}d) \tag{8.11}$$

$$d = \sqrt{\frac{\mathrm{i}k_1 R_2}{2}}\left(\frac{1}{Z} + \cos\theta\right) \tag{8.12}$$

式中,$erfc$ 表示互补误差函数:

$$erfc(z) = 2\pi^{-1/2}\int_z^\infty \exp(-t^2)\ \mathrm{d}t \tag{8.13}$$

上述积分可以以求和形式展开从而便于解析计算:

$$erfc(z) = 1 - \frac{2}{\sqrt{\pi}}\sum_{n=0}^\infty \frac{(-1)^n z^{2n+1}}{n!(2n+1)} \tag{8.14}$$

上述公式将具体应用于 PE 方程离散化计算,边界条件的应用中可以通过改变地面流阻来调整地面的反射系数。

8.2.4　大气中的声波折射

风力机噪声传播可能存在多种路径,在气象等综合因素的作用下,自然环境中

噪声不会严格按照直线传播。图8.4所示为考虑下风向来流情况时,直射波和反射波均沿传播路径发生折射现象,不考虑环境风速时,传播路径如图中的实线所示。声波以直线传播的假设在室内或者室外短距离的传播是可以成立的,但是针对风力机这一类大尺寸的声源和远距离的传播特征,不考虑运动大气介质的综合影响将对声传播预测带来一定的误差。风环境与地形的共同作用使声传播现象更加复杂,图8.5展示了日常生活中常见的一类声传播形式。基于生活经验,向上风向交谈相对于下风向交谈通常更加费力,如果上风向接收者位置处于山坡背面,将进一步增加声传播的难度。

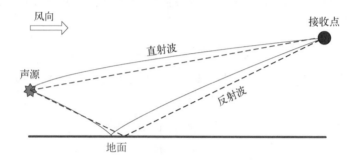

图8.4   无风(虚线)和下风向(实线)的声传播路径

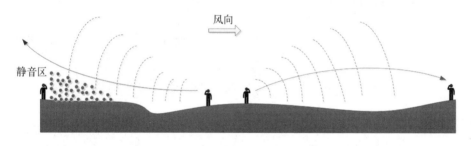

图8.5   上风、下风向接收者位置静音效果和声传播加强示意图

一般来说,气象变量除了垂直风速梯度以外还有垂直温度梯度,两者作用叠加引起声传播路径产生一定的曲率变化。从大气边界层的流动特征来看,温度梯度也直接影响大气稳定性。例如,某地清晨地面温度低,近地面温度梯度为正,术语称之为逆温,此时大气稳定性高;而到中午时分地面温度上升,近地面温度梯度为负,术语称之为直减,此时近地面湍流度显著增大,大气运动变为中性或非稳定。近地面正温梯度将导致声波向下弯曲至地面方向,从而导致地面相关位置的噪声等级增加。图8.5中还显示存在一个静音区,也称之为声影。实际上,由于声散射的存在,该区域并非绝对静音,通常噪声的降幅可能超过30 dB。可见,形成声影区的必要条件是存在负声速梯度。在不考虑风环境的前提下,接收者是否处于声影区有一个简便的判断方法：

$$x = \sqrt{2R}\left(\sqrt{H_s} + \sqrt{H_r}\right) \tag{8.15}$$

式中，H_s 和 H_r 分别是声源和接收者的高度；x 是声源到接收者的距离；R 则是表示曲率的关键参数，如图 8.6 所示，可以假设风力机的声源位于 H_s 高度。

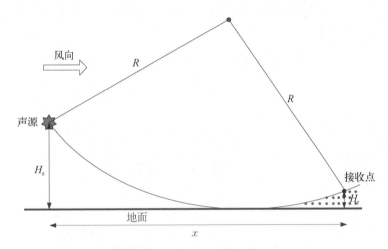

图 8.6　声影区的判定示意图

曲率半径的经验计算方法如下[30,145]：

$$R = \frac{c_0\left(1 + \dfrac{U}{c_0}\right)^3}{-\dfrac{U}{c_0}\dfrac{\sqrt{\kappa R}}{2\sqrt{T}} \cdot \dfrac{\mathrm{d}T}{\mathrm{d}z} + \dfrac{\mathrm{d}U}{\mathrm{d}z}} \tag{8.16}$$

式中，c_0 为温度为 T 时的声速；U 为平均风速；κ 是温度为 T 时干燥空气的绝热系数（通常取 1.4）。其余两个反映大气环境变化的重要参数分别为温度和风速的梯度，记为 $\mathrm{d}T/\mathrm{d}z$ 和 $\mathrm{d}T/\mathrm{d}U$。

　　由此可见，预测声射线的曲率具有重要意义，在风速梯度和垂直温度梯度的综合影响下，曲率半径成为气候影响声音传播的关键指标。然而，必须认识到，室外远距离声传播无法用射线理论准确建模，实际的气象情况也是在不断动态变化的。例如，由于湍流等风环境的原因从固定声源发射的声音强度和方向都会产生波动，尤其是带来阴影区域效应和地面倾斜效应将趋于平缓，因此所产生的影响较小，声衰减比假设稳定天气条件下预测的衰减小。湍流产生对声传播的影响可以类比到光学领域中，例如，我们有时看到天空中星星闪烁不定，并非由于星星产生位移，而是光传播进入湍流大气层发生时序的方向改变。

就单台风电场噪声的传播研究而言,数值仿真的精度在一定程度上取决于风电场三维地形的准确描述以及风电场湍流流场的正确模拟。其他气象方面的变化也是引起风力机传播强度和路径变化的因素。如图 8.7 中所示,温度梯度对于声传播的速度分布产生直接影响、云层通常会散射部分声波回到地面。尽管上风向传播可能产生一定的静音区,但是云层的反射同样会带来部分的声波传向静音区。风力机旋转叶片在上述综合作用下形成复杂的传播路径,各个风力机叶尖部分声传播路径示意图见图 8.7。

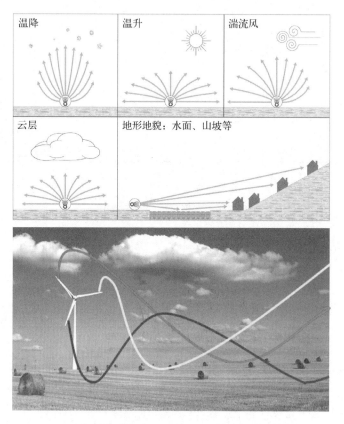

图 8.7 声传播的大气环境与声传播方向示意图

大气中声波折射具体表现为方向的变化和声速大小的分布变化。方向的变化可以直观地描述为垂直于波峰的矢量方向;由于传播介质的非均匀性,声速通常不是均匀不变的一个数值,典型表现为沿着高度方向呈规律性变化。例如,在某个高度位置,在高度为 z_1 的界面位置声速为

$$c(z) = \begin{cases} c_1 & z \leqslant z_1 \\ c_2 & z > z_1 \end{cases} \tag{8.17}$$

方程 $c(z)$ 表示沿高度方向上的声速轮廓,其概念类似于研究风电场空气动力学所需的风轮廓,而风轮廓结合风力机尾流轮廓形成的流场将连续改变声传播方向与风轮廓。为更好地理解这个现象,图 8.8 展示了风力机上游的风轮廓和下游的尾流轮廓。风轮廓以实线表示,尾流轮廓以虚线表示,箭头则表示局部声传播方向。基于尾流的速度轮廓,声速的方向持续发生变化,直到尾流逐步衰减为环境风轮廓。当然,具体的大气稳定性直接影响了风轮廓和尾流轮廓,从而综合作用于声传播。本书的后续章节将详细介绍相关的实际算例,结合一些风电场具体算例阐述对传播路径上各位置的声压变化影响规律。

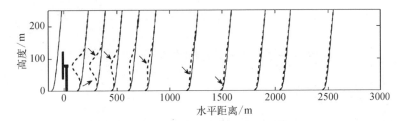

图 8.8　风力机尾流中的声传播方向示意图

　　声传播的方向和速度与传播的介质有关,如图 8.9 所示,声源传播到接收点的过程由于介质密度的变化将发生折射现象。假设声源位于 (X_0, Z_0) 位置,当声传播至高度 Z_1 位置时,由于大气明显的分层现象导致介质密度形成显著差异,则声波在 P 点位置改变了入射角度,并且声速由 c_1 变为 c_2。位于 Z_1 高度的 P 点位置可以认为是第二声源,其入射角度为 γ_2。入射角度和声速之间满足简单的代数关系:

$$\frac{\cos \gamma_1}{c_1} = \frac{\cos \gamma_2}{c_2} \tag{8.18}$$

本节已经描述过上风向和下风向声传播时,声波会向上或向下折射;同样,特定的大气分层也会产生声波向上或向下折射的情形。类似的现象也可以从光学经典的例子中观察到,当筷子插入水中观察到水和空气的界面处筷子产生折射。公式(8.18)给出了从数值方面的说明:当 $\gamma_2 < \gamma_1$,则 $c_2 > c_1$,对应着声波向下折射的传播情景;当 $\gamma_2 > \gamma_1$,则 $c_2 < c_1$,对应着声波向上折射的传播情景。点声源在自由场传播时形成球面波,当产生折射时球面波峰发生变形,在变形位置波峰近似为平面波。在高度方向连续介质中传播的平面波满足关系式:

$$\frac{\cos \gamma(z)}{c(z)} = 常数 \tag{8.19}$$

即该比值在沿着波峰的垂直传播方向上为常数。

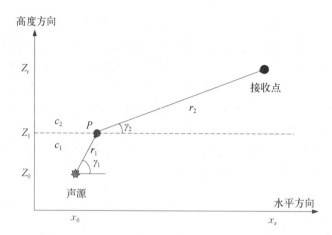

图 8.9 某高度位置声传播折射的角度变化示意图

8.2.5 等效声速

声速在静止的大气中以绝热形式传播,而在风电场这样的复杂大气风环境中,声速在变化的大气介质中显然是时空连续变化的。考虑风速对声速的影响,引出一个等效声速的概念: $c_{\mathrm{eff}} = c + u$。等效声速在水平传播方向上由绝热声速和水平方向上的大气运动速度组成。显然,根据这个定义,沿着上风向和下风向的声速与 u 的符号有关。由于考虑的是水平方向上的大气运动速度(风速)。等效声速实际上适用于声源与接收者在水平方向的夹角较小的情形。对应风力机噪声传播,距离越远则等效声速的假定越准确。对于相对平坦、均匀连续的地面,考虑沿高度方向的等效声速分布:

$$c_{\mathrm{eff}}(z) = c(z) + u(z) \tag{8.20}$$

该等效声速的分布方式应用于大气声传播的抛物线方法将十分便捷。根据壁面无滑移条件,地面的风速接近于零,风轮廓的形态在很大程度上取决于地面摩擦阻力,因此采用地面粗糙长度来描述等效声速在高度方向的轮廓:

$$c_{\mathrm{eff}}(z) = c_0 + b\ln\left(\frac{z}{z_0} + 1\right) \tag{8.21}$$

在地面平坦、均匀的地面状况下,假设温度、风速和有效声速是高度的函数通常是一个很好的近似。式(8.21)中, z_0 的取值参考地面形态,草地通常取值范围为 $0.01 \sim 0.1$ m,平静的水面取值范围为 $10^{-4} \sim 10^{-3}$ m。式中,参数 b 的取值可正可负,正数表示下风向,反之为上风向。如已知风轮廓,可以计算相应的 b 值。如图 8.10 所示,沿高度方向均匀变化的声速进入风力机尾流中在空间上进行了重新分布,同时传播方向也会发生改变,因此流动环境对于噪声传播具有直接的影响。

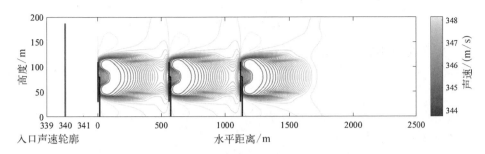

图 8.10　风力机尾流中的声速分布

8.2.6　声波在湍流中的传播效应

通常情况下如不考虑复杂的湍流环境,实际上声轮廓函数(8.21)的应用十分简便。考虑湍流影响进行声传播的计算则需要采用 CFD 或者其他解析方法模拟声传播路径中的湍流环境。采用 CFD 方法模拟流场在这里不展开讨论,在后续的计算实例中有许多相关应用介绍,采用 CFD 流场结合 PE 抛物方程数值方法可以计算复杂地形和复杂流动环境的声传播问题。本节主要介绍生成湍流的卡门谱方法和结合该方法的一种大气声传播解析算法。这种方法适用于较近的传播距离,因而声传播的大气折射效应忽略不计。

考虑声接收位置处的声压为 p_c ,由前面的基础介绍可知,该声压由直线传播声压和反射声压叠加而成:

$$p_c = p_1 + Qp_2 \tag{8.22}$$

式中,Q 表示球面波的反射系数,由球面波的传播特征可知 p_1 和 p_2 为

$$p_j = S \frac{\exp(ikR_j + \psi_j)}{R_j} \tag{8.23}$$

式中,$j = 1, 2$;S 是表示振幅的常数;$k = \omega/c$ 表示波数;声传播距离分别为

$$R_1 = \sqrt{L^2 + (z_s - z)^2} \tag{8.24}$$

$$R_2 = \sqrt{L^2 + (z_s + z)^2} \tag{8.25}$$

式(8.23)中的参数 ψ_j 描述了声传播中的湍流效应,不考虑大气湍流的情况下,$\psi_j = 0$,上式等价于球面声传播,如公式(8.2)所示。

由式(8.23)整理可得

$$\psi_j = \ln(p_j/p_{j,0}) \tag{8.26}$$

式中,$p_{j,0}$ 表示 p_j 在无湍流大气中的值。ψ_j 可以写成

$$\psi_j = \chi_j + iS_j \tag{8.27}$$

式中,χ_j 和 S_j 分别表示振幅的变化和相位的变化。

8.3 抛物方程建模方法

8.3.1 建模目标

抛物方程(PE)建模的目标是预测实际风电场中风力机气动噪声的传播。通常关注的噪声接收点都位于近地面,处于人类日常活动的区域。风力机噪声源则位于机舱高度加减叶片长度,可以认为覆盖在地表 200 m 以下的区域。而采用 PE 方法求解大气中的声传播问题,必须根据所计算声波频率的大小设计高度方向上的计算域大小。如图 8.11 所示,PE 方法建模考虑声源高度、计算域的高度,以及风轮廓和温度轮廓等要素,8.3.2 节将介绍如何建立方程和求解方程。

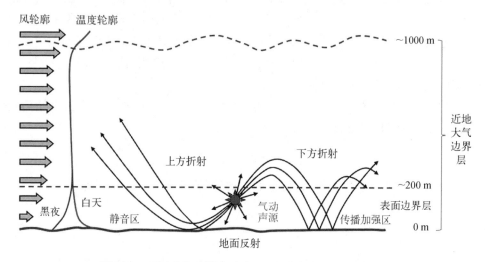

图 8.11 近地大气边界层速度、温度及声传播规律示意图

8.3.2 基础方程

在计算大气声传播的方法中,主要有三大类模型:工程模型、建立在时域上的数值模型和建立在频域上的数值模型。工程模型主要是利用声线法计算声传播,该方法尽管计算速度快,但是局限性较大,不能有效处理湍流和尾流等情况;而建立在时域上的模型尽管计算结果精确,但是所需要的时间成本太高,对于这种需要计算大范围声传播的风电场噪声而言,显然是不可取的。而建立在频域上的数值模型,它的计算精度比工程模型高,计算速度也比建立在时域上的模型快,它包含了两种方法:抛物方程(PE)方法和快速场(FFP)方法。PE 方法不局限于均匀地表声阻抗变化和均匀大气层的限制,这是 FFP 方法所不具备的优势。综合考虑上述情况,建立在频域上的 PE 方法对风电场噪声进行模拟是较为精确快速的一种方法。PE 方法较为广泛地应用于大气和海底噪声的传播计算,求解 PE 方程又分为 CNPE (Crank-Nicholson PE) 和 GFPE (Green's Function PE) 等方法,其中 GFPE 方法计算速度较快,但结果精确度较 CNPE 方法稍低,本书重点选择 CNPE 方法进行介绍。

将在运行状态中产生噪声的风力机假想为一个声源点,噪声的传播是从声源点向四周辐射的,图 8.12 给出了噪声在传播时的三维直角坐标系和柱坐标系以作参考。

使用 PE 方程求解噪声传播的过程即求解亥姆霍兹方程的过程,该计算方程如下:

$$k_{\text{eff}}^2 \nabla \cdot \left(k_{\text{eff}}^{-2} \nabla p_c \right) + k_{\text{eff}}^2 p_c = 0 \qquad (8.28)$$

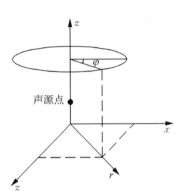

式中,k_{eff} 为等效声速下对应的波数,$k_{\text{eff}} = \dfrac{\omega}{c_{\text{eff}}}$($\omega$ 是圆频率,c_{eff} 是有效声速);∇ 为梯度算子;p_c 为压力振幅。

图 8.12 声传播直角坐标系和柱坐标系示意图

该方程是在三维直角坐标系下的亥姆霍兹方程。如果将声源假设为一个声源点,可以把该方程化为在柱坐标系下的方程:

$$\frac{1}{r}\frac{\partial}{\partial r}\left(r\frac{\partial p_c}{\partial r} \right) + k_{\text{eff}}^2 \frac{\partial}{\partial z}\left(k_{\text{eff}}^{-2}\frac{\partial p_c}{\partial z} \right) + \frac{1}{r^2}\frac{\partial^2 p_c}{\partial \phi^2} + k_{\text{eff}}^2 p_c = 0 \qquad (8.29)$$

使用轴对称近似的方法,忽略方位角的变化,可以将该方程简化为在 $r-z$ 坐标系下的二维亥姆霍兹方程,即

$$\frac{\partial^2 q}{\partial r^2} + k_{\text{eff}}^2 \frac{\partial}{\partial z}\left(k_{\text{eff}}^{-2}\frac{\partial q}{\partial z} \right) + k_{\text{eff}}^2 q = 0 \qquad (8.30)$$

式中,量 $q = p_c\sqrt{r}$ 即为所要求解的声场。

式(8.30)中第二项 $k_{\text{eff}}^2 \dfrac{\partial}{\partial z}\left(k_{\text{eff}}^{-2}\dfrac{\partial q}{\partial z} \right)$ 可近似为 $\dfrac{\partial^2 q}{\partial z^2}$,这种近似方法常用于 PE 方法中,并且经过数值计算,可以发现这种近似对计算结果的影响极小。因此,式(8.30)可进一步简化为

$$\frac{\partial^2 q}{\partial r^2} + \frac{\partial^2 q}{\partial z^2} + k_{\text{eff}}^2 q = 0 \qquad (8.31)$$

对该方程进行求解即可得到噪声在 r–z 平面传播时声场的衰减情况。

8.3.3   窄角抛物方程

假设方程(8.31)的通解为

$$q(r, z) = \psi(r, z)\exp(\mathrm{i}k_a r) \tag{8.32}$$

式中,k_a 是对应于波数 k 在某个平均高度位置或者在地面的特定值,通常可以取 k 的地面值。指数函数 $\exp(\mathrm{i}k_a r)$ 表示在 r 轴正方向传播的平面波。该平面波在 r 方向形成周期性振动,而其振幅 ψ 随参数 r 的变化相对平缓。把该通解代入方程(8.31)可得

$$\frac{\partial^2\psi}{\partial r^2} + 2\mathrm{i}k_a\frac{\partial\psi}{\partial r} + \frac{\partial^2\psi}{\partial z^2} + (k^2 - k_a^2)\,\psi = 0 \tag{8.33}$$

由于 ψ 与参数 r 的弱关联性,其二阶导数 $\dfrac{\partial^2\psi}{\partial r^2}$ 可选择忽略不计,这一假设对于后续方程离散化作用十分明显。该方程称之为窄角抛物方程,该方程可以通过另一种途径进行推导。首先将方程(8.31)写成简化模式:

$$\partial_r^2 q + H_2(z)q = 0 \tag{8.34}$$

式中的 $H_2(z)$ 为新定义的算符:

$$H_2(z) = k^2(z) + \partial_z^2 \tag{8.35}$$

再定义一个新的变量 $\delta k^2(z)$ 为

$$\delta k^2(z) = k^2(z) - k_a^2 \tag{8.36}$$

整理可得

$$H_2(z) = \delta k^2(z) + k_a^2 + \partial_z^2 = k_a^2(1 + s) \tag{8.37}$$

式中,

$$s = k_a^{-2}\delta k^2(z) + k_a^{-2}\partial_z^2 \tag{8.38}$$

此时方程(8.34)可以改写为

$$[\partial_r - \mathrm{i}H_1(z)]\,[\partial_r + \mathrm{i}H_1(z)]\,q = 0 \tag{8.39}$$

式中,

$$H_1(z) = k_a\sqrt{1 + s} \tag{8.40}$$

可以看出,解方程的关键是关于根号中的 s 如何展开并简化:

$$\sqrt{1 + s} = 1 + \frac{1}{2}s - \frac{1}{8}s^2 + \cdots \tag{8.41}$$

截断平方根算子的展开式,令高阶量为零,可得

$$H_1(z) = k_a\left(1 + \frac{1}{2}s\right) \tag{8.42}$$

取方程的解沿着 $r>0$ 传播方向,得

$$[\,\partial_r - \mathrm{i}H_1(z)\,]\,q = 0 \tag{8.43}$$

代入 $H_1(z)$ 可推出窄角抛物方程为

$$\partial_r q - \mathrm{i}k_a q - \frac{\mathrm{i}}{2k_a}(\partial_z^2 + \delta k^2(z))\,q = 0 \tag{8.44}$$

该方程也可以采用变量 ψ 的表达形式:

$$\partial_r \psi = \mathrm{i}k_a s\psi \tag{8.45}$$

8.3.4 宽角抛物方程

窄角和宽角抛物方程的核心区别在于 $\sqrt{1 + s}$ 展开式的截断误差选取,在实际的计算效果中,窄角方程适用于传播仰角小于 $10°$ 的情况。更精确的宽角抛物方程应用面较为广泛,$H_1(z)$ 方程近似为

$$H_1(z) = k_a\left(\frac{1 + \frac{3}{4}s}{1 + \frac{1}{4}s}\right) \tag{8.46}$$

最终宽角抛物方程的形式为

$$\left(1 + \frac{1}{4}s\right)\partial_r q = \mathrm{i}k_a\left(1 + \frac{3}{4}s\right)q \tag{8.47}$$

或

$$\left(1 + \frac{1}{4}s\right)\partial_r \psi = \frac{1}{2}\mathrm{i}k_a s\psi \tag{8.48}$$

8.3.5 抛物方程的离散化求解

以窄频抛物方程为例,方程的离散化可以采用传统有限差分的形式,首先将方程系数归并,写成如下形式:

$$\partial_r \psi = \alpha \partial_z^2 \psi + \beta \psi \tag{8.49}$$

式中,系数 α 和 β 分别为

$$\alpha = \frac{1}{2} \mathrm{i} / k_a \tag{8.50}$$

$$\beta = \frac{1}{2} \mathrm{i} (k^2 - k_a^2) / k_a = \frac{1}{2} \mathrm{i} \delta k^2 / k_a \tag{8.51}$$

将 $\partial_z^2 \psi$ 沿高度方向采用二阶中心差分,得

$$\partial_z^2 \psi_j \approx \frac{\psi_{j+1} - 2\psi_j + \psi_{j-1}}{(\Delta z)^2} \tag{8.52}$$

将目标方程离散并以矩阵形式写成

$$\partial_r \begin{bmatrix} \psi_1 \\ \psi_2 \\ \vdots \\ \psi_{M-1} \\ \psi_M \end{bmatrix} = \left\{ \gamma \begin{bmatrix} -2 & 1 & & & \\ 1 & -2 & 1 & & \\ & \ddots & \ddots & \ddots & \\ & & 1 & -2 & 1 \\ & & & 1 & -2 \end{bmatrix} + \right.$$

$$\left. \begin{bmatrix} \beta_1 & & & & \\ & \beta_2 & & & \\ & & \ddots & & \\ & & & \beta_{M-1} & \\ & & & & \beta_M \end{bmatrix} \right\} \begin{bmatrix} \psi_1 \\ \psi_2 \\ \vdots \\ \psi_{M-1} \\ \psi_M \end{bmatrix} + \gamma \begin{bmatrix} \psi_0 \\ 0 \\ \vdots \\ 0 \\ \psi_{M+1} \end{bmatrix} \tag{8.53}$$

式(8.53)的矩阵中仅列出了非零项,式中,

$$\gamma = \frac{\alpha}{(\Delta z)^2}, \ \beta_j = \beta(z_j) \tag{8.54}$$

上述矩阵中包含了 M 个方程组和 $M = j$ 个待求未知量,以及两个已知量 ψ_0 和 ψ_{M+1},分别对应着地面位置 $z_0 = 0$ 的边界条件和远场位置 $z_{M+1} = (M+1) \Delta z$ 的边界条件。如图 8.13 所示,下边界的设定与地面声阻抗系数相关,而上边界的设定应满足声线的单向传播,该区域形成声波的吸收和无反射效果。计算域通常划分为均匀网格,水平方向的计算域长度取决于接收者的位置,而高度方向的计算域大小需要进行优化选取,如图 8.13 所示,计算域的大小需结合风力机声源的高度以及所求频率的大小选择,通常应满足 1 000Δz 的高度,而计算的频率越高则 Δz 应相应减小。

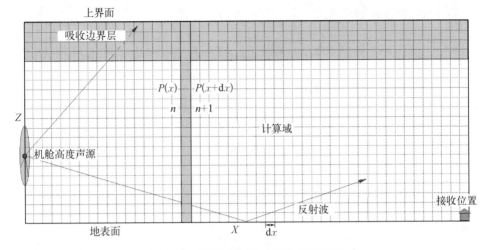

图 8.13 PE 计算域及上下边界示意图

在地面位置:

$$\psi_0 = \sigma_1 \psi_1 + \sigma_2 \psi_2 \tag{8.55}$$

在远场位置:

$$\psi_{M+1} = \tau_1 \psi_M + \tau_2 \psi_{M+1} \tag{8.56}$$

式中,系数 σ_1、σ_2、τ_1、τ_2 为待定系数。

待求方程可进一步简化为矢量形式:

$$\partial_r \boldsymbol{\psi} = (\gamma \boldsymbol{T} + \boldsymbol{D}) \, \boldsymbol{\psi} \tag{8.57}$$

式中,$\boldsymbol{T}$ 为三对角矩阵,$\boldsymbol{D}$ 为对角矩阵,矩阵形式如下:

$$\boldsymbol{T} = \begin{bmatrix} -2 + \sigma_1 & 1 + \sigma_2 & & & \\ 1 & -2 & 1 & & \\ & \ddots & \ddots & \ddots & \\ & & 1 & -2 & 1 \\ & & & 1 + \tau_2 & -2 + \tau_1 \end{bmatrix} \tag{8.58}$$

$$\boldsymbol{D} = \begin{bmatrix} \beta_1 & & & & \\ & \beta_2 & & & \\ & & \ddots & & \\ & & & \beta_{M-1} & \\ & & & & \beta_M \end{bmatrix} \tag{8.59}$$

将矢量方程的两边积分,消去一阶导数 ∂_r 得

$$\boldsymbol{\psi}(r + \Delta r) - \boldsymbol{\psi}(r) = (\gamma\boldsymbol{T} + \boldsymbol{D})\int_r^{r+\Delta r}\boldsymbol{\psi}\mathrm{d}r \qquad (8.60)$$

这里将方程的左侧做了一阶有限差分,方程右侧对 $\boldsymbol{\psi}$ 进行积分,积分域为 $r \to r + \Delta r$,因此可以看出,在不考虑地形及流场的情况下,该方程在求解的过程中与变量 z 无关,求解的核心方法是将已知的 $\boldsymbol{\psi}_j$ 推进至 $\boldsymbol{\psi}_{j+1}$,当 $j = 1$ 时对应着初始条件,比如风力机的气动噪声源。方程右侧的积分可以近似写为平均值的形式:

$$\int_r^{r+\Delta r}\boldsymbol{\psi}\mathrm{d}r = \frac{1}{2}[\boldsymbol{\psi}(r) + \boldsymbol{\psi}(r + \Delta r)]\Delta r \qquad (8.61)$$

上述写法称为 Crank-Nicholson 近似方法,整理可得

$$\boldsymbol{M}_2\boldsymbol{\psi}(r + \Delta r) = \boldsymbol{M}_1\boldsymbol{\psi}(r) \qquad (8.62)$$

式中,三对角矩阵 $\boldsymbol{M}_1$ 和 $\boldsymbol{M}_2$ 分别表示为

$$\boldsymbol{M}_1 = 1 + \frac{1}{2}\Delta r(\gamma\boldsymbol{T} + \boldsymbol{D})$$

$$\boldsymbol{M}_2 = 1 - \frac{1}{2}\Delta r(\gamma\boldsymbol{T} + \boldsymbol{D}) \qquad (8.63)$$

由此,建立在已知 $\boldsymbol{M}_1$ 和 $\boldsymbol{M}_2$ 的前提下,$\boldsymbol{\psi}(r + \Delta r)$ 的值即可由已知 $\boldsymbol{\psi}(r)$ 值求解。由于方程左右两侧矩阵均为三对角矩阵形式,其求解过程可以采用经典的 Thomas 算法,即 TDMA 方法(Tri-Diagonal Matrix Algorithm)。

宽频抛物方程的求解可以基于上述方法继续推导,方程的最终形式不变,而矩阵 $\boldsymbol{M}_1$ 和 $\boldsymbol{M}_2$ 改写为

$$\boldsymbol{M}_1 = 1 + \frac{1}{2}\Delta r(\gamma\boldsymbol{T} + \boldsymbol{D}) + \frac{\gamma\boldsymbol{T} + \boldsymbol{D}}{2\mathrm{i}k_a}$$

$$\boldsymbol{M}_2 = 1 - \frac{1}{2}\Delta r(\gamma\boldsymbol{T} + \boldsymbol{D}) + \frac{\gamma\boldsymbol{T} + \boldsymbol{D}}{2\mathrm{i}k_a} \qquad (8.64)$$

8.3.6 广义地形下的方程变换

在复杂地形条件下,抛物方程需要在地形跟随坐标系中求解。图 8.14 所示为 $(x, z) \to (\xi, \eta)$ 的转换关系。黑色粗实线为地面的实际形态,地形跟随坐标系即建立在实际地面。

$$\begin{aligned}\xi &= x \\ \eta &= z - H(x)\end{aligned} \qquad (8.65)$$

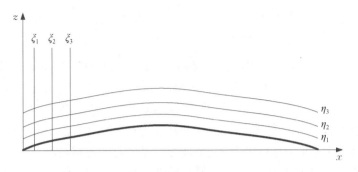

图 8.14　笛卡儿坐标与地形跟随坐标的转换示意图

进一步将 PE 方程中的相关导数项表示为

$$H'(\xi) = \frac{\mathrm{d}H}{\mathrm{d}\xi} = \frac{\mathrm{d}H}{\mathrm{d}x} \tag{8.66}$$

$$\frac{\partial^2}{\partial z^2} = \frac{\partial^2}{\partial \eta^2} \tag{8.67}$$

$$\frac{\partial}{\partial x} = \frac{\partial}{\partial \xi} - H' \frac{\partial}{\partial \eta} \tag{8.68}$$

$$\frac{\partial^2}{\partial x^2} = \frac{\partial^2}{\partial \xi^2} - 2H' \frac{\partial^2}{\partial \xi \partial \eta} - H'' \frac{\partial}{\partial \eta} + (H')^2 \frac{\partial^2}{\partial \eta^2} \tag{8.69}$$

代入初始方程可得

$$\frac{\partial^2 \psi}{\partial x^2} + \frac{\partial^2 \psi}{\partial z^2} + k^2 \psi = 0 \tag{8.70}$$

可得复杂地形的方程形式为

$$\frac{\partial^2 \psi}{\partial \xi^2} - 2H' \frac{\partial^2 \psi}{\partial \xi \partial \eta} - H'' \frac{\partial \psi}{\partial \eta} + [(H')^2 + 1] \frac{\partial^2 \psi}{\partial \eta^2} + k^2 \psi = 0 \tag{8.71}$$

8.3.7　流场因素

本章开始部分介绍了大气环境对于远距离声传播的影响效果并阐述了大气中的声折射和等效声速的概念。复杂风工况下,尤其是复杂地形风电场中,完整地考虑风力机的声传播计算需要将基础抛物方程计入流场的影响。该建模基于矢量抛物线方程(Vecter Parabolic Equation, VPE)方法,适用于对风力机气动噪声在非均匀分层大气中的传播开展精细化研究。

$$\left[\Delta + \underbrace{k^2(1+\epsilon)}_{(1)} - \underbrace{\left(\nabla \ln \frac{\rho}{\rho_0}\right) \cdot \nabla}_{(2)} + \underbrace{\frac{2ik}{c_0} v \cdot \nabla}_{(3)} - \underbrace{\frac{2i \partial v_i}{\omega \partial x_j} \frac{\partial^2}{\partial x_i \partial x_j}}_{(4)} \right] P'(r) = 0 \quad (8.72)$$

VPE 方程中第 1 项表达的是不同频率(k)的声波由于声速分布不均匀产生的折射效应：$\varepsilon = (c_0/c)^2 - 1$；第 2 项表达的是密度梯度作用产生的折射效应；第 3、4 项引入了速度与速度梯度,计入了声波在复杂流动中的散射效应。$P'(r)$ 是待求解的声压随距离和方向的变化率。方程中与流场速度相关的量需一般需要从三维 CFD 风场计算中获取,代入方程中的流场可以是瞬态的冻结流场,也可以采用时序上的流场解,后者能够反映空间上的噪声传播在时间维度上的变化,同时计算量与时间长度成正比。

下篇

实践应用

第九章
基本算例

9.1 引　言

　　本章从简单的一维波动方程的求解延伸到圆柱绕流的经典算例。基于相对简单的控制方程和物体几何形状,深入了解高阶和低阶差分格式、显示和隐式差分格式的特点,以及声源的产生及传播过程中涉及的物面反射、衍射和远场无反射传播的计算要点,算例由简入繁,展示在计算中需要重点关注的波形低色散要素。

9.2　一维波动方程

　　本节采用不同的差分格式对一维波动方程进行离散化并与解析结果进行对比从而论证高阶差分格式的优越性。选取某一维声波向 x 轴正向传播,满足以下控制方程:

$$\frac{\partial u}{\partial t} + \frac{\partial u}{\partial x} = 0 \tag{9.1}$$

该方程的初始条件设为

$$u = \exp\left[-\ln(2)(x - x_0)^2/b^2 \right] \tag{9.2}$$

上述方程描述了在 $t=0$ 时刻,该波的初始形态为该高斯函数所定义的形式。在不同的时刻将分析对比该初始波的波形并分析波形的失真情况。式中的参数 b 用于改变波长,当 b 的取值越大,波长越大,从数值计算的角度看,波长越大计算所需的网格数量越少。分别选取 $b=3$ 和 $b=1.5$ 表示长短两类波。初始波的位置选取在 $x_0 = 50$ 位置,网格选择为 $\Delta x = 1$,满足 CFL $= 0.1$,时间差分采用 4 阶 Runge-Kutta,空间差分则采用了 6 阶 CDS(中心有限差分格式)、4 阶 DRP(优化的 CDS)、6 阶 Compact(紧致差分格式)、4 阶 OptCompact(优化的 Compact)。

　　如图 9.1 所示,采用 CDS/DRP 差分格式求得波形在不同时刻的传播位置变化和波形的变化。结果明显看到,经过一定的传播时间之后,采用相同计算设置的情况下,波长较大的波形结果与初始波形匹配较好。以 $b=1.5$ 为例,进一步对比不同差分格式带来的波形变化,在 $t=20$ 时 DRP 结果略好于 CDS,随着传播时间的增加,波形的色散现象逐渐明显,DRP 格式的优势更加凸显。进一步观察高阶紧致差分格式带来的计算精度影响,观察图 9.2,发现 Compact/ OptCompact 格式总体而言优于 CDS/DRP,以 $b=1.5$ 为例,其幅值和波形都与初始波吻合较好,满足低耗散的同时体现了低色散的重要特征。

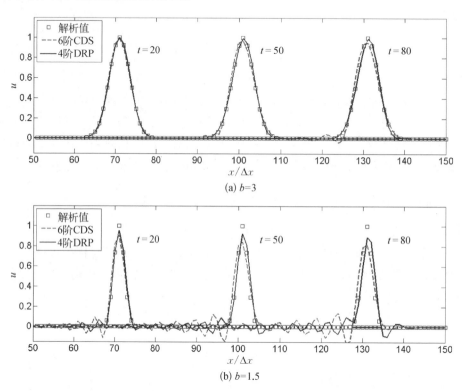

图 9.1　CDS/DRP 计算结果:对应 $t=20$、50、80 时的波形变化

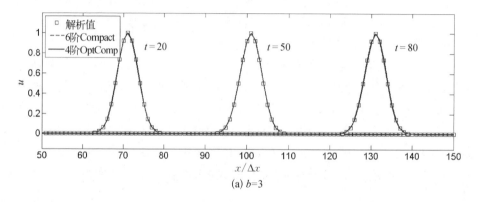

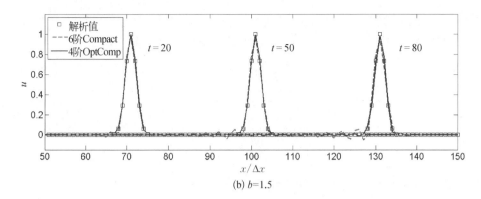

(b) $b=1.5$

图 9.2　Compact/ OptCompact 计算结果：对应 $t=20$、50、80 时的波形变化

9.3　二维声传播计算

本节仍然介绍相对简化的声传播算例,因为初始时刻的声源是给定的。该算例基于二维线性欧拉方程:

$$\frac{\partial}{\partial t}\begin{pmatrix} v_r \\ v_\theta \\ p \end{pmatrix} + \frac{\partial}{\partial r}\begin{pmatrix} p \\ 0 \\ v_r \end{pmatrix} + \frac{1}{r}\frac{\partial}{\partial \theta}\begin{pmatrix} 0 \\ p \\ v_\theta \end{pmatrix} + \frac{1}{r}\begin{pmatrix} 0 \\ 0 \\ v_r \end{pmatrix} = 0 \qquad (9.3)$$

这个算例属于气动声学的一个基准算例[146],来源于一类航空噪声的实际问题并将问题加以简化。飞机螺旋桨产生的噪声近场传播经过机身发生反射和衍射等现象,可以简化为已知某声源绕过二维圆柱的声学传播问题。因此假设机身为圆柱形,螺旋桨的噪声为线源。

在 $t=0$ 时刻,声源以脉冲波的形式给出:

$$p(x,y) = \exp\left[-\ln(2)\frac{(x-4)^2 + y^2}{0.2^2}\right] \qquad (9.4)$$

要求通过求解上述欧拉方程得出在给定 A、B、C 三个监测点的声压脉动规律,A($r=5$, $\theta=90°$)、B($r=5$, $\theta=135°$) 和 C($r=5$, $\theta=180°$)。其中,r 为测点半径位置(并非圆柱半径),θ 为方位角。圆柱位于计算域中心,其半径为 $r=0.5$。计算域包含的网格区间为 $0.5 < r < 10.5$,由极坐标中结构化网格构成,径向和轴向方向的网格数量分别为 201 和 301。计算包含两个边界问题,在圆柱物面设定速度无滑移边界条件,此外,壁面处的速度梯度, $\partial v_r/\partial r$ 保持高阶差分格式,采用非对称差分格式(见附录 B4)。该算例具有对称特征,因此可选用全域(圆形)半域(半圆形)的

计算方式,结果将是一致的,采用半域有助于减少计算量,但是需要注意额外设置一个对称边界条件,在 $\theta = 0°$ 和 $\theta = 180°$ 的连线上设置如下条件:

$$\frac{\partial v_r}{\partial \theta} = 0$$

$$v_\theta = 0 \tag{9.5}$$

$$\frac{\partial p}{\partial \theta} = 0$$

进行高阶差分时,对称面的虚拟镜面满足以下规则:

$$\begin{pmatrix} v_r \\ v_\theta \\ p \end{pmatrix}_{-j} = \begin{pmatrix} v_r \\ -v_\theta \\ p \end{pmatrix}_{+j} \tag{9.6}$$

在 $r = 10.5$ 的出口边界,需要满足无反射边界条件,将笛卡儿坐标下的远场边界方程改写成极坐标形式如下:

$$\frac{\partial}{\partial t} \begin{pmatrix} v_r \\ v_\theta \\ p \end{pmatrix} + \frac{\partial}{\partial r} \begin{pmatrix} v_r \\ v_\theta \\ p \end{pmatrix} + \frac{1}{2r} \begin{pmatrix} v_r \\ v_\theta \\ p \end{pmatrix} = 0 \tag{9.7}$$

各个时刻脉冲压力波的瞬时传播如图 9.3 所示,图中心的空心部分为圆柱物面,经过 $t = 2$ 的时间可见压力波向四周均匀传播,直至 $t = 3$ 时刻,波峰与圆柱相遇,一部分波发生反射,大部分波产生衍射并绕开圆柱继续传播,如 $t = 4$ 时刻所示。在 $t = 6$ 时刻可以观察到另一个较小的衍射波穿越圆柱,同时右侧的主波峰抵近计算域的外边界。在 $t = 8$ 和 $t = 10$ 时刻,初始波经过充分传播形成了三道波峰各自传播,右侧传播的部分主波已经无反射地穿越了外边界。

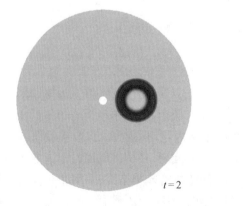

$t = 2$

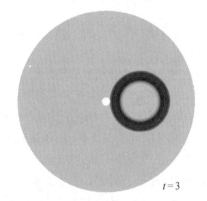

$t = 3$

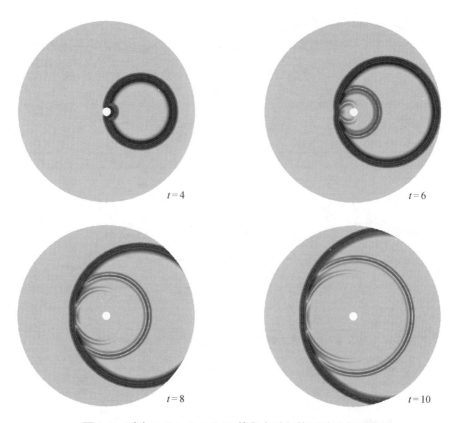

$t=4$　　　$t=6$

$t=8$　　　$t=10$

图 9.3　对应 $t=2$、3、4、6、8、10 等各个时刻的瞬时压力云图

为了进一步验证数值求解的精度,在 A、B、C 三个测点位置分别记录时序压力脉动,基于同样的网格分别采用 CDS6、DRP4 和 OptCompact6 这三种高阶差分格式进行重复计算。图 9.4 中对比发现,在三个位置处的压力与真解几乎保持一致。在主波峰位置进行放大观察,发现 OptCompact6 的计算结果精度最高,CDS6 的结果差别最大。

基于这一算例,图 9.5 中综合整理了采用 9 种差分格式,以及 2 种不同网格下的计算误差。网格 1 对应 201×301 网格量,网格 2 对应 101×151 网格量。总体而言,网格量越大计算误差越小。而采用相同网格,相似的差分形式,例如,CDS6/DRP4 具有相同的计算时间,则 DRP 差分方法精度明显较高;同样的结论适用于 Compact6/OptCompact4,两者计算量相同,但是 OptCompact4 明显精度更高。纵观 DRP 与 OptCompact 格式,不难发现后者的计算精度更高。然而值得注意的是,隐式计算中包含了矩阵的求解,相同的阶数需要更多的运算时间,而且,隐式计算方法对于边界的处理更加复杂,实际计算中出现发散的可能性较高。

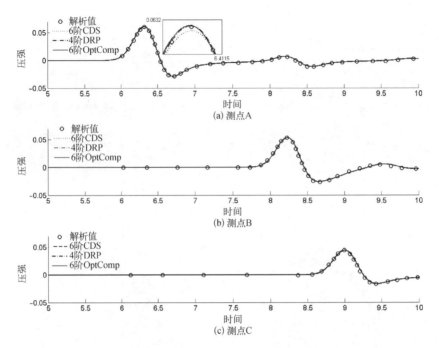

图 9.4　压力脉动时序信号在 A、B、C 三个测点的对比

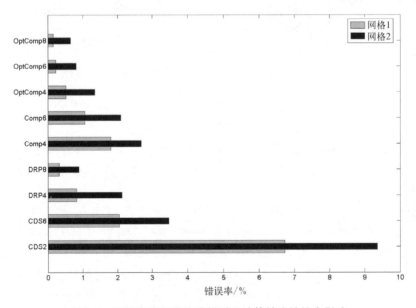

图 9.5　网格密度和差分阶数对于计算精度的综合影响

CDS2（2nd-order central difference）；CDS 6（6th-order central difference）；DRP4（4th-order DRP）；DRP8（8th-order DRP）；Comp4（4th-order compact）；Comp6（6th-order compact）；OptComp4（4th-order optimized compact）；OptComp6（6th-order optimized compact）and OptComp8（8th-order optimized compact）

9.4　双旋涡噪声计算

气动噪声的产生机理中,由涡旋气流产生的声源是十分常见的,比较典型的就是射流、剪切流中的涡旋所诱导的噪声。在这个算例中,模拟了由同向旋转的旋涡产生的声音。同向旋转的旋涡构成了一个简单的流致声源基础原型,因此首先需要获取流场信息。流场通常可以采用 CFD 方法求解 N-S 方程,进而继续获得声场 CAA 解。当前的算例直接给出了流场的解析表达式:

$$U - \mathrm{i}V = \frac{\Gamma}{\mathrm{i}\pi}\frac{z}{z^2 - b^2} \tag{9.8}$$

$$P = P_0 + \rho_0 \frac{\Gamma\omega}{\pi}\mathscr{R}\left(\frac{b^2}{z^2 - b^2}\right) - \frac{1}{2}\rho_0(U^2 + V^2) \tag{9.9}$$

式中的 U、V、P 分别是已知函数,分别代表了横向和纵向的速度以及压强。式中 Γ 表示涡旋的强度,$\omega = \Gamma/(4\pi r_0^2)$ 为涡的旋转角速度,$b = re^{\mathrm{i}\omega t}$,$\mathscr{R}$ 表示取括号中的实数部分,括号中存在一个复数变量:

$$z = x + \mathrm{i}y = re^{\mathrm{i}\theta} \tag{9.10}$$

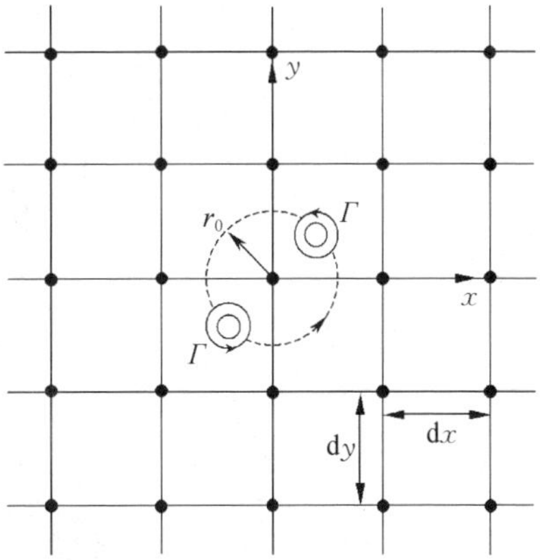

图 9.6　同向旋转涡运动示意图

涡旋的旋转周期为 $T = 8\pi^2 r_0^2/\Gamma$,马赫数为 $M = \Gamma/(4\pi r_0 c_0)$。该算例的双漩涡运动见示意图 9.6。图 9.7 给出了方程(9.8)所对应的 U 方向的速度场。

两个涡旋同向旋转,涡旋强度相同,旋转半径为 r_0,计算域采用均匀笛卡儿坐标,满足 $\Delta x = \Delta y = 4$,计算区间为 100×100。该旋转运动的群速度可以表示为

$$V_\theta = (U + u')\cos(\theta) + (V + v')\sin(\theta) + c_0 \tag{9.11}$$

采用 6 阶 OptCompact 差分方式进行声学方程求解获得声压的分布,如图 9.8 所示,由双向漩涡运动诱导的声压呈螺旋形分布,中心区域声压较高,随径向距离增加声压逐渐衰减。

当前算例的解析求法由 Müller 和 Obermeier 给出[147],可用于对比当前数值模拟的精度。此算例的声压解析表达式为

$$p' = \frac{\rho_0 \Gamma^4}{64\pi^3 r_0^4}\{J_2(kr)\cos[2(\omega t - \theta)] - Y_2(kr)\sin[2(\omega t - \theta)]\} \tag{9.12}$$

式中,k 为波数;J_2、Y_2 分别为第一类和第二类二阶贝塞尔函数。设定 $\Gamma = 2\pi/10$、

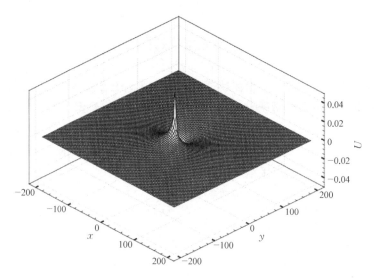

图 9.7   解析速度场 U

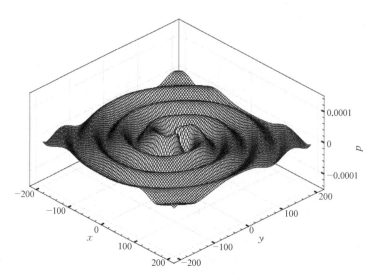

图 9.8   双漩涡诱导的声压三维空间分布

$r_0 = 1$、$c_0 = 1$,数值模拟的结果和解析值所产生的声压云图同时展示在图 9.9 中。以中间横贯的直线为界限,通过直观对比上半部分和下半部分结果,不难看出两种结果无论在相位或幅值上都高度相似。

进一步细化对比数值计算精度,沿计算域斜对角方向取声压值进行验证,如图 9.10 中所示,声压吻合度总体良好。由于在 $x \to 0$ 位置处于涡核区域,旋转半径趋于无穷小($1/r \to \infty$),解析值处于无穷大的奇点位置,导致中心位置不可避免存在一定误差。

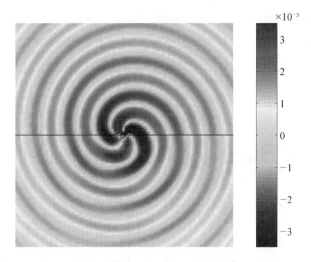

图 9.9　声压分布与解析值的对比：解析值(上半图)，
当前数值解(下半图)

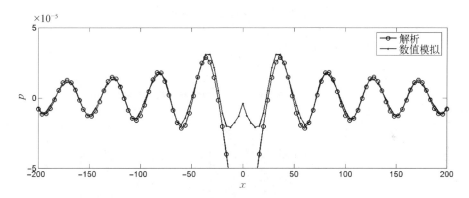

图 9.10　沿计算域对角方向的声压值对比

9.5　圆柱绕流噪声计算

圆柱绕流是流动和噪声研究的经典问题之一,本节在前面算例的基础上,通过二维圆柱绕流算例,同步求解流场和声场,总结流动与噪声特性以及内在关联。早在 1878 年,Strouhal[148]在他的实验中发现,在纷杂的物理现象背后,圆柱绕流运动存在一个与涡街频率 f、圆柱尺寸 D 和来流速度 U_∞ 密切相关的量, $St = fD/U_\infty$,称为斯特劳哈尔数。本节通过数值模拟计算,探讨低雷诺数下圆柱的升阻力变化与脉动声压的内在关联性。设定雷诺数 $Re = 200$,马赫数 $M = 0.2$,采用 O 型网格构造,圆柱周向和径向分别布置 256 和 128 个点。时间和空间差分分别采用 4 阶

Runge-Kutta 和 6 阶 DRP 格式。流场计算部分结果如图 9.11 所示,压力云图和卡门涡街都清晰可见。

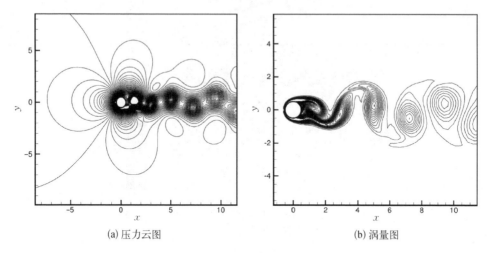

(a) 压力云图   (b) 涡量图

图 9.11   流场计算部分结果

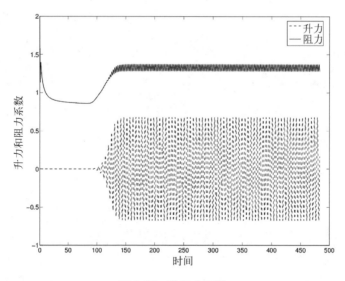

图 9.12   升阻力系数

圆柱的升力和阻力系数如图 9.12 所示,流场经过 $t=100$ 时长后进入周期性受力变化状态。对于圆柱这类对称物体,也可在初始时刻对整个流场施加微弱的流动干扰,此举可以大幅缩短流场进入完全发展状态所需的时间周期。通过分析得到对应的斯特劳哈尔数为 0.193 6。对比 Fey 等[149] 给出的经验公式给出的值为 0.195,两者比较接近。

$$St = 0.268\,4 - 1.035\,6/\sqrt{Re} \tag{9.13}$$

图 9.13(a)为圆柱绕流的瞬时声压云图,入流沿 x 轴正方向,而声传播主要沿 y 轴方向。声源由圆柱的上下表面从压力面和吸力面交替产生,沿着 $r = 15$ 位置截取圆周位置处的时均声压,可得声指向图。如图 9.13(b)所示,声压的强度变化呈现明显的偶极子特性(∞ 形特征),其指向性为上下对称,但是由于来流速度的影响,其左右方向并不呈现完整的对称特征。

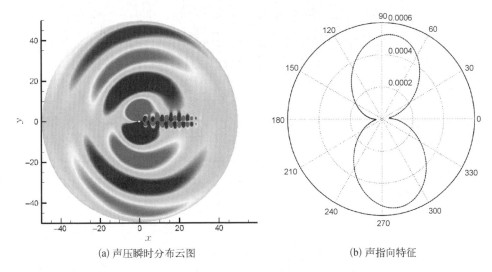

(a) 声压瞬时分布云图　　　　　(b) 声指向特征

图 9.13　声压瞬时分布云图和声指向特征

　　在 CAA 计算过程中可同步采集计算域内任意位置的声压信号 p',从而进一步获取相应的声谱。图 9.14 中,分别采集了两个测点位置的声压,测点 1 的声压幅值较高,位于圆柱正上方 10D 位置,即 $y = 10$;测点 2 相对测点 1 顺时针旋转 45°,对应了一个较小的声压幅值。两个测点幅值大小的差异可以从声压云图和声指向图中观察到。在计算时,可以从 $t = 0$ 开始,进行 CFD 和 CAA 的同步计算,为了提高计算效率,通常可以等待 CFD 形成完全发展的流场以后,再开始同步 CAA 计算。因此,图 9.14 所示,经过较短的时间,声压变化进入周期状态。分别通过升阻力和声压信号的 FFT 分析,得出图 9.15 所示的对比关系。观察到在当前的低雷诺数情况下,声压脉动的特征频率与圆柱表面的升阻力特征频率吻合,即声压的脉动规律与涡街保持一致,由此说明该声源的产生来源于力的周期性变化。

　　当前计算采用的时间步长为 $\Delta t = 2 \times 10^{-3}$,进一步细化时间步长并进行精度对比可以发现声压的幅值和相位影响很小,如图 9.16 所示。采用 4 阶 DRP、4 阶 OptCompact,和 6 阶 Compact 差分总体都可以达到较高精度,如图 9.17 所示。

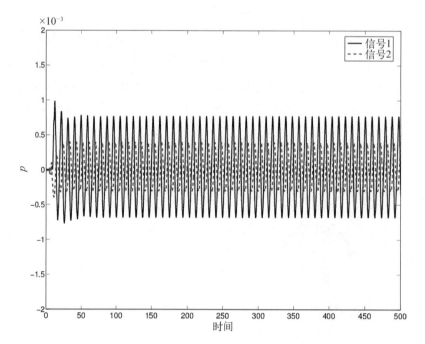

图 9.14　声压时序信号

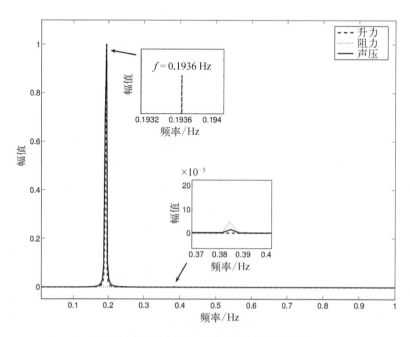

图 9.15　载荷与声压时序信号特征频谱对比

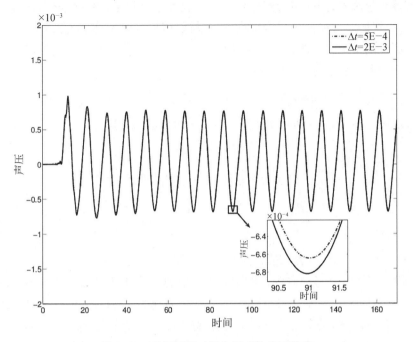

图 9.16　采用不同时间步长对比声压信号

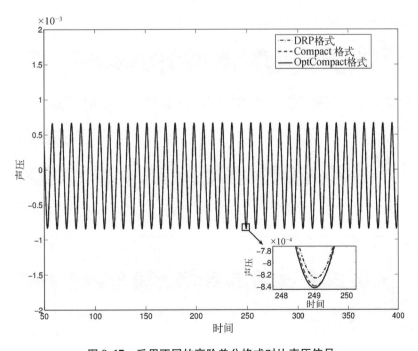

图 9.17　采用不同的高阶差分格式对比声压信号

　　流体经过圆柱,同时引起圆柱振动的情况也十分常见,比如风吹过电线产生气动噪声,电线同时可能产生一定幅度的振动或摆动,此时圆柱的流致噪声现象有别于静止圆柱的情况。该算例进行简化研究,不考虑流固耦合相关的振动问题,假设圆柱的运动呈余弦变化:

$$y_e = A_e \cos(2\pi f_e t) \tag{9.14}$$

振幅选取固定值为 $A_e = D/4$,f_e 为运动频率,对应的振动速度为

$$U_e = \mathrm{d}y_e/\mathrm{d}t \tag{9.15}$$

根据 Price 和 Tan 提出的移动参照系下动量方程的形式为[150]

$$\frac{\partial U_i}{\partial t} + \frac{\partial(U_i \tilde{U}_j)}{\partial x_j} = -\frac{1}{\rho_0}\frac{\partial P}{\partial x_i} + \nu \frac{\partial^2 U_i}{\partial x_i x_j} \tag{9.16}$$

式中,$\tilde{U}_j = U_j - U_e$ 对应着 y 轴方向速度的修正。

　　图 9.18 和 9.19 分别计算得出圆柱的阻力和升力系数变化,case1、case2 和 case3 分别对应了 $f_e = 0.22$、0.23、0.25 三个振动频率。可以看出,虽然选取的振动频率的变化很小,但是带来的升阻力系数周期性变化十分明显。对应的声压脉动信号呈现相对复杂的波动特征,如图 9.20 所示,三种振动频率带来了明显的声压变化,而对比静止圆柱的声压信号,观察到幅值和频率均发生显著差异。

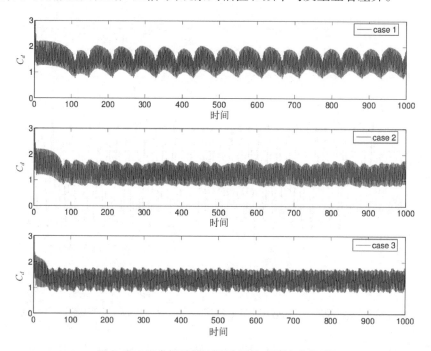

图 9.18　三个振动频率下的阻力系数变化规律

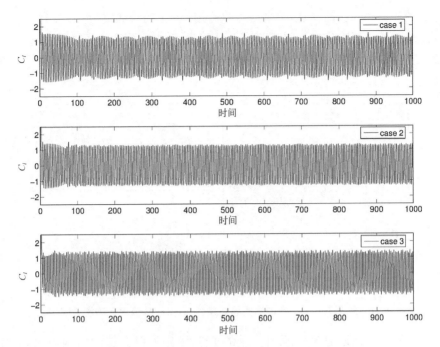

图 9.19　三个振动频率下的升力系数变化规律

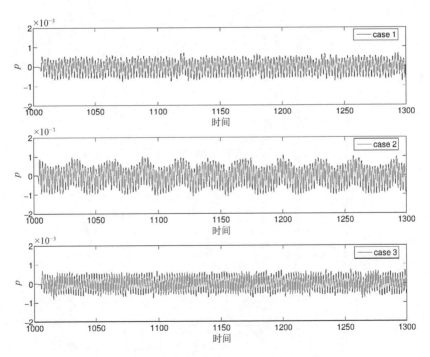

图 9.20　三个振动频率下的声压变化规律

从图9.21中的瞬时声压等高线可以看出,声压的分布受到振动影响显著,声压等高线不再呈现对称的偶极子形态。从涡量图中也可以观察到,脱落涡的分离点发生迁移,并且尾流涡在圆柱附近不再呈现典型的卡门涡街现象,而是出现多组涡核交替出现的尾涡形态。

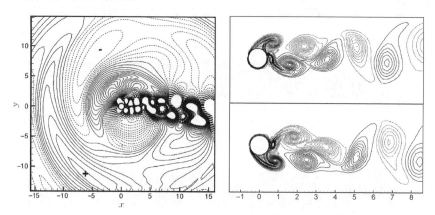

图9.21　对应$f_e = 0.25$的声压等高线(左)和y_e极值对应的涡量图(右)

上述的分析结论通过对压力信号的 FFT 变化可以更加清晰地观察到,如图9.22所示。设定声压的 4 个信号(1#, 2#, 3#, 4#)的采集分别沿周向等间距分布

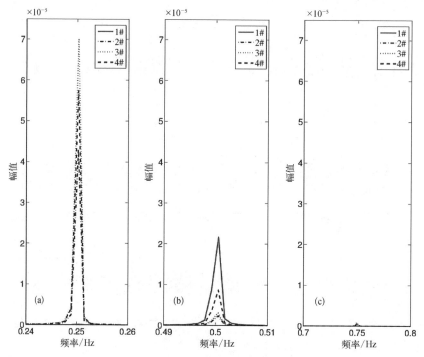

图9.22　对应$f_e = 0.25$的声压谱

（θ = 0，$\pi/2$，π，$3\pi/2$）。其中，迎来流方向的声压对应 1#测点，观察可见一次、二次、三次谐波频率为 0.25、0.5、0.75，且一次谐波对应的幅值很小，二次谐波则为 4 个测点最大的。这个现象说明，在圆柱发生振动时，声源的主频与振动的频率相匹配，且二次谐波对应的声压幅值远高于静止圆柱的情况。

第十章
翼型及风力机气动噪声

10.1 引　言

本章以翼型和风力机为研究对象,通过若干实际算例了解包含 CAA 方法在内的多种计算方法在气动噪声预测、低噪声翼型设计以及风力机叶片设计方面的应用。内容涵盖高精度数值计算仿真实例和快速仿真预测方法,通过风洞试验和外场测试对比,验证各类仿真计算方法的特点。基于现有的仿真方法,对于翼型和风力机降噪设计也提供了部分设计和计算案例分析。

10.2　基于 CAA 方法的翼型气动噪声模拟

10.2.1　翼型低雷诺数气动噪声

首先以 NACA0012 翼型为例,计算 $Re=200$、$M=0.2$ 时的流致噪声。采用 O - 型结构化网格构造,为方便并行计算,计算域分成 9 个区域,每个区域由 64×64 的网格节点组成。翼型绕流的流场稳定以后启动 CAA 仿真,图 10.1 展示了几个不

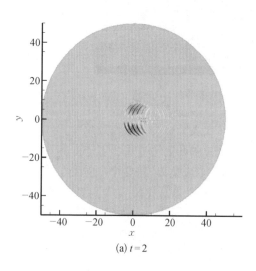
(a) $t=2$

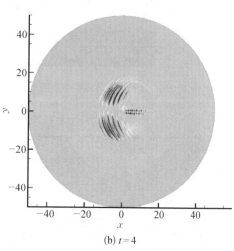
(b) $t=4$

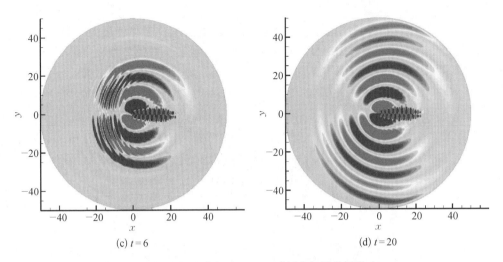

(c) $t=6$ (d) $t=20$

图 10.1 入流攻角 20°,不同时刻声场的发展状态

同时刻下的声压分布云图,由于声传播速度 5 倍于流速,相比于得到流场稳定解需要的时间,声压从初始产生阶段到完全发展的过程经历相对短暂的时长,大约 $t=6$ 时刻,近场声压已经呈现周期性变化。另一方面,同样由于马赫数的原因,CAA 计算的采用的时间步长小于流场计算的时间步长。当流场和声场同时计算时就存在这样的矛盾,流体计算部分采用了过小的时间步长因此增加了迭代次数。

关于时间步长不一致的问题,建议性的解决方案:① CFD 和 CAA 分别采用两套网格,CFD 仿真需要关注壁面边界层网格密度而 CAA 无须特殊关注,则 CAA 网格可以相对均匀地分布在整个计算域中,使物面网格高度达到数倍于 CFD 的网格,因而计算时允许采用更大的时间步长;② 考虑 CFD 时间步长和 CAA 时间步长的倍数关系 n,在求解器中设定每 n 步 CAA 计算后执行一次 CFD 计算,该方案存在一个假设前提,即一个 CFD 时长划分成 $1/n$ 短时长,前提是这个过程中流动的变化是线性的。

在 CAA 计算过程中,布置两个声压测点记录时序声压的脉动变化。图 10.2 中,虚线所示的测点位于翼型尾流方向($r=10$, $\theta=0°$),实线所示的测点位于翼型弦长的垂直方向($r=10$, $\theta=90°$)。通过观察压力幅值的变化,可知声压在较短的时间进入了周期变化。同时,沿流动方向观察的声压远小于其垂直方向,表明翼型声压分布同样存在明显的声指向性。如图 10.3 所示,在 $\alpha=20°$ 入流攻角时,声指向的对称关系也区别于圆柱绕流的算例情况,而其共同的特点仍然是声源的显著偶极子特性。

观察声压脉动信号与升力信号,将两者幅值无量纲化后对照发现,翼型低雷诺数流致噪声的频率与其升力变化频率相同,如图 10.4 所示。

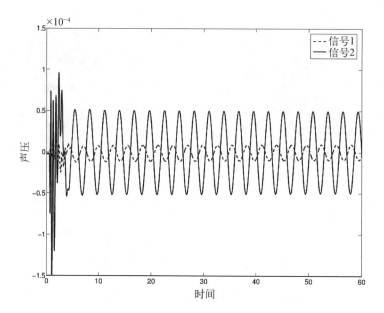

图 10.2   声压脉动时序信号：1#、2#对应测点位置
$r=10$，方位角 0°和 90°

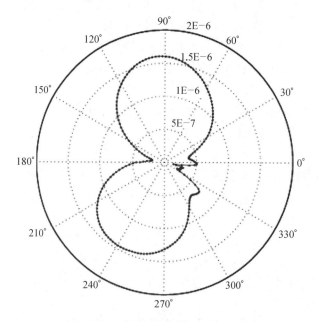

图 10.3   NACA0012 翼型声指向性

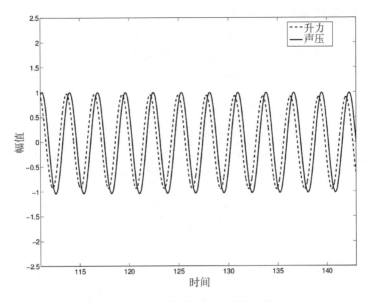

图 10.4　声压与升力时序信号对比

　　沿 x 轴方向,取轴线上的均方根声压,如图 10.5 所示,声压随传播半径增大逐渐衰减,在趋近 $y=0$ 区域由于翼型本体的存在使压力数据呈现阶跃。沿着 4 个波峰点做包络线,如图虚线所示,该曲线满足声压衰减 $r^{-0.5}$ 函数关系,此规律与二维声传播定律一致。

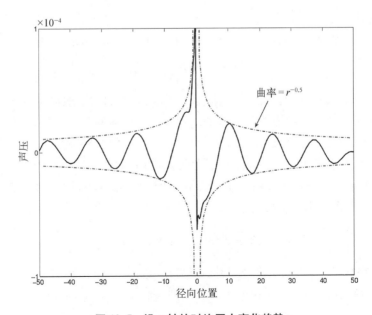

图 10.5　沿 x 轴的时均压力变化趋势

10.2.2　翼型湍流气动噪声

本节继续考虑翼型气动噪声计算,仍采用 NACA0012 翼型,雷诺数 Re 增长至 100 000。计算采用 LES – SGS(Large Eddy Simulation-Sub Grid Scale)亚格子模型,湍流涡黏性采用混合尺度湍流模型计算:

$$\nu_t = C \mid \bar{\omega} \mid^{\alpha} k^{(1-a)/2} \Delta^{(1+a)} \tag{10.1}$$

式中,$C = 0.02$;$\alpha = 0.5$。计算网格仍采用 O 型构造,计算区域分成 96 块,每块由 64×64×64 个网格点组成。图 10.6 中显示了部分流场计算结果,从其中压力等高线的分布可以看出,压力脉动较大的区域位于翼型的吸力面,对应了声源位置。

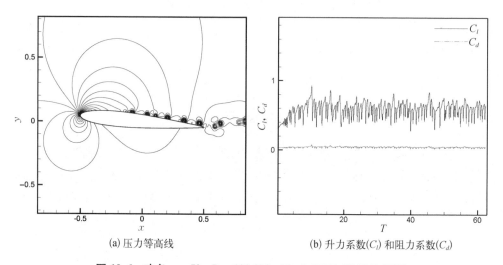

(a) 压力等高线　　　　　　　　(b) 升力系数(C_l)和阻力系数(C_d)

图 10.6　攻角 $\alpha = 5°$,$Re = 100\ 000$,$M = 0.2$,NACA0012 翼型

图 10.7 和图 10.8 分别为完全发展后的翼型声压云图和局部声源发展以及演变的规律。从声源传播的整体特征来看,声压在翼型的上下表面呈现正负交替变化的规律,符合偶极子声源的基本特征。观察翼型表面的声压分布,发现在翼型的吸力面,沿流动分离位置直至翼型的尾缘,声源分布密集且强度高。在最接近尾缘的区域,声压脉动值正负交替,呈现以尾缘点为中心的径向传播规律。

如果流动和噪声计算采用无量纲形式,计算声谱时需考虑将声压脉动信号可转化为量纲形式的 FFT 变换。

$$L_p = 20 \lg(S/N/p_{\text{const}}) \times P_0/ \sqrt{2}/p_{\text{ref}} \tag{10.2}$$

式中,S 是声压信号;N 是傅里叶变化所取的点数;$p_{\text{const}} = \rho/(\gamma M^2)$;$P_0 = 1.01 \times 10^5$ 表示大气压强;$p_{\text{ref}} = 2 \times 10^{-5}$ 为空气中的参照压力。计算所得某测点位置的声谱如图 10.9 所示,虚线则是对应着升阻力的频谱,对比可见,声压幅值较高的位置

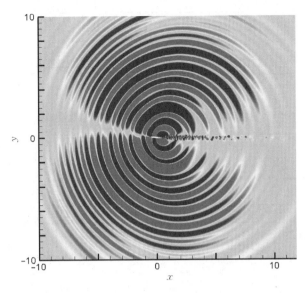

图 10.7　攻角 $\alpha=5°$，$Re=100\,000$，$M=0.2$，NACA0012 翼型声压分布

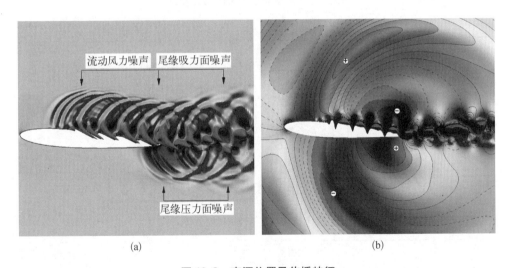

(a)　　　　　　　　　　　　　　(b)

图 10.8　声源位置及传播特征

与气动力脉动频率相吻合,进一步论证和说明了气动声源的产生源于非稳态力。

　　美国兰利研究中心曾经针对 NACA0012 翼型开展了大量的风洞测试,因此可以作为当前数值计算的对比验证。对应实验工况 $U=31.7$ m/s、39.6 m/s、55.5 m/s 和 71.3 m/s 这四组风速,实验采用的模型弦长为 10.16 cm。因此,数值模拟对应了四种雷诺数:$Re=2.15×10^5$、$2.68×10^5$、$3.76×10^5$ 和 $4.83×10^5$,以及两个攻角:$\alpha=6.7°$ 和 $\alpha=12.3°$。图 10.10 和图 10.11 中,可以看到仿真结果和实验吻合度较好,受限于实验条件,缺少低频和高频部分的实测数据。而声谱的峰值频

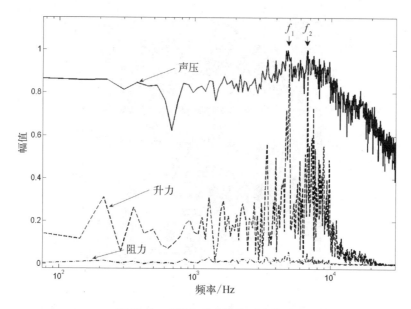

图 10.9   声谱与升力谱的对比关系

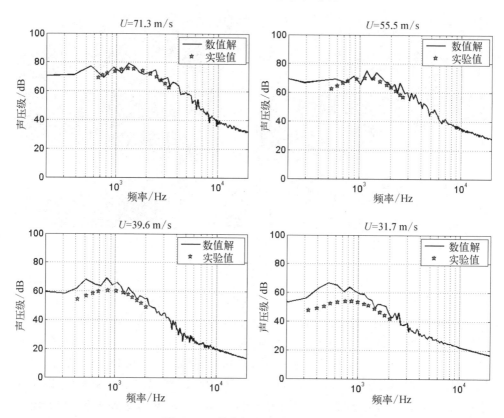

图 10.10   仿真与实验对比 $\alpha=6.7°$

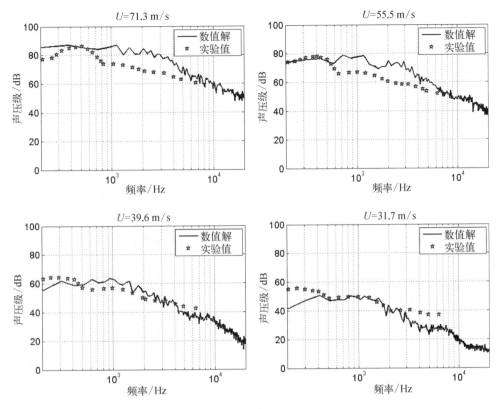

图 10.11　仿真与实验对比 $\alpha = 12.3°$

率段基本覆盖。总体而言,噪声大小随风速上升而增大,随攻角增加而增大,同时攻角的增大使峰值频域段向低频区域移动,随着尾缘分离点的迁移,流致噪声的产生机理由尾缘边界层噪声向分离/失速噪声过渡。

10.2.3　锯齿尾翼噪声数值计算

本节采用声比拟方法求解并分析翼型锯齿尾缘的降噪效果。前文对声比拟方法有过详细的推导过程,该方法的优点是可以在流场计算完成之后,采用后处理的方式积分求得声压谱。求解湍流条件下的 N－S 方程,可以采用 DNS 和 LES 两种方法,DNS 对网格要求非常高,一般只应用于低雷诺数的计算。采用 LES 方法求解 N－S 方程如前

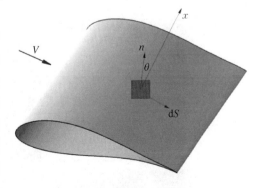

图 10.12　CQU-DTU-LN118 翼型表面积分示意图

所述,涡流黏度 ν_t 的计算采用湍动能 k 和涡量 ω 结合的混合算法。计算区域采用分块并行计算方案,时间和空间差分均为二阶格式。如图 10.12 所示,采用基于 Farassat 的声学方程组,在 LES 计算完成后,将表面速度和压力进行积分从而获得远场噪声。在求解流场的过程中,需要采集一定时长的脉动速度和压力信号。

　　如图 10.13 所示,结构化网格采用 C 型构造,图中所示分别为表面网格和侧视方向网格。在基准翼型的基础上,尾翼处锯齿形状带来一定的网格生成复杂性。贴体网格的第一层高度大小为 10^{-5} 弦长大小,对比在来流方向网格大小与垂直方向之比约为 $\Delta x / \Delta y = 25$。网格共分为 420 个区块,每块包含 64^3 个网格节点。

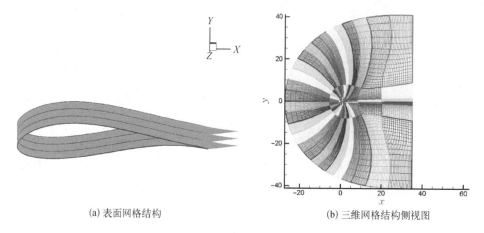

(a) 表面网格结构　　　　　　　　　(b) 三维网格结构侧视图

图 10.13　翼型网格拓扑结构

　　翼型气动噪声测试实验是用于验证锯齿尾翼设计和验证的重要依据,该实验在无回声风洞进行。图 10.14 显示为翼型噪声测试实验段。风洞中间放置的翼型为 CQU-DTU-LN118 翼型,该翼型具有低噪声和高升阻比的特点。翼型的弦长为 0.6 m,翼展 1.8 m。正对翼型吸力面方向设置了包含 100 余个麦克风的阵列,用于

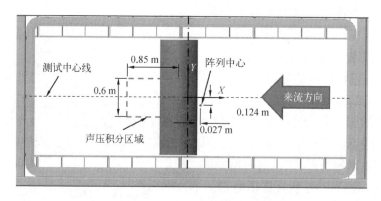

图 10.14　翼型噪声测试实验段

实时采集图示中包含 0.6 m 宽、0.85 m 长的矩形区域,该区域用于麦克风噪声数据收集,风洞边缘两端流场干扰较大区域不纳入测量区间。图 10.15 显示为该翼型后部加装的锯齿。锯齿长度为弦长的 16.7%,长宽比为 2∶1,厚度为 2 mm。来流风速为 45 m/s,实验过程标定声速为 344 m/s。与实验相对应,LES 计算将采用同等雷诺数,更多的计算攻角和锯齿形状将纳入参数化计算与分析。

图 10.15　安装在翼型尾翼处的锯齿

风洞实验在几何攻角为 8°的工况下进行,对应于经过风洞修正的攻角数值为 6.07°。对应这一攻角,流场的二维切面如图 10.16 所示。此图显示风速 45 m/s 时最大弦长处切面,箭头簇所示为速度场流线分布,云图所示为 LES 计算所得水平方向均方根速度。结果显示在此攻角处,流动远离失速与分离区。

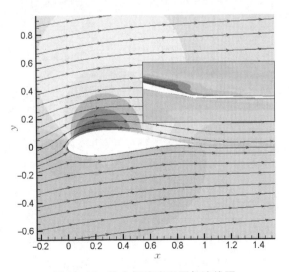

图 10.16　均方根速度云图与流线图

首先从空气动力学角度分析,锯齿形尾翼是否对原始翼型的气动性能带来显著的改变。图 10.17 所示为翼型表面压力分布曲线,图中原始翼型压力的测量结果和计算结果做了比较。在有尾翼锯齿的情况下,几何攻角为 0° 和 8° 时 LES 模拟所得结果和实验值基本保持一致。这一现象表明这种针对降低噪声的设计没有导致气动性能的大幅度改变。

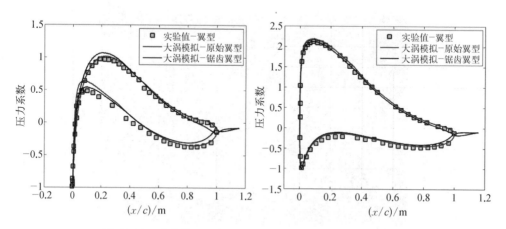

图 10.17　攻角为 0°(左)和 8°(右)时的表面压力分布比较

对于三维 LES 计算而言,计算效率是比较重要的考量因素,尤其是针对需要做大量参数化研究的情况。由于尾翼的锯齿具有对称性,采用单个锯齿结合周期性边界条件可以大量减少网格需求。例如,采用包含 3 个锯齿的网格与包含 1 个锯齿的网格,网格数量为三倍关系。图 10.18(a)显示选取不同翼展大小时计算压力分布所得结果的比较。图中,SpanA 代表采用 3 个锯齿的网格,SpanB 代表采用 1

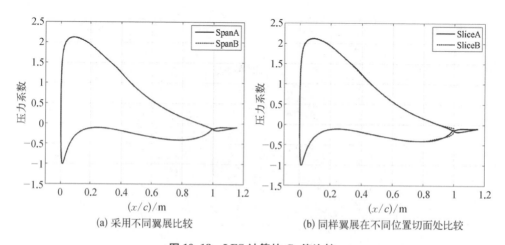

(a) 采用不同翼展比较　　　　　　　(b) 同样翼展在不同位置切面处比较

图 10.18　LES 计算的 C_p 值比较

个锯齿的网格。结果显示它们的压力分布几乎完全相同。这个结果表示,针对当前这类应用计算,采用单一锯齿与周期性边界条件的结合可以满足计算的精度需要。图 10.18(b)显示同一网格下的计算结果,SliceA 表示切面为最大弦长位置,SliceB 为最小弦长位置。两者的压力分布基本一致,区别在于锯齿尾翼的延伸段位置,压力分布略有不同,其原因在于锯齿处的三维绕流。

总体气动性能可以从整个翼展面上的压力分布进行分析,当采用锯齿尾翼时期望气动压力分布仍然保持均匀。图 10.19 展示了气动压力分布云图,可以看出沿翼展方向气压分布基本均匀,没有形成对原有受力展向分布的改变。

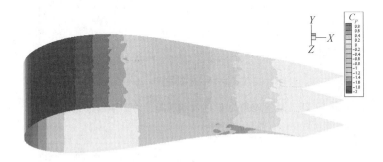

图 10.19 表面压力分布云图

流场的计算结果作为输入量在每一个时间步长代入声比拟气动噪声计算公式中,通过对相关流场参变量以表面积分的形式求得脉动声压。根据分析的需要,脉动声压随时间的变化值记录在计算域某一位置或多个位置。为了比较的需要,在当前的算例中,该位置点的选取等同于实验条件下麦克风矩阵所处的位置。该位置收集的声压数据进一步通过傅里叶变换得到所需的噪声谱。图 10.20 和图 10.21 是两种攻角下计算气动声学的结果和实验的比较。图中还分别显示了原始翼型和锯齿翼型的噪声谱。不论哪一个攻角,实验和计算都显示了锯齿尾翼的降噪功能。所不同的是,在小攻角情况下,噪声的降低集中在 2 000 Hz 的频率以上,而在相对较大攻角情况下,噪声的降低主要集中在 1 000 Hz 的频率以下。结果显示数值计算较好地吻合了实验数据,在小攻角情况下的比较不如大攻角,因为 LES 模型自身的特点是针对大尺度涡,而求解小尺度的涡在很大程度上取决于网格的密度。从整体噪声变化来看,从小攻角到大攻角的变化趋势是频谱由高频转向低频,即气动噪声的声源随攻角的增加趋向于小频率范围,这也是由于湍流涡的尺寸变大带来的效果。

基于前面对流场和声场的实验验证和计算,以下对更多的流动状况和锯齿形态进行更深入的数值化参数化研究。具体涉及的参数变化达到四维,因此涉及的计算量相应比较庞大。可设置的参数分别为 α、β、L/c、λ/L。其中 α 为来流攻角,

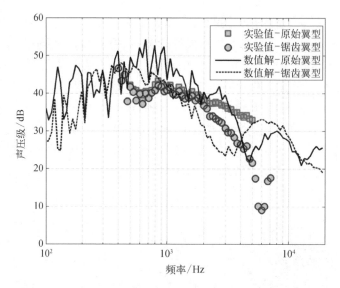

图 10.20　几何攻角为 0°时实验值与计算声学结果的比较

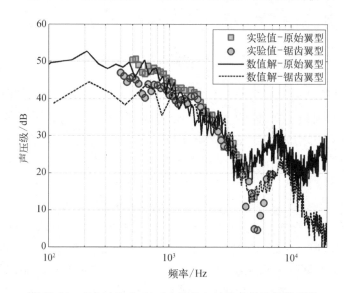

图 10.21　几何攻角为 8°时实验值与计算声学结果的比较

β 为锯齿尾翼的偏转角,L/c 是齿长和弦长之比,λ/L 是齿宽和齿长之比。图 10.22 中每种变量共选取了 3 个数值,这样共需进行 81 次 LES 和 CAA 计算。考虑计算量的问题,当出现 λ/L 的变化时,只取 $L/c=21\%$,$\beta=0°$ 和 $\alpha=0°$、4°、8°。这样加上对原始翼型计算三个攻角 $\alpha=0°$、4°、8°,总共计算量为 39 次。

　　在 LES 的计算中,流场压力,三维速度随时间的变化都记录在图 10.23 所示的 11 个位置。其目的不仅是为了的声学积分计算,也是为了研究锯齿附近流动的变

$\alpha/(°)$	$\beta/(°)$	L/c	λ/L
0	−5	7%	0.25
4	0	14%	0.5
8	5	21%	1

图 10. 22 参数变量

化和边界层随翼展方向的变化趋势。在弦长位置 $x/c=98\%$ 的位置,共有 9 个点分布在翼展的方向。在 $x/c=102\%$ 和 $x/c=106\%$,并沿最大弦长下游位置各分布了一个测点。在每一个点的位置,数据不仅仅存储在物体表面,而是沿表面法向垂直方向延伸到边界层以外区域。每个测点沿法向方向共由 64 个点组成,每个点的流场参量都是时间的函数。

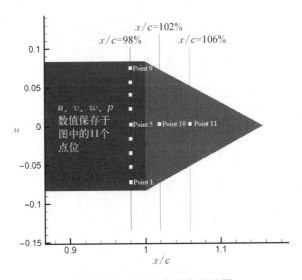

图 10. 23 尾翼处数值存储位置

图 10. 24 是沿某一测点法向方向的速度历史曲线。图中显示的是水平方向速度,对应 64 个点每隔 4 点画出时间变化的曲线。图中显示速度和时间均为无量纲化。在接近边界层处,速度接近于无穷远处来流速度。越接近物体表面处,速度越小。在时间 $T<2$ 之前,流场未充分稳定,因而速度分布处于非稳定阶段。

图 10. 25 是应用于数值计算中的各类锯齿尾翼形状。第一行翼型为锯齿尾翼的偏转角 $\beta=0°$ 和 $L/c=7\%$、14%、21% 的形状。第二行翼型锯齿尾翼的偏转角 $\beta=5°$ 对应 L/c 同上。第三行翼型锯齿尾翼的偏转角 $\beta=-5°$ 对应的 L/c 同上。第四行为齿宽与齿长的三种比例情况。通过计算各类工况,将有助于量化总结气动降噪的特点。

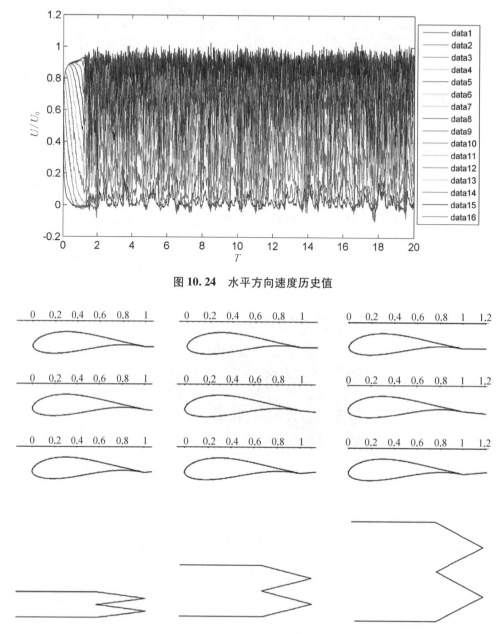

图 10.24   水平方向速度历史值

图 10.25   用于计算的锯齿尾翼各种具体形状角度

首先分析的是原始翼型的边界层分布情况。图 10.26 显示了在 $\alpha = 0°$、$4°$、$8°$ 的情况下,湍流边界层的发展和湍流应力的变化。图中上、中、下各代表了攻角由小至大的增加过程。左图为速度在边界层的分布,右图为湍流应力分布。图中的曲线代表 $x/c = 98\%$ 处沿翼展方向的 9 个测点,每个测点沿边界层厚度 δ 方向各有

64 个点。速度在时间轴上的平均表示为 U_m,观察图形发现边界层普遍随攻角的增加而变大的。观察湍流应力,其最大的特点是随攻角的增加,湍流应力沿边界层方向分布更广。图 10.27 中,三种攻角情况下,原始翼型的气动噪声数值结果显示噪声的大小随攻角的增加而增加。

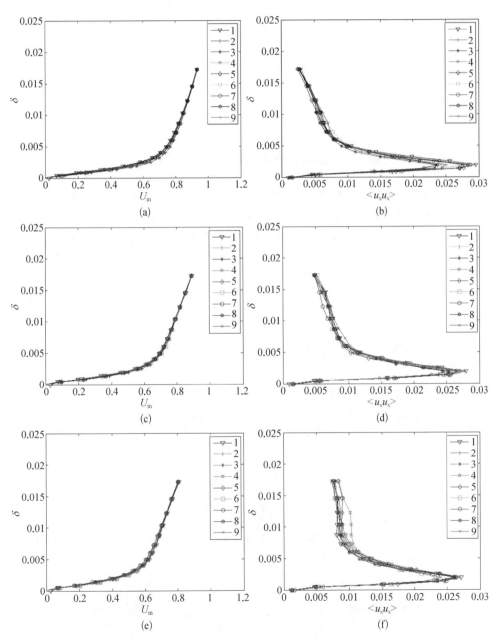

图 10.26　原始翼型的水平速度分量边界层速度和湍流应力(流场条件: $\alpha=0°$、$4°$、$8°$)

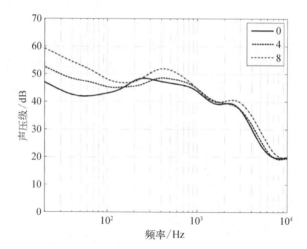

图 10.27   原始翼型的噪声结果(流场条件: $\alpha=0°$、$4°$、$8°$)

由于本书篇幅限制,LES 结果不再逐一展示。以下选取了一些具有代表性的结果进行分析讨论。图例中的描述涉及四个参变量,代表不同的数值组合,例如,图 10.28 中,$\lambda/L0.5-\beta0-L/c14-0/4/8AoA$ 代表计算工况为 $\lambda/L=0.5$,$\beta=0°$,

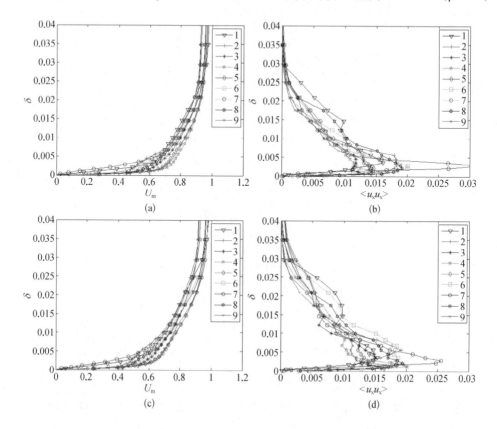

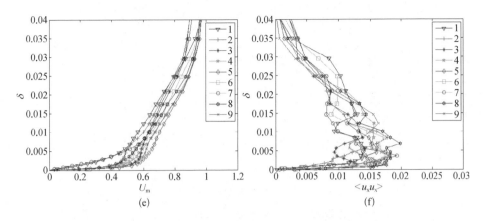

图 10.28 带锯齿尾翼的翼型水平速度分量边界层速度和湍流应力
（流场条件：$\lambda/L0.5-\beta0-L/c14-0/4/8\text{AoA}$）

$L/c=14\%$，$\alpha=0°$、$4°$、$8°$。从图中可以看出，LES 的计算结果显示在翼展方向比原始翼型有了更大的扰动，从三个攻角所得的计算结果来看，总体的结论和原始翼型一样，所不同的是翼展方向各点的差别更大，因而说明在有锯齿尾翼的情形下流动的三维效应更加突出。

图 10.29～图 10.32 的结果为 $\lambda/L=0.5$，$\beta=5°$ 时 $L/c=7\%$、14%、21% 三种情况。在固定 2 个参变量 λ/L 和 β 的前提下，噪声首先随攻角 α 的增大而增大；其次，L/c 的值越大，总体噪声略低，不过相比 $L/c=14\%$，21% 两种情况，噪声的变化不太明显，说明在这一区域增加 L/c 的值产生的变化比较微弱。

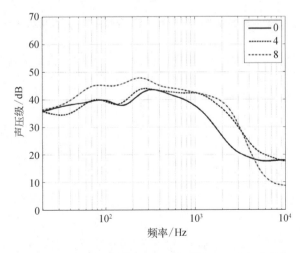

图 10.29 锯齿尾翼的翼型噪声计算结果（参数条件：
$\lambda/L0.5-\beta5-L/c14$）

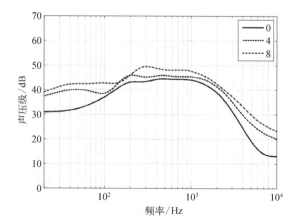

图 10.30   锯齿尾翼的翼型噪声计算结果(参数条件: $\lambda/L0.5-\beta5-L/c7$)

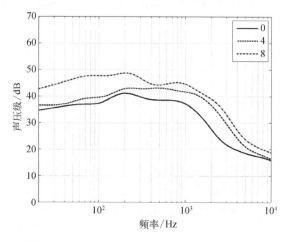

图 10.31   锯齿尾翼的翼型噪声计算结果(参数条件: $\lambda/L0.5-\beta5-L/c14$)

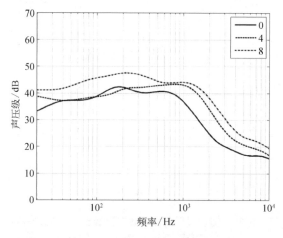

图 10.32   锯齿尾翼的翼型噪声计算结果(参数条件: $\lambda/L0.5-\beta5-L/c21$)

如果将带尾翼锯齿的噪声计算值和原始翼型相减,可以量化不同工况下噪声降低的相对数值。图 10.33 中显示了固定 $\beta = 0°$ 和 $L/c = 14\%$ 时 $\alpha = 0°$、$4°$、$8°$ 的三种结果。如图所示,三种攻角下噪声降低值均比较明显(负数代表噪声降低)。在极少数情况下,噪声在某一频率区域有所上升,这代表着锯齿降噪的功能不一定会适用于全部频率范围,还取决于具体的流动条件,几何形状等等。

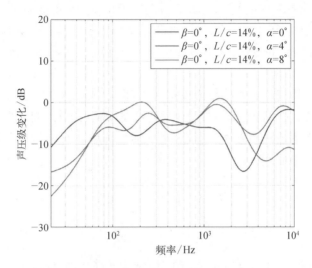

图 10.33　锯齿翼型气动噪声的降幅

10.2.4　多孔介质降噪设计锯齿尾翼噪声数值计算

多孔介质在流体流动及气动降噪方面的研究最早源于猫头鹰静音飞行的启发。人们发现多孔介质材料本身作为吸声材料的同时,还能通过改变流场流动情况来实现噪声降低,并对其展开了一系列研究。研究者们通过观察和分析流场流动变化来深入分析噪声减弱的机理,发现多孔介质可减少翼型表面压力脉动及声源强度。对包裹多孔介质的非流线体以及具有多孔介质铺层钝后缘的平板进行流动与噪声分析,发现降噪的主要机理在于尾缘湍动能被减弱,涡的非定常运动被抑制且表面压力波动显著减少,流动也具有更加稳定的边界层。而随着风力机噪声问题愈受关注,在风力机叶片上使用多孔介质材料也成为一个研究热点。针对较为突出的风力机翼型尾缘噪声问题,国内外学者开始尝试在翼型尾缘使用多孔介质来实现噪声降低。

尽管目前国内外对多孔翼型的研究已有一定基础,但其中大部分都将研究重点落在提高降噪的效果,对多孔介质加入叶片后对其气动影响的研究相对较少,然而气动性能的优劣对于风力机运行的经济性、可靠性至关重要,因此多孔材料加入后对翼型气动性能的影响研究应该同步进行。考虑到多孔介质的加入虽对风力机降噪的有利效果,但同时可能会在一定程度上牺牲翼型的气动性能。风力机采用多孔介质材料进行降噪需要首先选定多孔材料的使用位置,其次是选取合适的材料,最后对降噪和气动性能进行分析。本节主要在目前多孔介质应用于翼型的研究基础上,进一步研究不同多孔介质尾缘填充方式对翼型流场流动及其气动性能的影响。鉴于较高雷诺数下,压力梯度需同时用于克服黏性阻力和惯性阻力,因此对于多孔介质域内的复杂流动控制选用 Darcy-Forchheimer 模型。最终通过仿真计算比较分析不同攻角下,几种多孔翼型相较于实体翼型升阻力系数、升阻比、压力系数等参数的变化,从而讨论尾缘不同多孔介质布置的翼型气动性能的优劣。

传统多孔介质流动方程的数值模拟一般都是基于对研究对象的流动分析,选择合适的动量方程并结合连续方程、合适的能量及状态方程,利用数值分析进行求解。而对于不考虑传热的流动,一般不考虑能量方程。对于多孔介质宏观流动的连续方程写成如下形式:

$$\frac{\partial(\rho\varphi)}{\partial t} + \nabla\cdot(\rho V) = 0$$
$$V = \varphi v \tag{10.3}$$

式中,ρ 为流体密度;V 为 Darcy 速度矢量;v 为本征平均速度;φ 为多孔介质的孔隙率参数。目前,多孔介质渗透率的研究方法本质都是基于 Darcy 定律发展而来,传统的 Darcy 定律如下:

$$V = -\frac{K}{\mu}\frac{\partial p}{\partial x} \tag{10.4}$$

式中,μ 为流体动力黏性系数;K 为多孔介质渗透率;p 是壁面压强。

然而 Darcy 定律只适用于较低流速流体做定常流动情况,即一般适用于层流流动。随着流速不断增加,流体流动发展为湍流流动时,Darcy 定律不再适用。为能较好地描述此时多孔介质内流体流动情况,需要对原始模型进行修正。考虑到较高雷诺数下,流动中惯性力不断增强,压力梯度除了用于克服黏性阻力外,还需用于克服惯性力,而惯性力与速度的平方成正比,因此选用的改进的动量方程如下:

$$\frac{\rho}{\varphi^2}\left(\frac{\partial u}{\partial t} + u\frac{\partial u}{\partial x} + v\frac{\partial u}{\partial y}\right)$$
$$= -\frac{\partial p}{\partial x} + \frac{\mu}{\varphi}\left(\frac{\partial^2 u}{\partial x^2} + \frac{\partial^2 u}{\partial y^2}\right) - \left(\frac{\mu}{K}u + \frac{\rho C_F}{\sqrt{K}}\sqrt{u^2 + v^2}\,u\right) \tag{10.5}$$

$$\frac{\rho}{\varphi^2}\left(\frac{\partial v}{\partial t} + u\frac{\partial v}{\partial x} + v\frac{\partial v}{\partial y}\right) \tag{10.6}$$

$$= -\frac{\partial p}{\partial y} + \frac{\mu}{\varphi}\left(\frac{\partial^2 v}{\partial x^2} + \frac{\partial^2 v}{\partial y^2}\right) - \left(\frac{\mu}{K}v + \frac{\rho C_F}{\sqrt{K}}\sqrt{u^2 + v^2}\,v\right) - \rho g$$

式中,t 为时间;g 为重力加速度;C_F 为 Forchheimer 系数。其中增加动量源项 $-\dfrac{\mu}{K}u_i$

为黏性项,$-\dfrac{\rho C_F}{\sqrt{K}}\sqrt{u^2 + v^2}\,u_i$ 为惯性项。由于渗透率 K 的大小是由材料的孔隙结构

参数共同作用的,不跟随某一结构参数做简单线性变化,因此可以采用经验公式计

算得

$$K = \frac{\varphi^3 d_p^2}{150(1-\varphi)^2} \tag{10.7}$$

$$C_F = \frac{1.75}{\sqrt{150}\,\varphi^{3/2}} \tag{10.8}$$

式中,d_p 对应多孔材料的孔径参数。

　　采用 NACA0012 翼型为数值分析对象,其弦长 $c = 0.6$。在保持其几何外形不变的情况下,将尾缘 $0.15c$ 长度部分设置为多孔介质区域(三种不同填充方式分别为全贯通型、上表面填充型及下表面填充型)。整个流场域选用 C 型网格划分。左边界距尾缘点最远为 $60c$;右边界距后缘 $150c$;上下边界为 $y = \pm 60c$。参考实体翼型总计网格数为 2.43×10^5,且均采用结构网格,翼型附近网格如图 10.34 所示。此外,需对模型进行如下简化:① 选取金属泡沫为多孔材料,且视多孔材料为均匀各向同性;② 多孔介质区域流动满足达西定律;③ 流体性质为不可压缩;④ 多孔材料的物性参数为常数。

　　网格图所示流域左半圆边界、上下边界取为速度进口,右边界取为压力出口,其中实体翼型部分与多孔介质域交界取为无滑移壁面条件;多孔介质域与纯流体域交界设为内部边界。多孔介质区域采用金属铝泡沫多孔材料,其孔隙率为 0.85,渗透率 $K = 2.6 \times 10^{-5}$ m^2。流域内黏性阻力系数及惯性阻力系数可根据多孔介质渗透率及阻力系数计算得出。此外,NACA0012 翼型来流雷诺数取为 8×10^5,来流速度为 $u_0 = 20$ m/s。使用 $k - \omega$ 湍流模型,算法采用 SIMPLEC 压力速度耦合,空间项离散采用二阶中心差分格式,时间项采用二阶隐式格式,时间步长为 1×10^{-5} s。

　　图 10.35 展示了 0° 攻角下基准翼型及多孔翼型在稳态及非稳态下翼型后缘的流场流动情况。对于速度场的稳态计算,观察图 10.35 中的(a)、(c)、(e)、(g)子

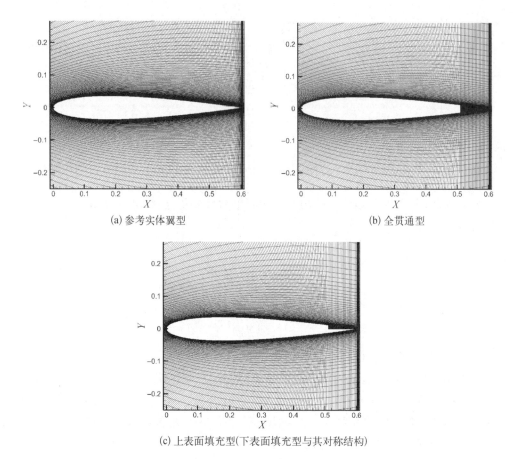

(a) 参考实体翼型

(b) 全贯通型

(c) 上表面填充型(下表面填充型与其对称结构)

图 10.34 翼型附近网格划分

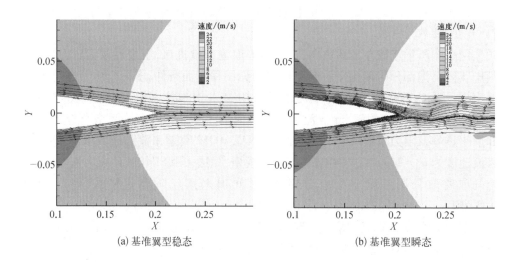

(a) 基准翼型稳态

(b) 基准翼型瞬态

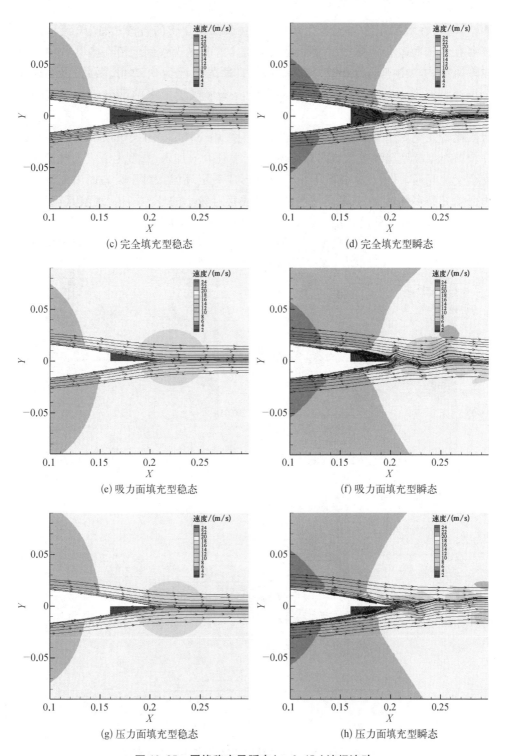

(c) 完全填充型稳态

(d) 完全填充型瞬态

(e) 吸力面填充型稳态

(f) 吸力面填充型瞬态

(g) 压力面填充型稳态

(h) 压力面填充型瞬态

图 10.35 尾缘稳态及瞬态($t=0.45s$)流场流动

图,可看出在翼型尾缘加入多孔介质后,由于多孔介质的可渗透性,气流可流经该多孔域从而改变了翼型后缘附近的流动。可明显观察到气流在多孔域内部形成环流结构。由于选用翼型为对称翼型,且所处工况为0°攻角,因此,以尾缘完全填充型翼型为典型的,气流在其多孔域内部形成了上下两部分较为对称的回环流动结构。

比较几类翼型的非稳态流动特性,观察图 10.35(b)、(d)、(f)、(h),对于尾缘完全填充型翼型尾缘多孔域内部流动,由于多孔介质加入,翼型上下表面气流实现完全交流互通,气流在多孔域上下部分均形成一定环流。对于吸力面填充型及压力面填充型多孔翼型,其多孔域内部均形成相对较小的环流结构,观察其流线,可发现其中流动较多的趋于由下表面(压力面)流向上表面(吸力面)。

由于尾缘完全填充型翼型多孔域内的流动变化更加显著,捕捉不同攻角下全

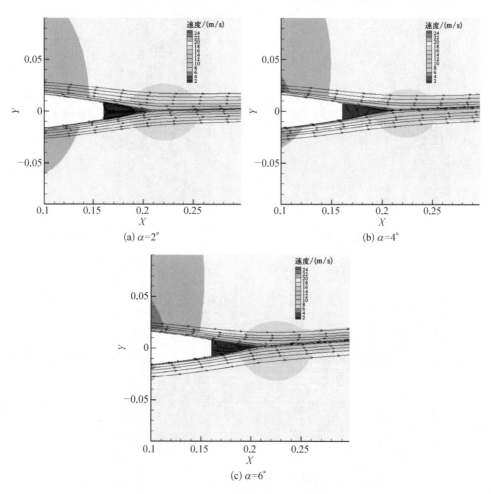

(a) $\alpha=2°$ (b) $\alpha=4°$

(c) $\alpha=6°$

图 10.36   不同攻角下尾缘完全填充型翼型后缘稳态流动

贯通翼型后缘速度场如图 10.36 所示,查看各个工况下多孔域内部及后缘流动情况,根据流线显示,随着攻角增大,上下表面压差增大,气流在压强作用下趋于由下表面向上表面运动,体现 0° 攻角下尾缘内部上下相当的环流结构逐渐趋于上环流结构明显大于下环流结构,最终发展为气流由压力面向吸力面运动,气流将在尾缘形成更大结构的环流或从吸力面溢出。

根据升力系数图 10.37(a) 所示,具有多孔介质的翼型升力都有所下降,尤其对于上下贯通型翼型,由于该情况下上下表面压力相互影响,相互抑制,因此压差被大幅度缩小,最终不可避免带来升力的减少。此外,下表面布置多孔介质由于受压力面作用,整体对翼型升力影响最小;上表面型较实体翼型有一定升力损失但差距较小。总体来看,全贯通型在各个攻角下升力损失最严重,较 Xfoil 参考值升力系数损失最大可为 15.3%;上下表面型相对情况较优,最大损失值分别为 10.6% 及 8.4%。此外观察比较 $\alpha = 5°$ 及 $\alpha = 10°$ 情况下升力系数变化,发现高攻角下升力系数相对减少量有所降低,原因可能在于随着攻角增大,翼型尾缘附近出现流动分

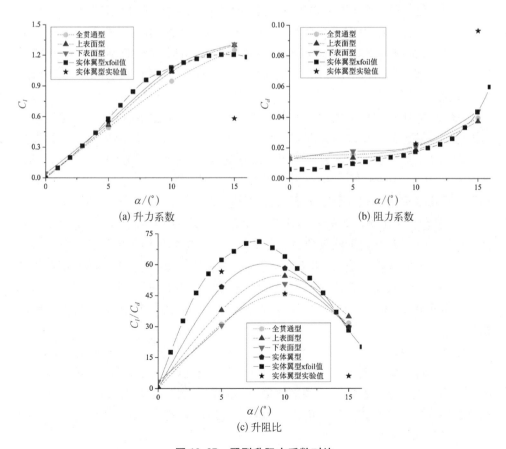

(a) 升力系数

(b) 阻力系数

(c) 升阻比

图 10.37 翼型升阻力系数对比

离,在复杂的流动情况下,添加的多孔材料对升力作用影响更小。另外,由于 15°攻角已处于翼型失速角范围,因此计算值拥有较大误差,不再对其进行讨论。观察阻力系数图 10.37(b),可得多孔介质翼型阻力较实体参考翼型都有所增大,主要原因可能在于多孔介质表面粗糙度增大,从而带来阻力增大;同时根据之前关于多孔介质可一定程度上加快表面流动分离,导致湍流出现也会进一步增大翼型表面阻力系数。

升阻比为衡量翼型气动性能的一个重要参数,图 10.37(c)展示了各多孔翼型升阻比情况,由图所示多孔介质的加入使得翼型升阻比有较为明显的降低,表明翼型气动性能有较大程度的损失。在 $\alpha = 5°$ 时,可看出多孔翼型与实体翼型升阻比差距较大,其中上表面填充型较实体升阻比减少约 17.4%,而全填充型及下表面型较少接近 30%;随着攻角增大,当 $\alpha = 10°$ 时,升阻比损失情况有所好转,上表面填充型升阻比损失仅 6.3%,而下表面型及全贯通型较实体翼型升阻比损失也降低约为 13%、20%。综合来看,在这几种布置方式中,上表面填充型翼型在各个攻角下相对损失较少,气动性能最优,可能原因在于随着攻角增大,翼型吸力面发生流动分离并不断加强,由于上表面已出现紊流等较复杂流动,此时在上表面布置多孔材料对整体气动影响不大。这一结果也与现有研究中学者提出在翼型上表面布置多孔介质在气动及噪声综合结果更优的猜测相符。

图 10.38 所示为翼型尾缘上下贯通充填多孔材料和上表面(吸力面)填充材料时的边界层速度分布情况。如图 10.38(a)~(h)所示,依次从 $x = 0.5c \sim 1c$ 沿翼型吸力面的法向方向提取水平速度。可以观察到,填充多孔介质影响边界层的流动,但是在 $x = 0.5c$、$0.6c$、$0.7c$ 位置影响作用很小。从填充的起始点 $x = 0.8c$,流动受多孔介质影响显著。尤其是吸力面填充型翼型,尾缘处的流速变缓。总体而言,对比原始翼型,由于尾缘位置表面粗糙度增加的影响,壁面边界层中的总速度不断降低。图 10.39 可观察到不同攻角下原始翼型、上下贯通型翼型和上表面填充型翼型边界层的变化规律。当 $\alpha = 0°$ 时,采用多孔材料的翼型,其边界层的厚度数倍于原始翼型。而当攻角逐渐增大至 $\alpha = 4°$ 时,边界层分离点前移,观察到三组翼型的边界层分布几乎相同,说明尾缘多孔材料对气动性能的影响和翼型的攻角密切相关。

继流场计算完毕之后,采用 FWH 声比拟方法,获取三组翼型尾缘边界层噪声对应的气动噪声谱。图 10.40 展示了三组翼型的声压随时间变化的曲线。从密集的曲线中可以大致观察到原始基准翼型(solid)产生的声压振幅远远大于后两组,而全贯通型填充方案获得最小的声压振幅。同时必须指出的是,全贯通型也导致了更大的气动力损失。

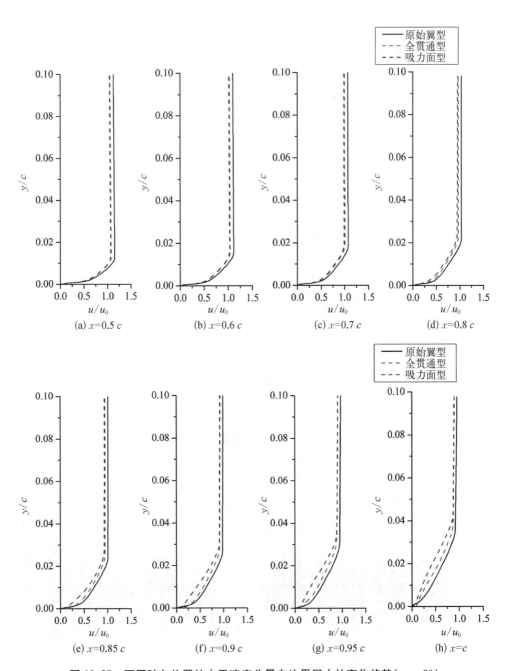

图 10.38　不同弦向位置处水平速度分量在边界层中的变化趋势($\alpha = 0°$)

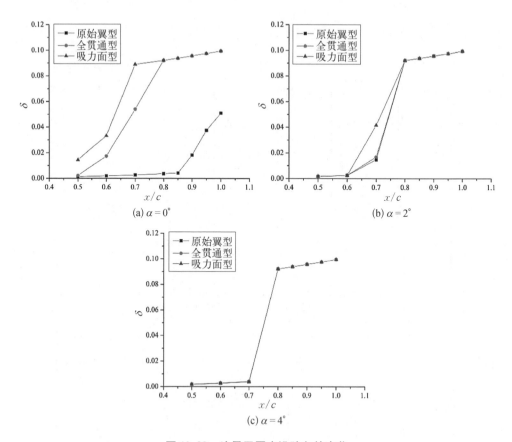

(a) $\alpha = 0°$

(b) $\alpha = 2°$

(c) $\alpha = 4°$

图 10.39　边界层厚度沿弦向的变化

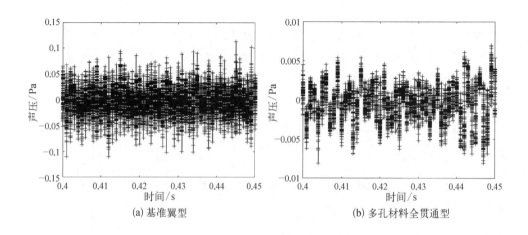

(a) 基准翼型

(b) 多孔材料全贯通型

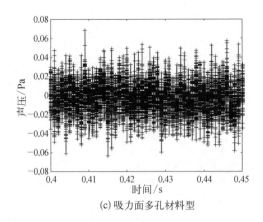

(c) 吸力面多孔材料型

图 10.40　声压时序变化曲线($\alpha=0°$, $t=0.4\sim0.45$ s)

前面章节中分析声谱时相应观察了非稳态力的频谱特征,本算例中利用三组翼型的升力时序信号生成功率密度谱。如图 10.41 所示,原始翼型在频谱上显示的特征为频域跨度广、幅值高。全贯通型显示了最小的频域范围和最小的幅值,吸力面填充型则介于前两者之间。从功率密度谱分析不能难推测,原始翼型的气动噪声高于后两组多孔介质填充型。

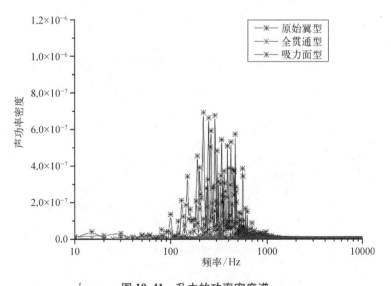

图 10.41　升力的功率密度谱

三组翼型的气动噪声谱如图 10.42 所示,图中作为参照的为原始翼型噪声谱的实验数值。三组数据对比发现得出的结论为全贯通型降噪效果最佳,吸力面填充型次之。频谱对比效果总体良好,理论计算的幅值略小于实验数据。三组翼型的总声压为:69.2 dB(原始)、61.6 dB(全贯通)、64.9 dB(吸力面填充)。

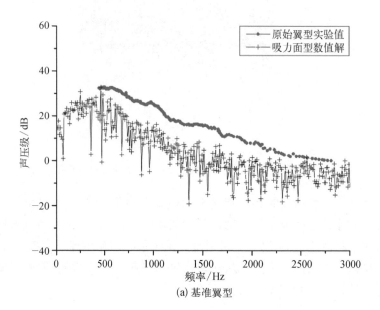

(a) 基准翼型

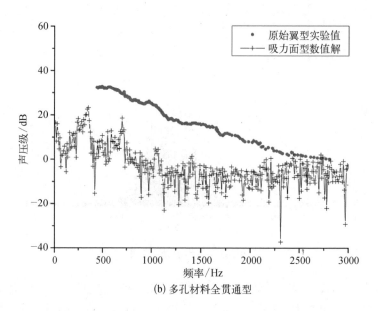

(b) 多孔材料全贯通型

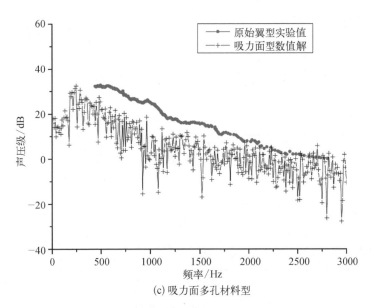

(c) 吸力面多孔材料型

图 10.42　声压频谱对比（$\alpha = 0°$）

图 10.43 给出了 0° 和 2° 攻角下 8 000 Hz 以下吸力面填充型的声压级分布。如图所示，$\alpha = 2°$时 SPL 的频谱分布与 $\alpha = 0°$时的频谱分布相似，但只有幅值变化。当 $\alpha = 2°$时，原始翼型和吸力面填充型翼型的总声压级分别为 58.96 dB 和 54.89 dB，降低幅度 4.07 dB，略低于 $\alpha = 0°$的情况。此外，当聚焦于 0~1 000 Hz 的频率范围时，如图所示，在 $\alpha = 0°$时表现出更高的幅值波动，而在 $\alpha = 2°$时，频谱更加平坦。初步证实，随着攻角的增大，明显的音调噪声将逐渐消失，使得频谱的宽带特征更加明显。

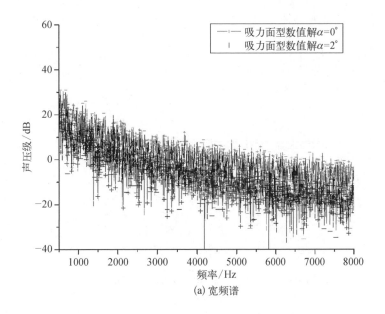

(a) 宽频谱

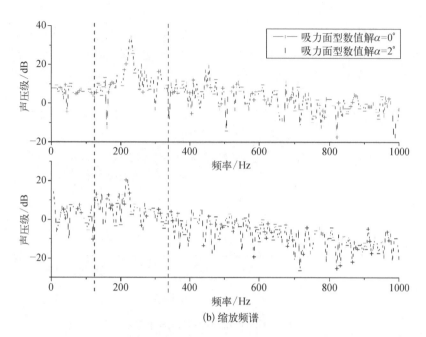

(b) 缩放频谱

图 10.43 吸力面填充型声压频谱对比($\alpha=0°$，$\alpha=2°$)

为了区分多孔翼型的声源指向特征，在翼型周围设置了几个虚拟接收器来监测声压级。图 10.44 采集了这些声压接收位置的结果，其中图 10.44(a)表示近场声指向性($r=0.8c$)，图 10.44(b)表示远场声指向性($r=10c$)。首先，对于近场和远场的声压级分布，原始翼型在前缘和后缘显示出更明显的低值，而在翼型壁法

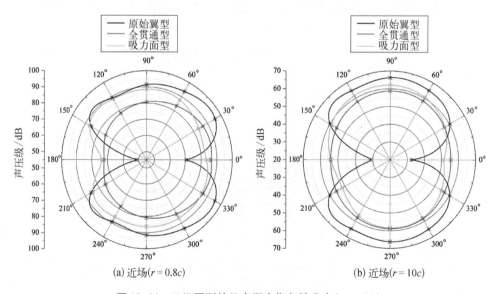

图 10.44 三组翼型的总声压声指向性分布($\alpha=0°$)

线方向显示出显著的声压级,这最终导致类似紧凑偶极子的声音方向性。如图10.44(a)所示,吸力面填充型的 SPL 水平在前缘和后缘方向显著增加,使右侧的凹陷减小。整个方向性形状类似于一个扭曲的偶极子,在左侧向前缘倾斜,在右侧更像一个半圆。对于全填充翼型,除前缘和后缘方向外,所有方向上的振幅都减小,其中 0°~30°、150°~210° 和 330°~360° 方向上的急剧减小完全消失。

10.3　基于其他方法的翼型气动噪声模拟

10.3.1　BPM 半经验工程方法

翼型气动噪声模拟的工程方法应用较为广泛的是基于 NASA 气动噪声实验所建立的 BPM 模型。翼型气动噪声的计算与尾缘位置的流动边界层关系密切。实验中所选取的翼型为 NACA0012,将基于大量测量数据整理得到的边界层厚度拟合成边界层厚度计算公式,该公式适用于实验翼型,但是针对不同翼型显然不可避免产生误差,如图 10.45 所示,不同翼型同一攻角下的尾缘边界层厚度显然会存在差异。解决这一问题显然不能通过重复实验的方案,可选取基于 CFD 的数值仿真方法或快速工程方法进行对应工况、对应翼型的气动计算。

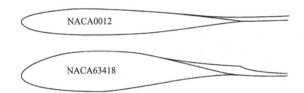

图 10.45　两种翼型的尾缘边界层厚度($\alpha = 10°$,$Re = 10^6$)

气动噪声计算过程中,如果每一步都进行边界层流体计算将大大降低程序的计算效率,考虑 BPM 为工程方法,结合 Xfoil 的气动计算程序将大大缩减计算时间。因此,可以将翼型气动计算作为前处理部分。如图 10.46 计算所示,尾缘边界层厚度 δ 是攻角 α 和雷诺数 Re 的函数,比较显著的是当攻角变大,边界层厚度越大,越厚的边界层通常对应着更高的气动噪声。

由于翼型表面粗糙度对气动性能影响明显,边界层的计算将分别针对光滑翼型和粗糙翼型展开。光滑翼型采用自由转捩模式、粗糙翼型采用强制转捩模式。强制转捩的位置为翼型的压力面 10%-弦长位置和吸力面 5%-弦长位置。因此,在计算气动噪声时将区分光滑和粗糙这两种状态。翼型边界层厚度的输出形式如图 10.47 所示,边界层厚度沿整翼型前缘到后缘一般呈逐渐增加的趋势。由于气动噪声的主要声源位于翼型尾缘部分,该位置的边界层厚度将作为重要参考数据。

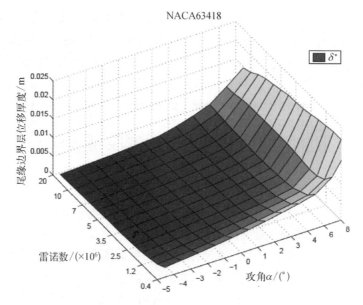

图 10.46　尾缘边界层厚度随攻角和雷诺数的分布关系

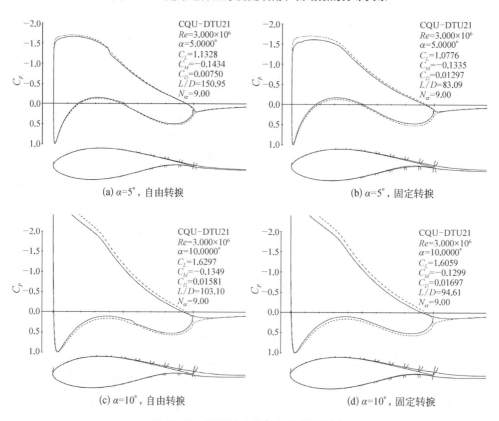

图 10.47　翼型压力分布与边界层厚度

为了进一步验证半经验模型,将该模型与 Brooks 等的实验进行了比较,如图 10.48、图 10.49 和图 10.50 所示,结果能够很好地拟合实验数据。在图 10.48 中,入流攻角固定为 0°,模拟了 40 m/s 和 70 m/s 两种流入速度。由于流动对称性,压力侧和吸力侧的噪声谱叠加重合,小角度下分离噪声不会出现在图中。总噪声级和钝度噪声级在 70 m/s 时更为显著。在图 10.49 中,入流速度固定为 70 m/s,但考虑了三种不同的迎角。结果表明,随着迎角的增加,翼型钝度噪声减小,这是由于边界层厚度的增加。在图 10.50 中,将噪声预测模型应用于 NACA64418 翼型,与测试数据相比,该模型也可以很好地预测 NACA0012 以外的翼型噪声。

如上所述,翼型的外形轮廓不但影响气动性能,各自的噪声等级也不同。下面基于翼型轮廓形状的变化进行气动噪声分析,总结翼型外形几何参数对气动噪声辐射的影响规律。计算统一采用如下参数:来流风速 80 m/s,观测距离 1 m,观测角度 90°(垂直于弦线方向,$x/c=1$, $y/c=1$),翼型展长和弦长均为 1 m,入流攻角 5°,钝

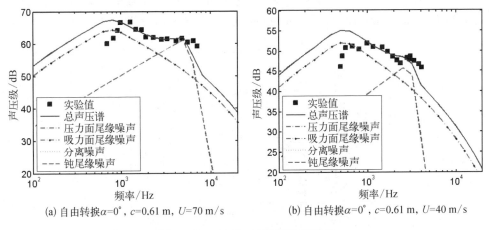

(a) 自由转捩 $\alpha=0°$, $c=0.61$ m, $U=70$ m/s　　(b) 自由转捩 $\alpha=0°$, $c=0.61$ m, $U=40$ m/s

图 10.48　NACA 0012 翼型噪声谱

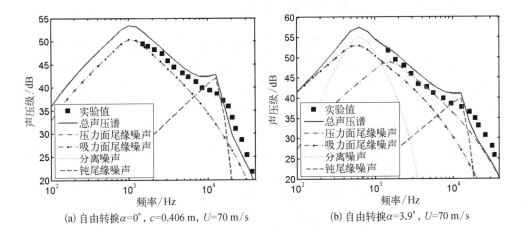

(a) 自由转捩 $\alpha=0°$, $c=0.406$ m, $U=70$ m/s　　(b) 自由转捩 $\alpha=3.9°$, $U=70$ m/s

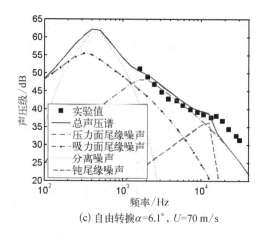

(c) 自由转捩 $\alpha=6.1°$，$U=70$ m/s

图 10.49　NACA0012 翼型噪声谱

尾缘厚度为弦长的 0.1%，尾缘夹角 20°，翼型表面光滑，锯齿角度 -2.5°，锯齿的长和宽分别为 0.15 m 和 0.25 m，声速为 340 m/s，黏性系数为 0.000 015 Pa·S。

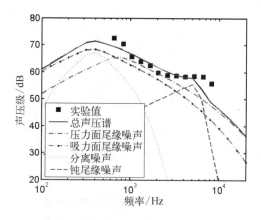

图 10.50　NACA64418 翼型噪声谱：自由转捩 $\alpha=2.7°$，$c=0.8$ m，$U=60$ m/s

　　首先以 NACA4 位参数系列翼型为研究对象，选取 NACA2412、NACA2415、NACA2418、NACA2421 四种不同翼型。它们的最大相对弯度，最大厚度所在位置与最大弯度所在位置基本相同，最大相对厚度依次逐渐增加。该翼型系列的气动噪声谱如图 10.51 所示。

　　在翼型的最大相对厚度依次逐渐增加且其他几何参数基本不变的情况下，当攻角小于 4° 时，不同最大厚度的翼型的升力系数基本相同；攻角大于 4° 时，翼型的升力系数随着最大厚度的增加而减少，但依旧呈上升趋势。攻角大于 11° 时，翼型的最大相对厚度越大，其阻力系数越大，且增加的趋势越明显。攻角为 -1°~5° 时，翼型的升阻比大小随最大相对厚度的增加而减小。

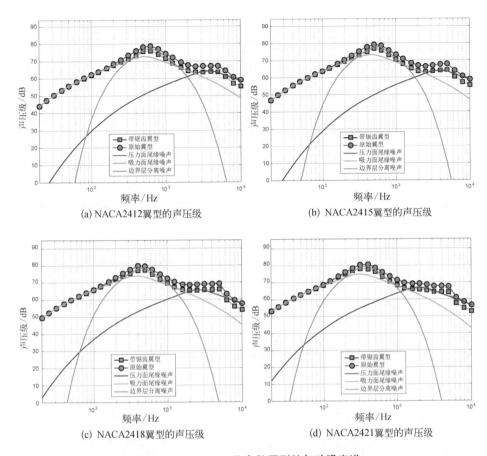

图 10.51　NACA4 位参数翼型的气动噪声谱

由图 10.51 可知,随着最大相对厚度的增加,频率低于 5 000 Hz 时,翼型吸力面和压力面的声压级增加,频率高于 5 000 Hz 时,翼型吸力面和压力面的声压级略微降低。在整个频率段内,边界层分离噪声随着最大相对厚度的增加向低频率方向移动。而整个翼型(包括带锯齿)噪声则会相应增大。由表 10.1 可以看出,从普遍规律来说,翼型相对厚度越大,最大升力系数越小,最大升阻比越小,A 计权下声源的声压级越大。

表 10.1　不同最大相对厚度下的翼型参数及声压级

NACA 系列 翼型名称	最大相对 厚度	最大厚度 所在位置	最大相对 弯度	最大弯度 所在位置	最大升力 系数	最大升 阻比(攻角)	噪声/dB(A) (带锯齿)
NACA2412	12%	29.8%	1.9%	42.2%	1.639	112.1(5)	85.54(83.04)
NACA2415	15%	29.9%	1.9%	42.2%	1.655	112.2(6)	86.12(83.71)

NACA 系列翼型名称	最大相对厚度	最大厚度所在位置	最大相对弯度	最大弯度所在位置	最大升力系数	最大升阻比(攻角)	噪声/dB(A)（带锯齿）
NACA2418	18%	30.0%	1.8%	44.8%	1.620	111.3(6)	86.95(84.62)
NACA2421	21%	30.0%	1.7%	44.7%	1.580	105.3(7)	87.76(85.66)

接着以 NACA6 系列翼型为研究对象,选取 NACA63415、NACA64415、NACA65415、NACA66415 四种不同翼型。它们的最大相对厚度都为 15%,最大相对弯度与最大弯度所在位置基本相同,最大厚度所在位置依次逐渐向尾缘方向变化。

在翼型的最大厚度位置依次逐渐向尾缘方向变化且其他几何参数基本不变的情况下,翼型最大厚度越靠近尾缘,其升力系数越大。攻角在 5°到 15°之间时,阻

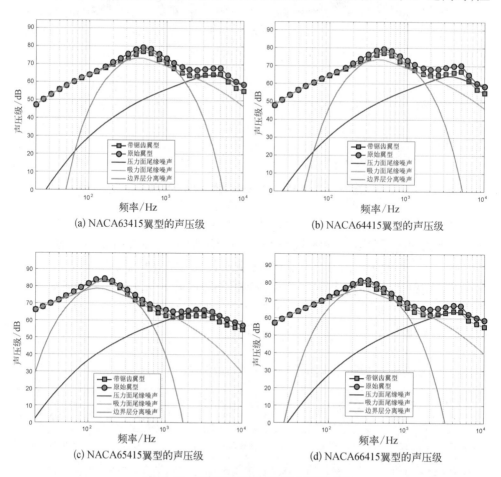

(a) NACA63415翼型的声压级

(b) NACA64415翼型的声压级

(c) NACA65415翼型的声压级

(d) NACA66415翼型的声压级

图 10.52　NACA6 系列翼型的气动噪声谱

力系数随着翼型最大厚度向尾缘的靠近而增大。攻角较小时,翼型最大厚度位置越接近尾缘,其升阻比越大,在升阻比到达最大值时,NACA66415翼型随着攻角的增大而急剧减小,波动较大。

由图10.52可知,随着最大厚度位置向尾缘移动,其噪声在整个频率段内逐渐增大。其中,NACA65415翼型的声压级比其余三种翼型明显高出一个量级,其边界层分离噪声在频率小于100 Hz处很大。NACA65415翼型吸力面尾缘噪声在频率大于2 000 Hz时,随着频率的增大而减小,变化十分明显。由表10.2可以看出,从普遍规律来说,翼型最大厚度位置越接近尾缘处,其最大升力系数越大,最大升阻比越大,所对应的最优攻角越小,噪声先增大后减小。

表10.2 不同最大厚度所在位置下的翼型参数及声压级

NACA系列翼型名称	最大相对厚度	最大厚度所在位置	最大相对弯度	最大弯度所在位置	最大升力系数	最大升阻比(攻角)	噪声/dB(A)(带锯齿)
NACA63415	15%	35.6%	2.1%	52%	1.454	124.8(5)	86.25(83.85)
NACA64415	15%	35.9%	2.1%	52%	1.434	132.6(4)	86.57(84.16)
NACA65415	15%	39.9%	2.1%	52%	1.481	144.2(4)	91.25(90.54)
NACA66415	15%	45.7%	2.1%	52%	1.518	159.8(3)	88.60(86.90)

综合NACA4数字系列和NACA6系列翼型为研究对象,第一组选取NACA1412、NACA2412、NACA3412、NACA4412四种不同翼型,第二组选取NACA63215、NACA63415、NACA63615三种不同翼型。它们的最大相对厚度,最大厚度所在位置与最大弯度所在位置基本相同,最大相对弯度依次逐渐向尾缘方向变化。

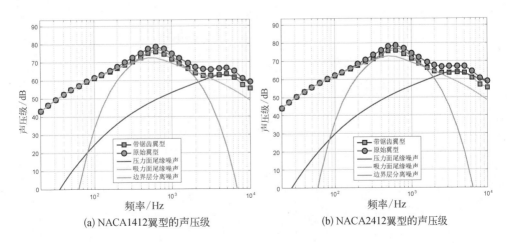

(a) NACA1412翼型的声压级　　　　　(b) NACA2412翼型的声压级

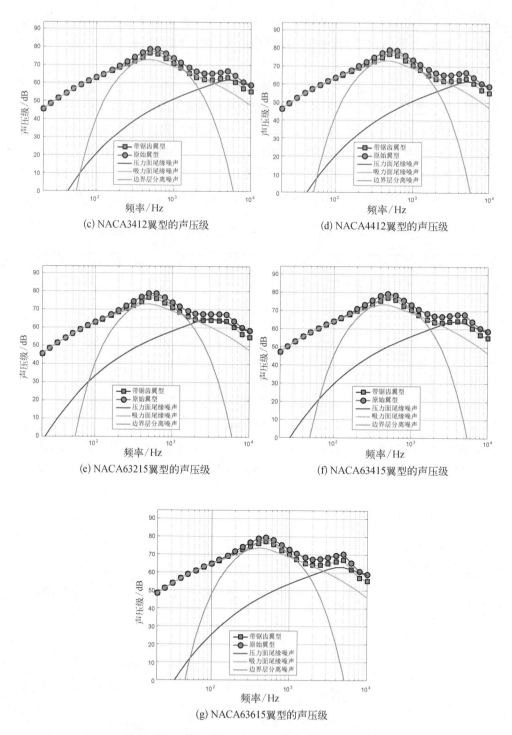

(c) NACA3412翼型的声压级

(d) NACA4412翼型的声压级

(e) NACA63215翼型的声压级

(f) NACA63415翼型的声压级

(g) NACA63615翼型的声压级

图 10.53 NACA4、NACA6 系列翼型的气动噪声谱

对于不同系列的翼型,在-5°~20°攻角范围内,翼型的升力系数随着最大相对弯度的增加而增加,且趋势基本相同。攻角小于7°时,不同弯度的翼型在相应攻角下的阻力系数基本相同;攻角大于7°时,翼型的阻力系数随着弯度的增加而增加。对于当前所选两组系列的翼型,攻角小于10°时,翼型的升阻比随着弯度的增加而增加,趋势较为明显;当攻角大于10°时,翼型的升阻比随着攻角的增大而减小,且对于不同弯度的翼型,各升阻比相差不大。

由图10.53可知,翼型最大弯度的增加会使得压力面尾缘噪声在低频段内减小。在整个频率段内,边界层分离噪声随着最大弯度的增加向低频区移动。由表10.3可知,对于不同系列的翼型,在其他几何参数基本不变,最大相对弯度逐渐增加的情况下,最大升力系数、最大升阻比和噪声A计权声压级均依次增加。

表10.3 不同最大相对弯度下的翼型参数及声压级

NACA 系列翼型		最大相对厚度	最大厚度所在位置	最大相对弯度	最大弯度所在位置	最大升力系数	最大升阻比(攻角)	噪声/dB(A)(带锯齿)
4系列	NACA1412	12%	30%	1.0%	42.2%	1.584	95.93(7)	85.26(82.73)
	NACA2412	12%	30%	1.9%	42.2%	1.639	112.1(5)	85.54(83.04)
	NACA3412	12%	30%	2.9%	42.2%	1.673	136.0(4)	85.74(83.29)
	NACA4412	12%	30%	3.8%	42.2%	1.730	152.6(4)	85.92(83.51)
6系列	NACA63215	15%	35.7%	1.0%	52%	1.362	105.1(4)	85.88(83.41)
	NACA63415	15%	35.6%	2.1%	52%	1.454	131.4(4)	86.25(83.85)
	NACA63615	15%	34.0%	3.1%	52%	1.555	154.9(4)	86.62(84.24)

随着风力机钝尾缘翼型的大量使用,分析翼型的尾缘钝度如何影响气动噪声也具有实际价值。为了研究不同尾缘厚度的钝尾缘翼型的气动特性及噪声,对不同厚度的翼型尾缘厚度进行对称加厚变换,即在不改变原始翼型最大厚度和中弧线分布的前提下提出在最大厚度之后对称增加翼型尾缘厚度的方法,所增加的厚度以幂函数形式分布来保证变换后翼型的几何外形连续且光滑,采用如下函数:

$$\tilde{y}_u = y_u \qquad\qquad x_u \leqslant x_0$$
$$\tilde{y}_u = y_u + 0.5\delta\left(\frac{x_u - x_0}{1 - x_0}\right)^n \quad x_u > x_0 \tag{10.9}$$

$$\tilde{y}_l = y_l \qquad\qquad x_l \leqslant x_0$$
$$\tilde{y}_l = y_l - 0.5\delta\left(\frac{x_l - x_0}{1 - x_0}\right)^n \quad x_l > x_0 \tag{10.10}$$

式中：

  x_u 和 y_u 分别为生成翼型的上翼面横坐标和纵坐标；

  x_l 和 y_l 分别为生成翼型的下翼面横坐标和纵坐标；

  x_0 为翼型最大相对厚度位置处横坐标；

  δ 为要增加的尾缘厚度值；

  n 为指数因子，取 $n = 1.8 \sim 2.5$ 较合适，参照文献取 $n = 2$；

  $\tilde{y}_u$ 和 $\tilde{y}_l$ 分别为变换后翼型上下翼面的纵坐标。

  采用上述函数关系式，可设计出如图 10.54 所示钝尾缘翼型效果。

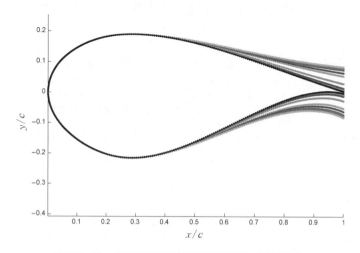

图 10.54　采用函数设计的不同尾缘厚度的翼型

  图 10.55 的噪声计算谱均以 DU21 翼型为例，对基准翼型进行了尾缘加厚，增加厚度分别为 $0.005\ c$、$0.01\ c$、$0.015\ c$、$0.02\ c$。采用相同的方法可对 DU30 和 DU40 进行了同样的计算。

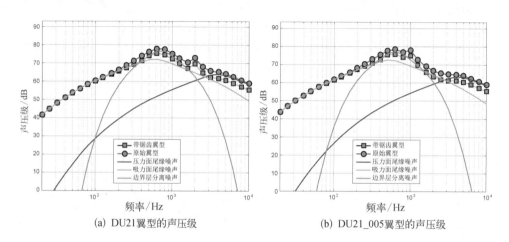

(a) DU21翼型的声压级　　　　　　(b) DU21_005翼型的声压级

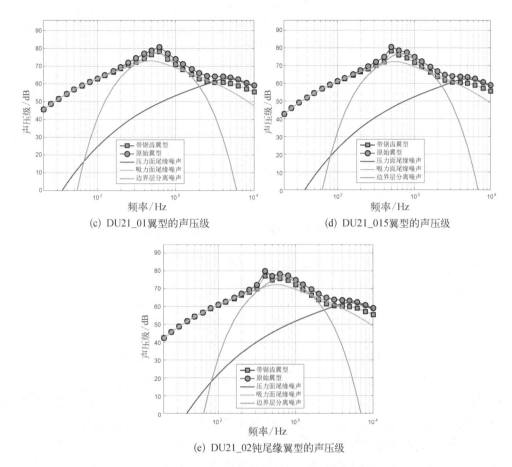

(c) DU21_01翼型的声压级   (d) DU21_015翼型的声压级

(e) DU21_02钝尾缘翼型的声压级

图 10.55　不同尾缘钝度 DU21 翼型的声压谱

　　对于不同厚度的 DU 翼型,攻角较小时,尾缘增厚翼型的升力系数与原始翼型相差不大;攻角较大时,尾缘增厚翼型的升力系数随尾缘厚度的增加而增加,且均大于原始翼型,对于最大相对厚度较大的 DU40 翼型来说,尾缘厚度越大,升力系数的递增趋势越明显。对比 DU 三组翼型,攻角小于 11°时,各翼型的阻力系数相差不大;攻角大于 11°时,各翼型的阻力系数随着尾缘厚度的增大而增大,且均大于原始翼型。攻角越大,阻力系数越大。在大攻角处,不同翼型在尾缘厚度递增的情况下,其阻力系数的变化趋势基本相同。翼型厚度越大,尾缘厚度的增加对阻力系数影响越小。当攻角小于 1°或大于 15°时,尾缘增厚翼型的升阻比与原始翼型相差不大;攻角在 1°到 15°之间时,尾缘增厚翼型的升阻比随着尾缘厚度的增加而减小,但变化趋势越来越不明显,DU40 系列翼型的升阻比随着尾缘厚度的增加反而增大。由此可知,翼型的最大相对厚度对升阻比随尾缘厚度的改变有很大的影响。

气动噪声方面,尾缘厚度的变化会影响钝尾缘脱落噪声在总辐射噪声中占的比例。当尾缘厚度增大到一定值时,总辐射噪声的变化尤为明显。对于不同的翼型,尾缘厚度的变化均主要影响 200 Hz 到 2 000 Hz 频率的声压级。尾缘厚度依次增加,其原始翼型和带锯齿翼型的最大声压级从较高频率到较低频率依次变化。由此可知,钝尾缘翼型声压级分布常呈现出低频特性。由表 10.4 可知,DU21 翼型的声压级随尾缘厚度的增加先增加后减小。随着翼型厚度的增加,DU30 和 DU40翼型的声压级随尾缘厚度的增加而减小,翼型相对厚度越大,噪声变化越明显。翼型带锯齿的翼型的声压级也呈现同一趋势,且均小于原始翼型。由于篇幅所限,结果不再逐一罗列。

表 10.4　不同尾缘厚度下 DU21 翼型的声压级

翼　型	DU21	DU21_005	DU21_01	DU21_015	DU21_02
噪声/dB(A)（带锯齿）	85.102 6（82.498 5）	85.789 9（83.250 3）	86.238 2（83.788 7）	85.868 0（83.383 8）	85.842 1（83.306 0）

10.3.2　WPS 壁面压力谱方法

本节根据若干种壁面压力谱模型(可参考前文理论部分章节理论介绍),采用BANC(Benchmark Problems for Air Frame Noise Computations)的实验数据对各模型的尾缘噪声预测的进行验证。表 10.5 中列出了不同算例的测试工况,算例 1~4 使用了 NACA0012 翼型,算例 5 和 6 使用了 NACA64-618 翼型。图 10.56 给出了算例 1~6 翼型弦向的压力系数分布。其中压力梯度、克劳瑟平衡参数可以由压力分布或者压力系数分布求出。

表 10.5　BANC 实验工况

算例	翼　型	弦长/m	转捩位置(x/c)	来流速度/(m/s)	攻角/(°)
1	NACA 0012	0.4	SS: 0.065;PS: 0.065	56.0	0
2	NACA 0012	0.4	SS: 0.065;PS: 0.065	54.8	4
3	NACA 0012	0.4	SS: 0.060;PS: 0.070	53.0	6
4	NACA 0012	0.4	SS: 0.065;PS: 0.065	37.7	0
5	NACA64-618	0.6	自然转捩	45.03	-0.88
6	NACA64-618	0.6	自然转捩	44.98	4.62

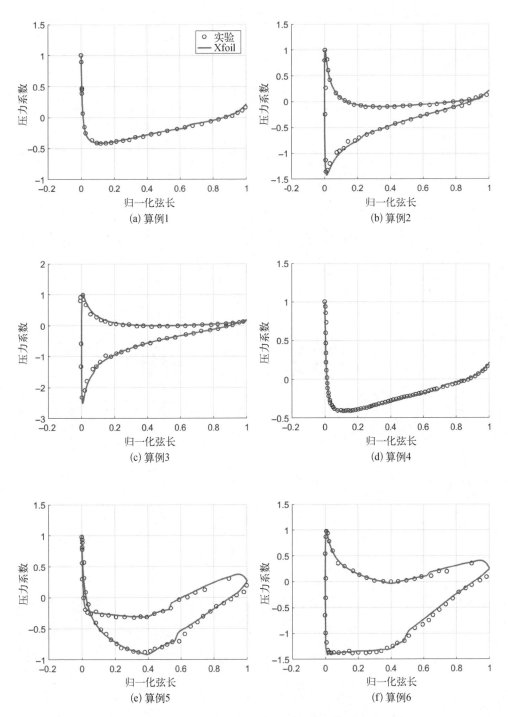

图 10.56　翼型 XFOIL 与实验压力系数对比

实验中所有算例的数据测量位置均在尾缘正上方 1 m 处且翼型的展长为 1 m。表 10.6 给出了由 Xfoll 计算获得的边界层参数。在表 10.6 中 β_c 的最大值为 20.48,小于前文中所提到的模型参数适用范围最大值 50。

表 10.6　算例 1~6 壁面压力谱模型边界层参数(吸力面)

算例	U_e /(m/s)	δ /m	δ^* /m	θ /m	C_f	dp/dx	R_T	β_c
1	51.07	0.012 070	0.002 691	0.001 625	0.001 813	8 363.68	37.25	4.691 4
2	50.06	0.015 614	0.003 893	0.002 188	0.001 357	7 603.05	35.35	7.986 5
3	48.53	0.018 184	0.004 883	0.002 602	0.001 107	6 437.40	32.57	10.483 5
4	34.49	0.012 905	0.002 961	0.001 757	0.001 908	3 578.54	28.30	4.522 9
5	39.59	0.014 140	0.003 523	0.001 981	0.001 235	7 086.80	23.04	11.837 6
6	39.85	0.019 678	0.005 947	0.002 881	0.000 683	4 723.26	17.85	20.480 1

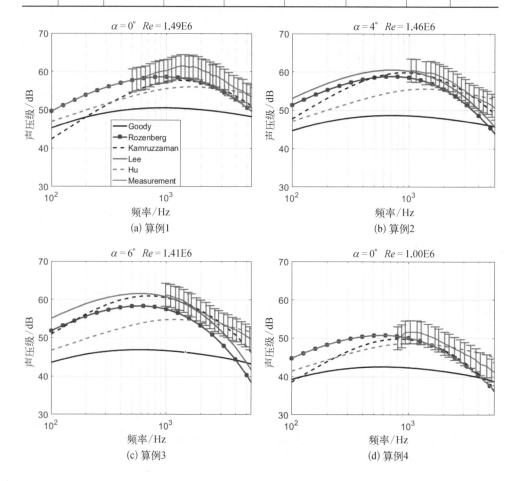

(a) 算例1　　(b) 算例2

(c) 算例3　　(d) 算例4

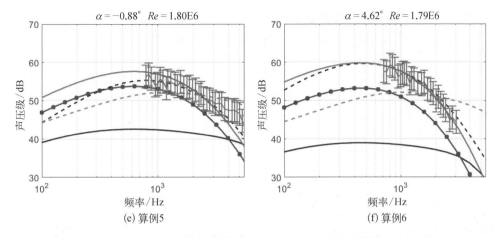

图 10.57　WPS 预测结果与 BANC 实验结果相比较

图 10.57 给出了 WPS 预测结果与 BANC 实验测量结果的对比。即便在相同翼型相同的实验条件下,测量得到的噪声大小也存在 3 dB 的误差,所以图中实验数据给出了 3 dB 的误差区间。对于所有的算例,Goody 模型在频谱范围内不能准确地预测尾缘噪声,包括幅值、峰值以及频谱形状。该现象说明了非零压力梯度在尾缘噪声预测中有着重要意义。对于零攻角的实验条件,Rozenberg 模型和 Lee 模型的预测结果基本上是重合的。对于非零攻角的实验条件,Rozenberg 模型预测结果的幅值整体偏低,尤其是在低频范围内。Kamruzzaman 模型在中高频范围的预测结果和实验值的趋势基本一致,在图 10.57(a)~(d)中低频范围内的预测结果明显偏低且不能很好的捕捉频谱形状。Hu 模型在所有的算例中,低频范围内的预测结果偏低,高频范围内的预测结果偏高,频谱的峰值也普遍地向高频偏移。Lee 模型在所有的算例中,预测结果和实验值的匹配度最高,在图 10.57(e)、(f)中可以明显地观察到预测效果要比 Rozenberg 模型更加准确。综上,在大多数情况下 Lee 模型都能够准确地捕捉噪声的幅值、峰值中心频率、频谱形状、频谱衰减率。

10.3.3　低噪声翼型设计

以上翼型气动噪声的计算方法,可以融入翼型的多目标优化设计当中。在具有气动噪声约束的地区,具有低噪声的翼型更加符合绿色环保的要求。无论是锯齿尾缘降噪或者采用多孔介质填充,都增加了叶片的设计和制造成本,如果能够从翼型和叶片的气动外形设计过程中充分考虑噪声辐射的约束将从源头上起到降噪效果。本节介绍机组低噪声翼型的设计过程,命名为 LN1xx、LN2xx 和 LN3xx。翼型的设计雷诺数分别约为 1.6×10^6、3×10^6 和 16×10^6,设计攻角取值范围为 $3°\sim 10°$。考虑现代风力机都具有变桨变速控制系统,因此不考虑大迎角范围的非正常运行工况。自由转捩模拟基于 e^n 模型,取 $n=9$。通过将吸力面和压力面的转捩点分别固定在距离前缘的 5% 和弦长和 10% 和弦长处,进行强制转捩过渡。

描述翼型轮廓较为常用的方法是采用茹科夫斯基变换

$$\varsigma = z + a^2/z \tag{10.11}$$

式中,$a = c/4$,复平面变量 z 表达式为

$$z = a\exp(\varphi + \mathrm{i}\theta) \tag{10.12}$$

方程中的 φ 值是周向角的函数:

$$\varphi(\theta) = \sum_{k=1}^{n} \left[a_k (1 - \cos\theta)^k + b_k (\sin\theta)^k \right] \tag{10.13}$$

式中,θ 取值区间为 $[0, 2\pi]$,a_k 和 b_k 是待求的系数,最终的翼型优化完成将输出 $2n$ 个系数,代入上述方程便得到翼型轮廓。理论上,参数 n 的取值越大所表达的翼型轮廓变化越多,但是变量越大产生的计算量越大,另外变量过多可能发生迭代循环中出现异常轮廓而导致气动模拟环节发散。

如果现有一个翼型,拟在此基础上进一步优化,例如在气动性能比较优越的基础上,设置噪声等级约束进行优化,这种情况无法采用上述描述翼型的函数。因此,可以寻求一种在原始翼型上的扰动函数

$$\Delta y_{u,l}(i) = \sum_{k=1}^{n} f_{u,l}(k) P_{u,l}(k, i) \tag{10.14}$$

$$P_{u,l}(k, i) = \sin^{\xi_{u,l}} \left[\pi x_{u,l}(i)^{\theta(k)} \right] \tag{10.15}$$

式中,下标"u, l"表示翼型的上表面和下表面,例如 $\Delta y_u(i)$ 和 $\Delta y_l(i)$ 分别表示上表面和下表面的厚度增减变化,系数 $f_{u,l}(k)$ 用于调整 $P_{u,l}$ 的幅值,可统一取 1,在需要精细化控制 Δy 的时候,可相应减小的值 $f_{u,l}(k)$。指针 i 则表示沿着弦向(x 轴)的点数,k 是轮廓约束函数的指针,上标"$\xi_{u,l}$"表示正弦函数的幂次,例如,上下表面可以均取 1,记为两个自由系数。这样,待求的系数总数为 $2n + 2$,$2n$ 包含了与 $g(k)$ 相关的参数,例如

$$g_u(k) = g_l(k) = [\,0.1\ 0.2\ 0.3\ 0.5\ 1\ 3\ 5\ 8\,] \tag{10.16}$$

在已有翼型的基础上,可以选择性地改变上述参数,达到控制相应弦向位置($x(i)/c$)上厚度的变化,即控制各位置 $\Delta y_u(i)$ 和 $\Delta y_l(i)$ 的增减量。如图 10.58 所示,上述的样本系数 $g(k)$ 对应了 8 组样条曲线,g 取值为范围为 $0 \to \infty$,对应的曲线呈现的变化为最大幅值的区间变化为 $x/c = 0 \to x/c = 1$。以图中曲线为例,$g = 0.1$ 时的曲线对于调整翼型前缘位置的外形具有突出作用,而对其余弦向位置影响甚微。这样就便于有针对性地优化现有的基础翼型。

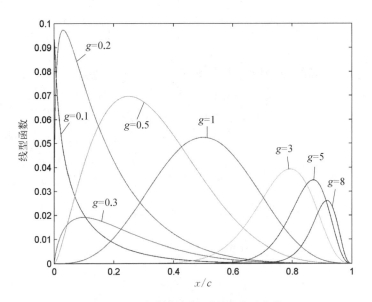

图 10.58　各样本参数对应的外形曲线

$$g_u(k) = g_l(k) = [0.1\ 0.2\ 0.3\ 0.5\ 1\ 3\ 5\ 8]\qquad(10.17)$$

优化翼型的方法有很多种,比较主流的方法为遗传算法(Genetic Algorithm, GA),其中又包含了许多分支,在 Matlab 中可以直接调用多种优化工具包。翼型优化中比较关键的问题是选取目标优化量和约束量。针对低噪声翼型的设计问题,气动性能仍然是设计的主要目标,因此可以设置多目标优化方案,比如升力/阻力和噪声等级作为双优化目标,也可以采用功率系数和噪声等级作为双优化目标。作为更加简单易行的方案,可以将翼型的气动噪声作为约束集中的一个,比如要求新翼型的噪声比原始翼型降低 1.5 dB,结合其他约束条件,比如翼型的相对厚度、尾缘钝度、尾缘处的最小厚度、最大厚度的位置等形成完整的优化目标和优化约束集。

在本算例中,设置优化的目标为功率系数

$$\begin{cases} C_p = [(1-a)^2 + x^2(1+a')^2]\, x c_x \sigma \\[2mm] \sigma = \dfrac{2F\sin^2\phi}{c_y} \end{cases}\qquad(10.18)$$

如前所示,翼型优化时可取一定的运行攻角范围,增加风力机叶片对于风况变化的鲁棒性,当然这也会增加一定的计算量。式(10.19)中采用了将功率系数加权处理的方式,将 $\alpha = 3° \sim 10°$ 范围内的功率系数进行求和,同时考虑到粗糙和光滑翼型的差异,选取一定的加权系数 μ_1,例如 $\mu_1 = 0.25$ 代表光滑翼型在整体运行周期内的加权比例。

$$f(x) = \max\left[\mu_1 \sum_{i=3}^{10} \lambda_i C_{p1}^i + (1 - \mu_1) \sum_{i=3}^{10} \lambda_i C_{p2}^i\right] \qquad (10.19)$$

给定优化目标和约束条件,基于某一优化算法可以给出不同的翼型族。图 10.59 中给出了两组优化设计的翼型族,本别采用了以噪声约束为主的优化方案和以气动性能为主的优化方案,可见不同的优化设置得到的外形差异是比较显著的。以 LN118 翼型为例,图 10.60 显示了考虑光滑和粗糙工况下的两类实验和仿真对比。当 $Re = 2.1 \times 10^6$,对比图 10.60(a)、(b)的实验结果可见,该翼型在光滑和粗糙两种情况下最大升力差别很小,且所处的失速攻角位置也比较接近。此外,

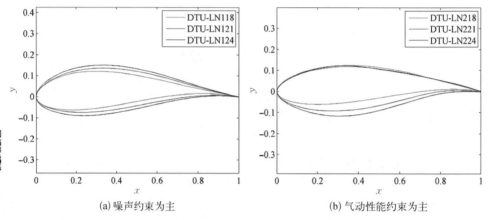

(a) 噪声约束为主　　　　　　　　　(b) 气动性能约束为主

图 10.59　基于不同约束的翼型族

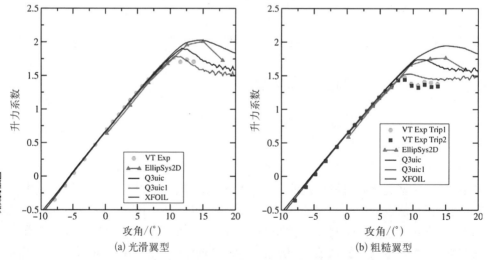

(a) 光滑翼型　　　　　　　　　(b) 粗糙翼型

图 10.60　LN118 翼型的实验与仿真对比

失速后升力变化较为平缓,没有出现大梯度下降。当 $\alpha = 6.7°$ 与 $\alpha = 9.6°$,参照图 10.61 的实验结果可见,仿真方法与实测值吻合良好。图中的实验值以实心点表示,与图 10.60 一样,各条曲线采用了不同的仿真计算方法,结果都比较接近。观察压力系数的分布,从吸力面上的压力分布变化可以发现当攻角从 $\alpha = 6.7°$ 变化到 $\alpha = 9.6°$,翼型流动分离点从大约 $x/c = 0.3$ 的位置前移到 $x/c = 0.2$。(注:纵坐标的压力系数标注为 $-C_p$,因此观察吸力面的 C_p 值是正数)

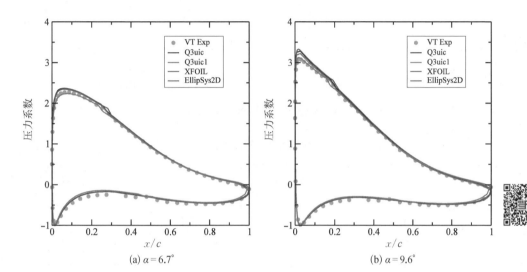

图 10.61　LN118 翼型在两组攻角下的表面压力系数对比验证

图 10.62 显示了在风速为 30 m/s 的情况下,在参考点位于翼型尾缘处垂直于吸力面 1.62 m 位置计算和实测的 DTULN118 和 NACA 64618 翼型的声压级。图 10.62 (a)中,在相同升力系数为 0.52 的情况下,实验数据表明 LN118 翼型在 3 000 Hz 以下的频率范围内产生较低的噪声级。在 $C_l = 0.95$ 时也可以看到类似的结果。为了验证噪声预测模型,计算出的声压级也绘制在同一个图中。从该图中,预测的翼型噪声略微高估了两个翼型的噪声辐射,但从计算和实验中发现,两个翼型噪声水平之间的相对差异是相似的。两个翼型之间的主要差异出现在 500 Hz 以下的频率区域。

表 10.7 到表 10.10,分别整理并对比了不同系列翼型的总噪声分贝值。在相同的攻角下,相对厚度较大的翼型产生的噪声等级较高,对于同一系列的翼型而言,厚度越大则在同攻角下的流动分离点前移,边界层厚度增大,分离噪声在声压谱中的加权份额增加,因此导致总噪声等级升高。针对相同厚度的翼型(21%厚度),对比 FFA 和 DU 翼型的气动噪声,LN1121 翼型噪声等级较低,且保持较好的气动性能。

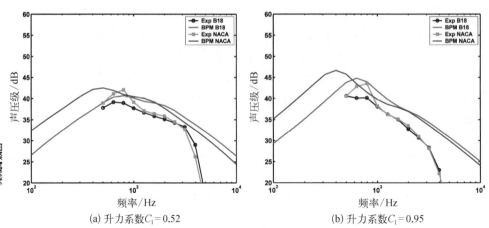

(a) 升力系数$C_1 = 0.52$　　　　　　　　　　(b) 升力系数$C_1 = 0.95$

图 10.62　LN118 翼型和 NACA64618 翼型的 1/3 倍频声压谱

表 10.7　LN 系列翼型族气动噪声 $Re = 2 \times 10^6$

	风速/(m/s)	展长/m	弦长/m	攻　角	声压级/dB
LN115	70	1	0.4	6°	93.3(95.9)
LN118	70	1	0.4	6°	93.6(96.6)
LN121	70	1	0.4	6°	94.1(98.2)
LN124	70	1	0.4	6°	95.3(100.7)

表 10.8　LN 系列翼型族气动噪声 $Re = 6 \times 10^6$

	风速/(m/s)	展长/m	弦长/m	攻　角	声压级/dB
LN1115	70	1	1.3	6°	92.6(94.7)
LN1118	70	1	1.3	6°	92.7(95.4)
LN1121	70	1	1.3	6°	93.0(96.7)
LN1124	70	1	1.3	6°	94.1(98.5)

表 10.9　三组同厚度的翼型气动噪声 $Re = 2 \times 10^6$

	风速/(m/s)	展长/m	弦长/m	攻　角	声压级/dB
FFA - W3 - 211	70	1	0.3	6°	94.4(97.6)
DU93 - W - 210	70	1	0.3	6°	95.9(99.7)
LN1121	70	1	0.3	6°	94.1(98.2)

表 10.10　三组同厚度的翼型气动噪声 $Re = 6 \times 10^6$

	风速/(m/s)	展长/m	弦长/m	攻　角	声压级/dB
FFA - W3 - 211	70	1	1	6°	93.3(96.4)
DU93 - W - 210	70	1	1	6°	96.0(98.3)
LN1121	70	1	1	6°	93.1(96.7)

10.4　风力机气动噪声预测

以上关于翼型空气动力学和气动声学的计算方法均可用于风力机叶片的气动噪声仿真,对比数值模拟和工程计算方法,前者的计算量巨大,通常需要庞大计算服务器集群,后者在风力机噪声评估和优化设计中广泛使用。

10.4.1　基于 CFD/CAA 的叶片噪声仿真

本小节围绕 NREL5MW 风力机开展气动和噪声仿真计算。叶片长度约 63 m,采用入流风速 10 m/s 和转速 12.1 rpm(r/min)作为计算工况。由于 LES/CAA 计算量过大,本算例采用非稳态雷诺平均方法 URANS 进行流场求解。采用图 10.63 所示的网格构造实施并行计算。仿真计算所得的表面压力云图和流线分布见图 10.64,从前面的介绍可知,翼型噪声源主要集中在吸力面靠近尾缘的区域,而边界层分离噪声的出现则伴随着攻角较大的情况,除了叶根的吸力面以外,流线在整个叶片展向位置基本没有出现分离现象,从流场可以推测没有分离噪声源的产生。

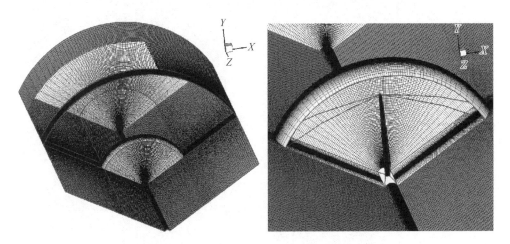

图 10.63　NREL5MW 风力机网格构造示意图

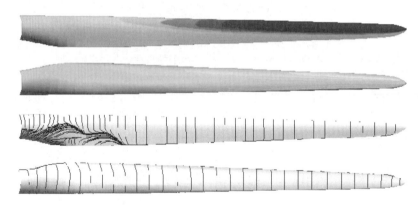

图 10.64   NREL5MW 叶片负压面和正压面的压力云图和表面流线

从叶根到叶尖方向为顺序,选取风力机叶片各展向位置:$r = 55$ m, $r = 35$ m,$r = 15$ m 位置,对比各截面处的流场和声场。如图 10.65 所示,叶根部位翼型厚度较大,入流角度也较大,在翼型的尾缘部分有相对明显的流动分离。但是对比靠近叶尖的位置,由于叶根处相对入流速度较小,所以在翼型表面产生的声源强度相对较小。在 $r = 35$ m 和 $r = 15$ m 可观察到在翼型吸力面存在较强的声源,声压分布云图为瞬时值,因此声源点的位置和强度也将随时间有所变化。在计算过程中设置两个声压记录点,分别位于叶尖顶部 1 m 距离和接近叶尖 60 m 展长位置距离尾缘 1 m 处。图 10.66 中,将风力机噪声源的分布以等值面的方式从三维声场结果中提取出来,图中所示的叶片上,在近叶尖位置声源强度大且分布密集,强度和分布密度在近叶根位置逐渐减低。由于当前的计算采用的 URANS 方法,更细化的声源分布无法达到相应的显示分辨率。

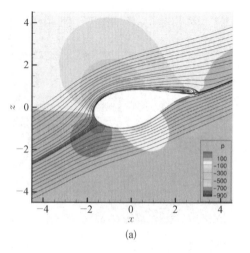

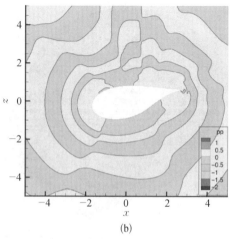

(a)   (b)

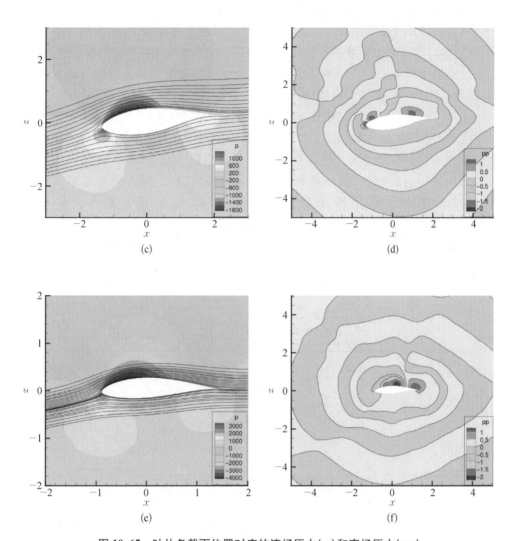

图 10.65　叶片各截面位置对应的流场压力(p)和声场压力(pp)

图 10.66　叶片上的声源分布

10.4.2　基于工程方法的噪声仿真与实验验证

风力机叶片气动噪声的计算通常与叶素动量理论相结合,且两者均为工程方法,在总体计算精度方面能够保持在同一水平。以翼型气动噪声模型为基础,将叶片划分成若干叶素,应用 BEM 方法求得各个叶素位置的相对入流速度和入流攻角,则可应用翼型气动噪声模块,计算该叶素处的气动噪声。计算流程如图 10.67所示。从程序界面读取以下参数,包含环境基本参数:声速、空气的动力黏度或运动黏度、大气密度、地面粗糙度、风切系数、湍流强度、湍流长度标度;输入观测者相对于风力机的位置坐标:观测者距风力机轮毂位置水平距离、观测者相对于风力机轮毂位置的角度、观测者相对于地面的高度;输入风力机相关的运行参数:轮毂高度、叶片数、转速、轮毂半径、叶片安装角、仰角、锥角、叶片长度、叶片所包含翼型、来流风速;从叶片数据文件里读取叶片及所包含翼型的相关参数:翼型外形数据、翼型气动数据、叶片弦长、扭角、半径;对叶片进行均匀或非均匀

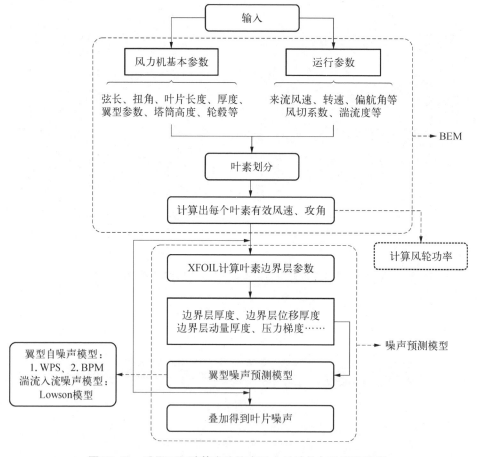

图 10.67　采用工程计算方法仿真风力机叶片气动噪声流场

叶素划分,完成翼型外形和升阻力等参数进行插值;结合叶素动量理论,计算出给定风速下风力机叶片上每个叶素的各个噪声机制的声压级,同步输出风力机功率和受力数据;通过对叶片上所有叶素进行对数叠加得到该风速下风力机总噪声的声压级。

以某 2.3MW 风力机为算例,分析各工况气动噪声并对比实验测试值。表 10.11 为该风力机的运行和测量基本参数。

表 10.11 风力机测量基础设置

风轮转子半径/m	46.2
塔筒高度/m	80
叶片数	3
转速/(r/min)	14
翼型	FFAW3XX 系列、NACA636XX 系列
平均桨距角/(°)	−2
轮毂处平均风速/(m/s)	8
风向	上风向
接收者位置 /m	500
风切系数	0
塔筒顶部半径/m	1.0
塔筒底部半径/m	2.5
地表粗糙度/m	0.01

图 10.68 中显示了 BPM 和 WPS 两种预测方法与实测值的对比效果。从图中可以看出,实验测量值曲线在低频及高频部分变化程度较大,这是由于测量中不可避免的误差所带来的。在该台风力机的噪声预测结果中,WPS 模型与 BPM 模型在低频部分的曲线重合度较高,在 200~700 Hz 范围内,BPM 模型的预测值要高于WPS 模型,两种模型都没有准确地捕捉到实验值的变化趋势,不过 BPM 模型的预测噪声最大值更接近于实验值的噪声最大值,而 WPS 模型没有准确地预测到噪声最大值。在高频部分两种模型的预测值都要比实验值高,不过 WPS 预测的趋势要比 BPM 模型更接近实验测量噪声曲线的趋势。总体上两种模型在低频部分和中频部分的预测效果比较理想,声压级数值都在可接受范围内,在高频部分预测偏差较大,这也可能是由于测量误差本身所致。

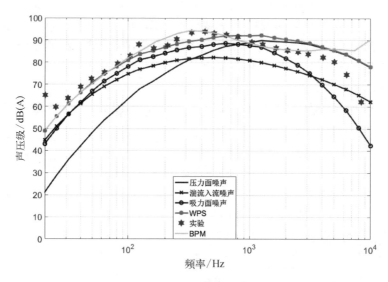

图 10.68　风力机噪声谱预测与实验对比

　　该风力机在多种运行工况下还进行了广泛的气动噪声测试,测试包含表 10.12 中的运行参数或测点位置的信息。

表 10.12　测试变量

测点	1# 距离叶轮正向下风向 100 m; 2# 距离叶轮正向下风向 150 m; 3# 距离叶轮旋转平面侧向 20 m; 4# 距离叶轮旋转平面侧向 150 m
风速	3～12 m/s
转速	10～17 r/min
桨距角	0～10°

　　大量的实验数据首先需要经过缜密的分析与筛选,最终经过信号处理化为声压级或声功率。对于测试量大,周期比较长的实验研究,需要进行数据分类,每一天测量时对应的背景噪声、温度变化、风速变化、风向变化、湍流强度、桨距角变化、转速变化、测量位置等组成一个庞大的测量矩阵,图 10.69 所示界面为实现这一功能的实验处理工具。图中汇总了多个测量日的多次测试数据和相应的运行数据。

　　以其中某一天的测量数据为例进行分析,部分实验结果如图 10.70～图 10.74 所示。图 10.70 中的几十个测试数据中包含了较宽的风速区间,将数据整理成风速与声功率的关系图,发现随着风速的上升,声功率同样呈上升趋势。图 10.71 中

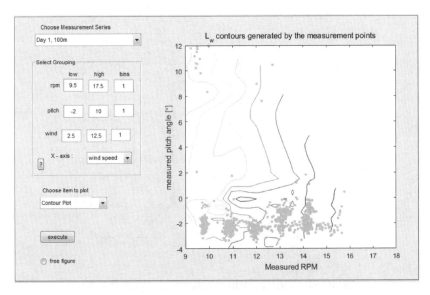

图 10.69　实验数据统计与分析程序

包含了总声压级随测试时间变化的规律,图中有三条曲线,其中实线为声压级,虚线和点划线分别表示桨距角和转速的参数变化。纵坐标为声压级,桨距角和转速的变化范围如前文列表内所示,不再标记纵向坐标。观察图形可以发现,在声压级大幅变化的区域,同步发生了桨距角或者转速的显著增减。当数据采集时间段内的风速和风向相对平稳,采用人工控制变桨和变速策略观察噪声的变化。图 10.72 从另一个视角观察到转速和桨距角的影响,其中转速对于声功率具有更加决定性的影响。

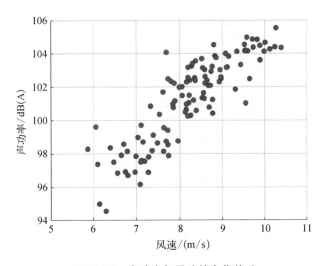

图 10.70　声功率与风速的变化关系

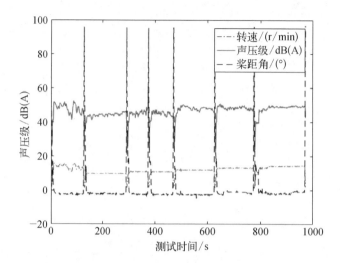

图 10.71　声压级、转速、桨距角的同步动态变化关系

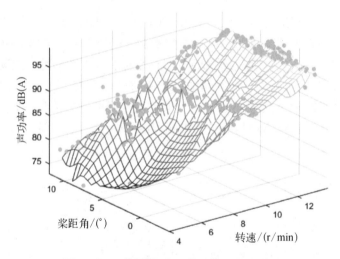

图 10.72　对应桨距和转速变化的声功率

　　图 10.73 和图 10.74 分别为某测量日所对应的背景噪声和实测声压谱集合。背景噪声的采集需要对应不同的风速区间。图中所示的背景噪声包含了风速从 3 m/s 到 12 m/s 的对应噪声谱。对比两者可以发现背景噪声在中低频率段远小于风力机的噪声,可见测试环境比较理想。相应的风速下观察风力机噪声谱,虽然风速等工况各有不同,但是当前测试风力机噪声谱总体幅值最大值位于 500 Hz 左右,其中高频部分过滤部分由于鸟鸣产生的背景噪声。

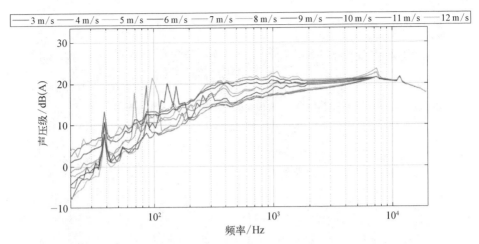

图 10.73　各风速区间下实测背景噪声

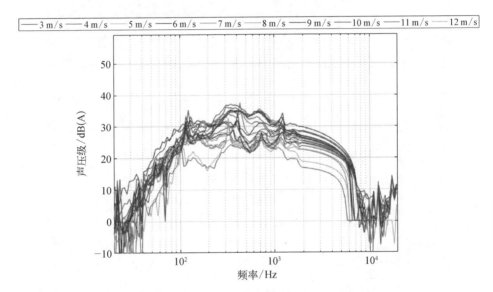

图 10.74　各风速区间下声压级测量值

对应实验的各类工况,采用风力机气动噪声软件计算相应的噪声谱。如图 10.75 所示,输入风力机几何参数,运行参数,以及风况等必要条件,输出各气动噪声源的声压级和声功率。同时对于环绕风力机的多个测点,可以反馈风力机气动噪声的声指向性,如图 10.76 所示,风力机呈现明显的偶极子声源特征。

在给定的风力机运行风速区间,协同研究风速、变桨、变速等组合工况下的功率输出和气动噪声。表 10.13 针对测点 1#位置,仿真了 4~20 m/s 风速下相应的

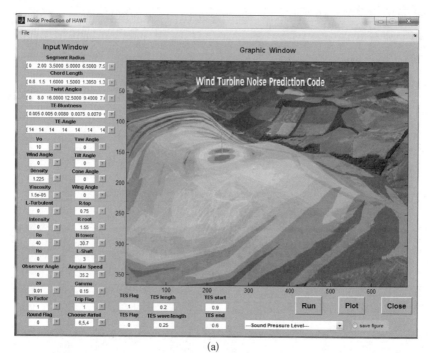

(a)

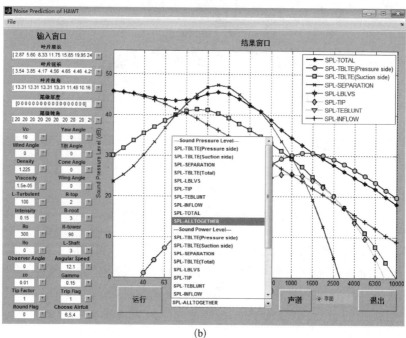

(b)

图 10.75   风力机气动噪声计算程序

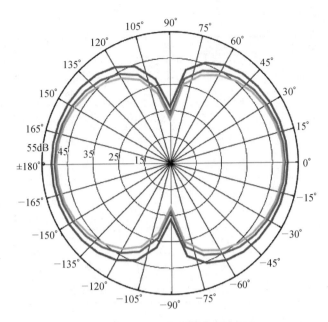

图 10.76　风力机气动噪声的声指向

功率和噪声数据。从数据表中观察到声功率最大值为 107.1 dB,此时风力机趋近于满负荷发电工况。电功率与声功率的关系见图 10.77。风速与声功率的对应关系可直观地从图 10.78 中观察,图中的实验值包含了 $\pm\sigma$ 的偏离值,同时采用了二次多项式拟合了实验曲线,仿真结果与实验对比可见趋势和幅值均比较接近。

表 10.13　正常运行工况电功率和声功率等仿真数据(测点 1#)

风速/ (m/s)	转速/ (r/min)	尖速比	桨距角/ (°)	机械功率/kW	电功率/kW	声压级/ dB	声功率级/ dB
4.00	7.25	8.77	−1.00	116.79	91.47	31.7	84.8
5.00	8.25	7.98	−1.00	224.49	190.98	34.9	88.0
6.00	11.25	9.07	−1.00	394.77	348.98	43.0	96.2
7.00	13.00	8.98	−1.00	626.74	561.61	46.7	99.8
8.00	14.75	8.92	−1.00	935.29	843.21	50.0	103.2
9.00	16.50	8.87	−1.00	1 331.32	1 209.38	53.0	106.1
10.00	16.50	7.98	−1.00	1 795.95	1 645.92	53.5	106.6
11.00	16.50	7.26	−1.00	2 307.57	2 123.43	54.0	107.1

续　表

风速/ (m/s)	转速/ (r/min)	尖速比	桨距角/ (°)	机械功率/kW	电功率/kW	声压级/ dB	声功率级/ dB
12.00	16.50	6.65	3.19	2 498.87	2 299.48	52.3	105.5
13.00	16.50	6.14	6.26	2 499.90	2 300.43	51.6	104.7
14.00	16.50	5.70	8.47	2 500.90	2 301.34	51.3	104.5
15.00	16.50	5.32	10.37	2 500.81	2 301.26	51.3	104.4
16.00	16.50	4.99	12.08	2 499.47	2 300.03	51.3	104.5
17.00	16.50	4.70	13.65	2 500.35	2 300.84	51.5	104.6
18.00	16.50	4.43	15.12	2 501.65	2 302.04	51.6	104.8
19.00	16.50	4.20	16.52	2 499.79	2 300.32	51.8	104.9
20.00	16.50	3.99	17.85	2 501.59	2 301.98	52.0	105.1

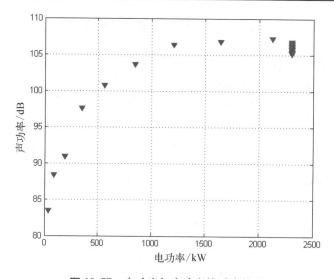

图 10.77　电功率与声功率的对应关系

　　图 10.79 和图 10.80 分别展示了转速与声功率的对应关系以及桨距角与声功率的对应关系。图 10.79 中的散点均为各风速下测得的声功率,横坐标显示低速转轴的转速变化,图中一根实线为线性拟合的实验数据。对比发现计算和实验都反映了声功率随转速上升的准线性关系。如图 10.80 所示,桨距角变化带来的声功率变化相对比较复杂,各风速下当桨距角在 0°左右时噪声较大,随着桨距角的发生主动控制,在一定范围内呈现出噪声下降的趋势,当桨距角进一步增大通常也意味着风速相应有所增高,此时噪声等级又有所回升。

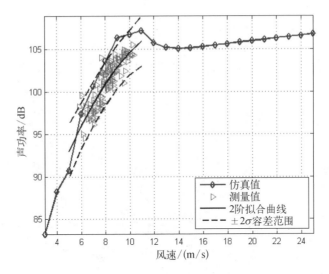

图 10.78 风速与声功率的对应关系

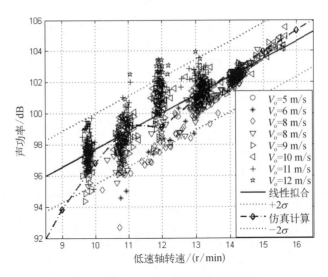

图 10.79 转速与声功率的对应关系

σ 为误差范围;V_0 为风速

图 10.81 中,绘制了转速和桨距角为变量的噪声等高线,从图中可以观察在哪些运行工况的组合中可以寻求较小的噪声值,这样有利于探究在如何满足风力机功率输出需求的前提下,进行低噪声运行方案的优化。图 10.82 是与计算相对应的实验数据,在实验数据比较充足的情况下生成如图所示的噪声等高线云图。比较实验与计算预测所得的分布情况,两组结果对应着相似的噪声分布规律,并且整体幅值也吻合良好。

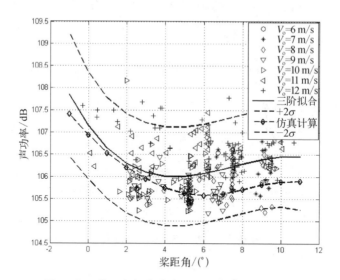

图 10.80 桨距角与声功率的对应关系(17 r/min)

σ 为误差范围;V_o 为风速

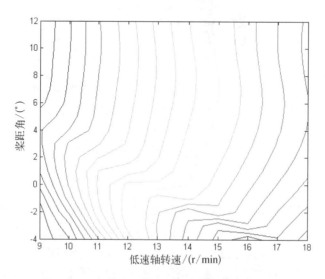

图 10.81 与转速和桨距角为变量的噪声等高线

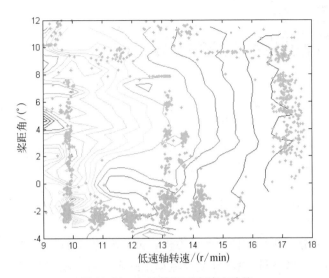

图 10.82　与计算相对应的实验值

第十一章
风电场气动噪声传播计算

11.1 引　言

　　前面各章节分别介绍了翼型和风力机相关的流动和噪声源问题。风力机噪声的传播,尤其是复杂地形风电场和复杂流动中的声传播问题需要耦合风力机气动、气动声源、风场优化等仿真工具。基于前面的基础,本章采用抛物方程算法(PE),讲述风力机和风电场的远场噪声传播的相关计算实例。首先从单台风力机入手,分析风力机噪声传播的一般规律;其次,研究平面地形下风电场的噪声传播以及优化方案;最后,以复杂地形为研究目标,讲述此类风电场的噪声的一些预测和评估案例。

11.2 基 础 算 例

11.2.1　平面声传播——理想状况

　　第一个算例选取一平面地形中的声源从 $x = 0$ m 传播至 $x = 200$ m。声源高度为 $z = 0.5$ m, 200 m 处的接收高度为 $z = 1.5$ m。该算例仅考虑理想化的长距离声传播,在一定的气象条件下,将空气运动或温度梯度效应忽略不计。地形平坦且为均匀声学柔软的表面。对于典型草地,流阻为 100 kPa · s · m^{-2} 和 300 kPa · s · m^{-2} 之间。当前的模拟计算采用地面吸收的流阻取为 250 kPa · s · m^{-2}。图 11.1 显示了 200 m 传播路径上的声波传输损耗,其中收集了 1/3 倍频程频带中的部分选定频率。在较低的频率下,如 $f = 20$ Hz 和 $f = 40$ Hz,相对声压级的变化 ΔL 在传播范围内有所增加。需要指出的是,采用抛物方程计算所得的 ΔL 需叠加几何空间衰减 ($10 \lg 4\pi D^2$) 与空气吸收衰减 (αD) 构成总的声传播损失,其中 D 是传播路径的长度。对于频率更高的组成部分,ΔL 沿着传播方向持续减小。图 11.2 中比较了测量数据或从其他模型获得的数据[151],可见在基准的条件下,各声压谱总体吻合良好。图 11.2 的结果说明了在 200 m 位置声源的相对衰减量 ΔL 与具体的频率段关系紧密。例如,在 600 Hz 至 700 Hz 附近的频率段,噪声衰减量最大。需要指出的是,这个规律只是针对在当前的 200 m 位置和高度为 $z = 1.5$ m 的接收位置。当距离和高度发生变化时,结论会发生一定变化。正如图 11.1 中描述的各个频率随传播距离的声衰减关系,从趋势上来看,衰减量并不是由低频向高频线性地变化。

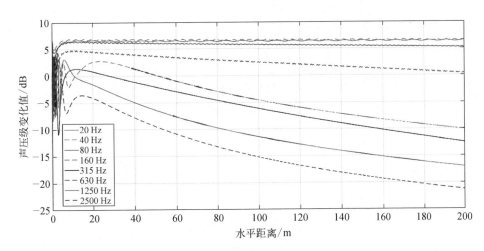

图 11.1   沿 200 m 传播距离各频率噪声衰减规律(草地)

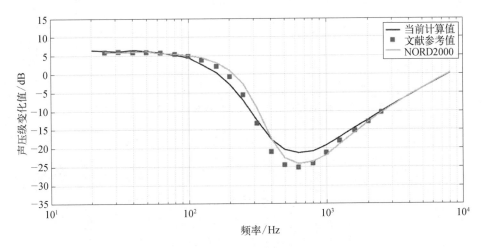

图 11.2   基于 1/3 倍频程的声传播衰减

11.2.2   平面声传播——考虑温差梯度

在这个算例中,传播距离、声源和接受点的位置坐标不变,地面声阻抗记为无穷大,这对应了流阻为无穷大的情况,比如光滑镜面和水面都是流阻很大的介质。同时,测得地面的温差梯度为 0.084 6 K/m(假设为线性变化),这样可以通过温度梯度换算出声速的变化关系:

$$T = \frac{\partial T}{\partial z} \cdot z + T_0 \qquad (11.1)$$

$$c = c_0 \cdot \sqrt{T/T_0} \qquad (11.2)$$

当近地面温度梯度为正,也称为逆温,近地面正温梯度将导致声波向下弯曲至地面方向,从而导致地面附近噪声等级增加。本算例从图 11.3 和图 11.4 的计算结果分析,除去在距离声源较近的区域,ΔL 总体上增加了 5 dB 以上。在接受点位置获取的声压谱变化显示计算与参照数据匹配良好,在 3 000 Hz 以下 ΔL 都呈现增长趋势,原因在于地面声阻抗和温度梯度的共同作用使声波折射向地面方向。

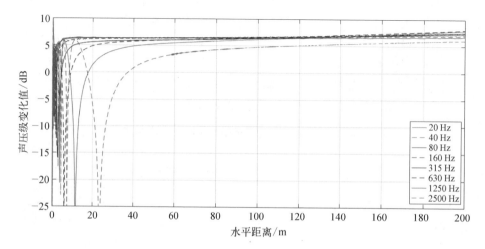

图 11.3　沿 200 m 传播距离各频率噪声衰减规律(全反射地面)

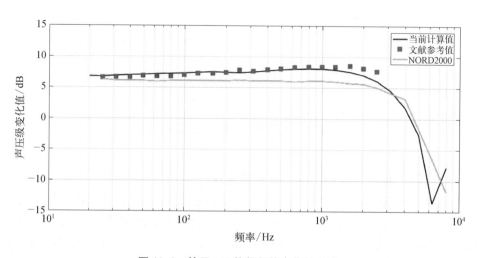

图 11.4　基于 1/3 倍频程的声传播衰减

11.2.3　平面声传播——考虑风速

此例延续上例的情况,区别在于考虑大气运动,即存在环境风速影响。风速在 10 m 高度处为 −4.165 m/s,此列中声源传播方向为逆风向。应用在声传播理论部分提到的等效声速 $c_{\text{eff}}(z)$ 公式,通过抑制某高度处的风速可以反推公式中的参数 $b \approx -1$,负数表示声传播将向上方空中弯曲,从而噪声对地面影响减小。图 11.5 中的结果中清晰看到声压随着距离的衰减。对比各条曲线,发现当前算例的传播规律比较明显,图 11.5 中各频率对应的曲线显示了在传播路径上,从低频至高频递增衰减的简单规律。图 11.6 中通过结果对比,显示出当前计算方法的优越性,对比参考数值吻合度超过工程软件的计算结果。当然,综合考量不同的计算方法需要在保障精度的同时考虑运算效率。从计算时间和计算精度来看,当前的声传播

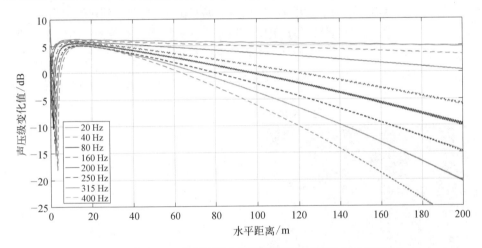

图 11.5　沿 200 m 传播距离各频率噪声衰减规律(全反射地面)

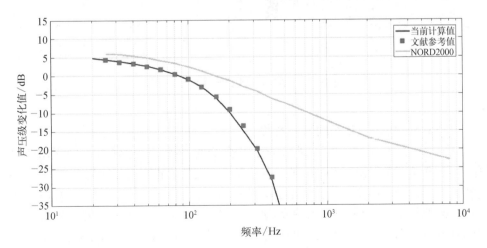

图 11.6　基于 1/3 倍频程的声传播衰减

计算属于数值模拟类,与 CFD 的计算量属于同一量级,因此在科学研究或者工程应用时抛物方程方法与 CFD 可以形成良好的匹配。

11.2.4   绕单个山丘声传播

采用高斯函数表示一个简化的山丘,该山丘高度为 10 m,连接此山丘的均为平坦地形。地面和山丘的流阻都为 200 kPa·s·m^{-2}。参考声速为 $c_0 = 340$ m/s,地面粗糙度为 $z_0 = 0.1$ m。取 $b = 1$,对应 10 m 高度处的风速约 4.6 m/s。采用抛物方程计算频率为 300 Hz 的声传播云图,结果如图 11.7(a)所示,山丘位于计算域左下方,横坐标为传播的距离,纵坐标为高度方向,云图的颜色深浅表示整个计算域中 ΔL 的大小与分布规律。图中可见,ΔL 大致随着传播距离增加而增加,但是由于声源沿着下风向传播,带来声传播方向为下弯曲效应,在传播路径的远端,观察到声衰减相对减缓和减弱。为了更好地观察量化关系,图 11.7(b)中的曲线表示沿着相对高度 2 m 的位置,在 0~1 000 m 长的路径上截取 ΔL 的值。比较发现当前的计算数据与参考值十分接近[56],并且由于山丘的存在使声波沿着传播路径产生相当明显的差别。

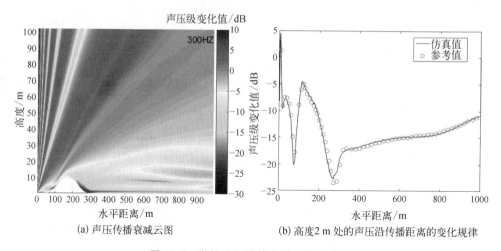

(a) 声压传播衰减云图   (b) 高度 2 m 处的声压沿传播距离的变化规律

图 11.7   抛物方程计算所得声传播结果

11.2.5   简化的复杂地形声传播

当前的算例面向更加复杂地形的声传播,该地形由三个山坡组成,分别位于水平方向 60 m、125 m 和 155 m 位置。声源和接收点的位置高度分别为 1 m 和 1.5 m(距离地面的相对高度)。地面流阻取值为 500 kPa·s·m^{-2}。参考图 11.8(a)和(b),数值计算结果分别对应着 500 Hz 和 1 000 Hz 复杂地形下的声传播衰减云图。从图中可见,不同的频率下对应的传播规律有显著的区别。比如观察近地面高度位置,500 Hz 声衰减要强于 1 000 Hz 的衰减幅度。

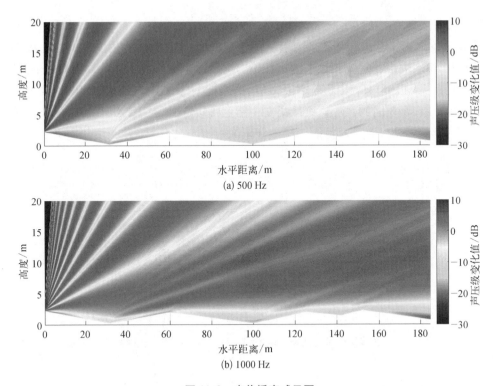

(a) 500 Hz

(b) 1000 Hz

图 11.8　声传播衰减云图

设定地面粗糙度 $z_0 = 0.1$ m，参考声速 $c_0 = 340$ m/s，等效声速中参数 $b = 0.2167$ 对应轻度的声传播下弯曲情形。此时的 10 m 高度处风速为 1 m/s，属于微风状态。当风速分别取 +1 m/s 和 −1 m/s 时，对应的风速梯度变化如图 11.9 所示。上风向

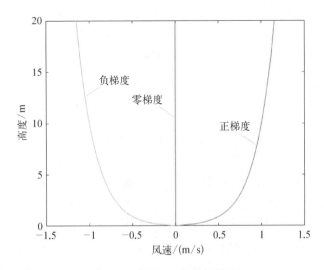

负梯度

零梯度

正梯度

图 11.9　风速正、负和零梯度

和下风向带来的声传播变化如图 11.10 所示。随着传播距离的变化,即使是微风状况下,在超过 180 m 传播距离以后,上、下风向传播情况在该位置的声压级差别超过 10 dB。进一步观察频域上的声压谱,参照实验数据[152],如图 11.11 所示,从频域上分析,在 500 Hz 以下频率段,风向的变化对于总声压级影响很小,从大于500 Hz 开始,下风向的声压值衰减幅度小于上风向情况,在 3 500 Hz 附近的差异达到了 30 dB,可见气流对声传播影响十分显著。

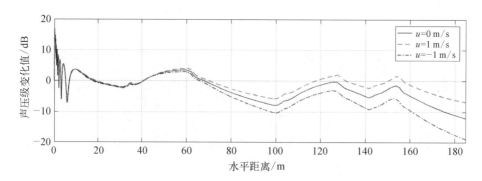

图 11.10　沿着传播路径的声压衰减变化规律(1 000 Hz, 相对高度 1.5 m)

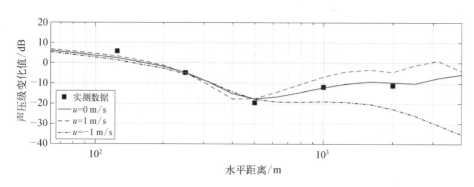

图 11.11　数值仿真和实测对比

11.3　风力机的声传播

11.3.1　单台和多台串列风力机的声传播

本节首先研究某单台风力机的远场声传播规律,接着将多台风力机进行串列,从而分析其尾流运动下的声传播规律。假设声源的仿真已经通过工程模拟方法预先获得,当前的计算仅侧重于风力机的尾流模拟和噪声传播。如图 11.12 所示,模拟尾流运动可采用制动盘方法,风力机排列位置和间距可调,风力机数量可以通过增加网格分块来实现。图中所示网格采用了更加便捷的二维计算方法获取尾流场,当不考虑偏航和地面风切时,采用二维轴对称 CFD 仿真与三维仿真结果将会完全一致,因此无须采用全三维计算。图中的数字 1 表示入流进口边界,2 为轴对称边界,3 为出口边界。图 11.12(b) 为仿真效果,显示了轴向的速度云图。尾流结果对比了采用 LES 的三维计算结果,如图 11.13 所示,在 5D 和 7D 位置对比显示二维 RANS 与其他文献中的三维 LES 结果接近[153]。

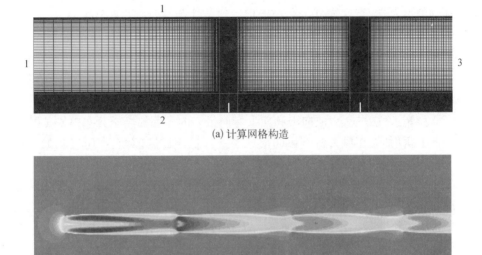

(a) 计算网格构造

(b) 流场云图

图 11.12　风力机尾流计算

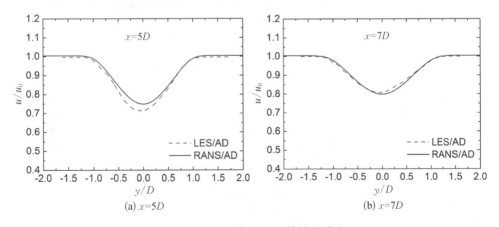

(a) x=5D

(b) x=7D

图 11.13　LES 与 RANS 的结果对比

　　理想状况下,声速假定为一个常数,而通常在风切和温差的共同作用下,会形成图 11.14 所示的入口声速分布以及进入尾流中的声速分布等高线。图 11.14(a)、(b)分别对应了使声传播向上和向下弯曲的入流声速剖面。当该初始的声速分布进入风力机尾流区域后,声速分布发生了明显的变化。由于声速的改变,可以设想声压分布也会相应发生明显变化。图 11.15 中,依次计算了单台风力机在有/无尾流影响下的声传播。如图 11.15(a)所示,以 300 Hz 频率的计算为例,在稳定大气条件下,第一台风力机的声传播呈现相当规律的变化,风力机噪声源位于坐标轴的最左端,高度约 80 m。声源以直线传播和反射波两部分组成,在靠近风力机的区域地面的反射波比较显著,随着距离的增加,反射波的强度逐渐衰弱。接着考虑第一台风力机噪声传播依次进入三台风力机的尾流之中的情况,可以观察到传播路径上的声压衰减云图发生了显著变化。对比(a)图结果,主要变化在尾流之中局部空间以及在声传播远端近地面处声压有所增强。图 11.15(c)和(d)分别叠加了非稳定大气效应,声波向上和向下弯曲带来的显著的声压分布差别,尤其是当声波向上折射时,在风力机下风向形成了一片低声压区,对应声压衰减的 $L_p(f)$ 值较大,这是对应的对降噪比较有利的一种情形。

　　图 11.16 显示了离地面高度 $h=2$ m 处的相对声压级沿传播路径的变化规律。在工况 1 中,没有大气的折射效应,传播距离越长,反射效应越弱,声衰减越小,ΔL 趋向于成为一个常数。在其他情况下,ΔL 在较长传播路径上的变化很大。尤其对

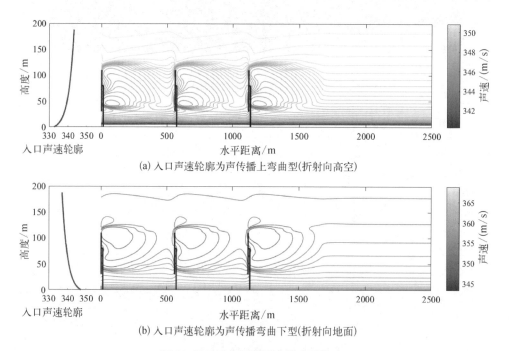

(a) 入口声速轮廓为声传播上弯曲型(折射向高空)

(b) 入口声速轮廓为声传播弯曲下型(折射向地面)

图 11.14　风力机尾流中的声速分布

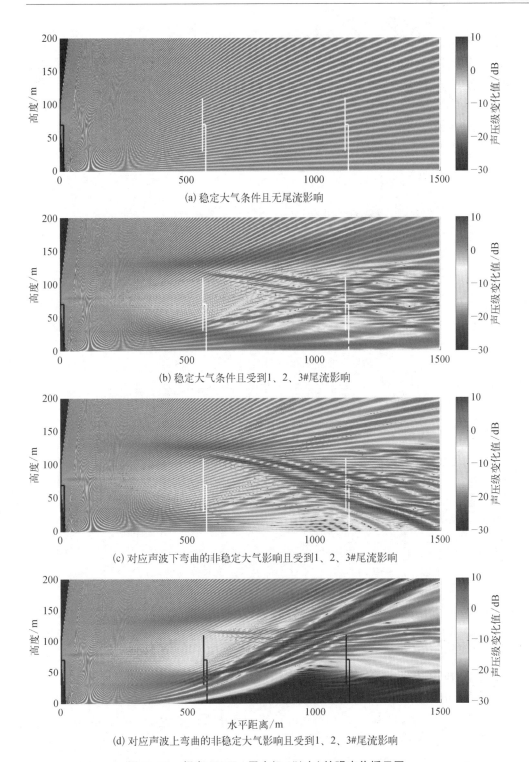

(a) 稳定大气条件且无尾流影响

(b) 稳定大气条件且受到1、2、3#尾流影响

(c) 对应声波下弯曲的非稳定大气影响且受到1、2、3#尾流影响

(d) 对应声波上弯曲的非稳定大气影响且受到1、2、3#尾流影响

图 11.15　频率 300 Hz,风力机 1#(左)的噪声传播云图

于工况 4,在 $x = 1\,500$ m 处可以看到较大的传播损耗。而在工况 3 中,ΔL 由于强烈
的向下折射而有所回升。值得注意的是不同高度的 ΔL 值可能会显著不同,观察噪
声传播云图,任意高度的声压衰减变化可以从压力衰减云图中获取。从这些比较
中可以看出,风机噪声传播在很大程度上取决于环境条件。如图 11.16 所示,在近
场 ($x < 500$ m) 中,声压的变化比远场 ($x > 500$ m) 中的声压变化小得多。这也反映了
复杂大气条件下远场风力机噪声预测的重要性。

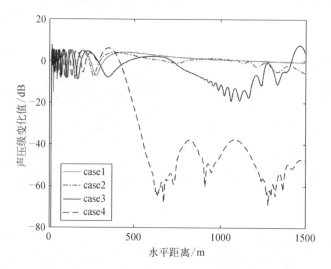

图 11.16　上述四种工况下的相对声压在高度 2 m 处的变化对比

　　已知上游风力机(1#) 的声功率谱,则下游任意位置处的声压可以减去各项衰
减,如公式(11.3)所示:

$$L_p(f) = L_w(f) - 10\lg 4\pi D^2 - \alpha D + \Delta L \qquad (11.3)$$

$$\alpha = (0.02 + 0.36f + 0.036f^2) \cdot 10^{-2}\,\text{dB/m} \qquad (11.4)$$

式中,$L_w(f)$ 是某风力机声功率谱,减去几何传播衰减、空气吸收和复杂环境下
的折射、反射等其他各项衰减(ΔL)得到相应距离的声压级 $L_p(f)$。对于各个频
率的噪声传播,可重复相同的数值计算过程,从而获得完整的噪声谱,如图
11.17 所示。在当前的算例中,风机噪声源在 1/3 倍频程范围内的传播频率范
围是 20 Hz 到 5 000 Hz。由于对象频率越高,网格密度要求越细,计算工作量越
大,所以针对远距离声传播计算的特点,对于传播衰减较快的高频部分通常可在
频谱中省略。例如,用于 $f = 3\,000$ Hz 计算的网格点通常比用于 $f = 300$ Hz 的网格
点多 100 倍。因此,此处不考虑 5 000 Hz 以上的频率。实际上,高频声波可被空
气显著吸收,即吸声系数 α 较大,因此传播距离越远高频声波的衰减越显著,参

考公式(11.4)。图 11.17 显示了风力机噪声传播至 $x=1\,500$ m 处的声压级。可以看出,相比于噪声源的声压谱,远场传播以后噪声在所有频率上均显著降低,其中最显著的传播损失是由几何衰减引起的。在 $f>1\,000$ Hz 时,空气吸收的影响较大。工况 1 导致低频段 SPL 有所增加,而工况 3 显示在 $f>200$ Hz 时噪声持续增加。

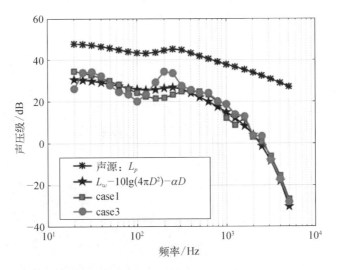

图 11.17　对比工况 1、3 大气条件下的风力机声压谱

相似的计算可以拓展到考虑风力机 2#和 3#的传播模拟。如图 11.18 所示为单独考虑风力机 2#、3#的噪声传播,以及三台风力机总的传播影响,云图显示的声压总和的叠加遵循对数定律。取 $h=2$ m 高度,可对比上述四种工况下风力机声压衰减沿传播方向的变化规律。如图 11.19 所示,对比前一种情况,当前的整体声压变化较小,这是由于三台风力机的尾流叠加之后形成和大气流动的混合效果,尾流中的速度变化进一步地被均匀化,所带来的声传播变化幅度有所减小。

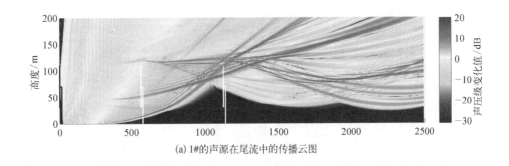

(a) 1#的声源在尾流中的传播云图

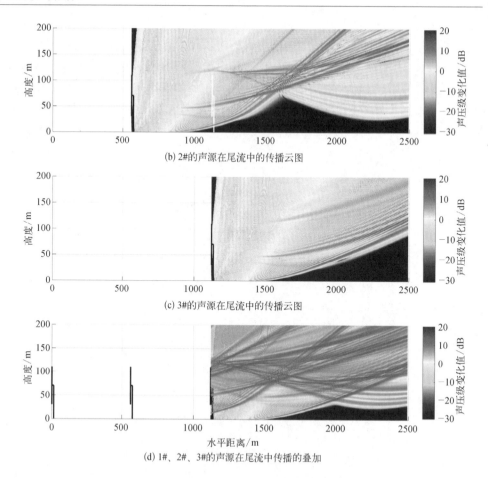

(b) 2#的声源在尾流中的传播云图

(c) 3#的声源在尾流中的传播云图

(d) 1#、2#、3#的声源在尾流中传播的叠加

**图 11.18　频率 1 000 Hz,风力机 1#(左)、2#(中)、3#(右)的
噪声传播云图(大气条件对应声波向上折射)**

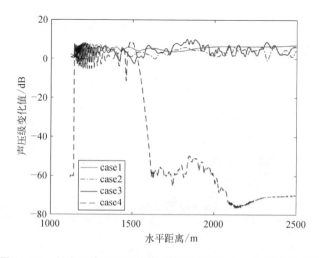

图 11.19　上述四种工况下的相对声压在高度 2 m 处的变化对比

最后,图 11.20 中预测并对比了不同接收点位置的声压谱。接收点的高度固定在 $h=2\text{ m}$,从风力机#1 标记水平距离为: $x=[1\,620\,\text{、}1\,820\,\text{、}2\,020\,\text{、}2\,220\,\text{、}2\,420]\text{ m}$。形成的噪声谱如图所示,对应的距离以不同的颜色标记。观察总体趋势发现,随着观察点距离的增加,声压级总体逐步降低。然而,在某些距离和频率上,并不总是呈简单的线性变化关系。例如,在 $x=1\,820\text{ m}$ 时,除低频外,与 $x=1\,620\text{ m}$ 的情况相比,观察到声压级有所增加。远距离噪声传播的仿真结果表明,低频噪声可以成为潜在的风机远场噪声的主要来源。

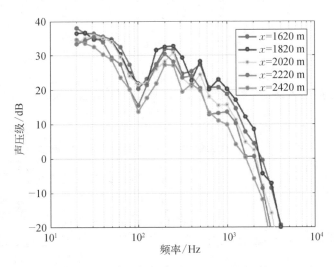

图 11.20　不同传播距离处风力机 1#、2#、3#的声压谱

11.3.2　大气稳定性、尾流以及风切的综合效应

由于昼夜温差的存在,在一天中的大气稳定性通常有明显的变化,以早晨和中午为例,声速的变化如图 11.21(a)所示,此时的等效声速受到大气湍流的影响产生如该云图所示的分布效果。早晨的大气分层十分明显而到中午时分地面热上升效应增强,湍流度高,因此午时声速的分布特征显著区别于清晨。风力机噪声传播相应的效果如图 11.21(b)所示,风力机位于坐标中心轴位置。早晨,低空急流在风力机的下风处捕获反射波并向下折射。这导致远场约 2 500 m 位置的声压增强。在风力机的上游逆风处,声传播衰减幅度远大于下游。为更清晰的观察风力机噪声传播在一天中的差异性,暂不考虑尾流影响,观察一天中四个时间段风力机噪声下风向的传播。图 11.22 中展示了在清晨、中午、傍晚和深夜这四个典型时刻风力机噪声沿下游路径传播规律。可见,风力机在大气分层比较明显的早晚时间形成更强的传播能力,即相应的传播衰减较弱。对于需要进行风力机噪声控制的区域来说,这个现象不利于夜晚风资源相对充足的时间高负荷发电。

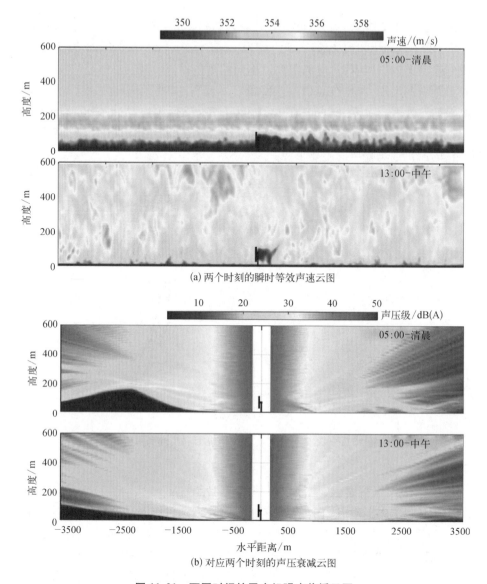

(a) 两个时刻的瞬时等效声速云图

(b) 对应两个时刻的声压衰减云图

图 11. 21 不同时间的风力机噪声传播云图

  大气湍流是一种变化的环境流场,它随着地点、季节和早晚温差不断地变化,而风电场建设完毕以后,由于地形地貌和风力机摆放位置的作用,还会产生风切和尾流的效应,因此会叠加到环境流场中,形成更加复杂的动态流场。如图 11. 23 所示,风力机运行在某个动态流场和动态的声源之中,理论上接受者所能感知的风力机噪声是动态变化的。这种声压变化的机理在风力机近距离和远距离是完全不同的。如图 11. 23 所示,距离越近,风力机声源由高处旋转至近地面时距离更近,这是主要原因;其次,由于风切和塔影效应,使入流攻角产生较大的周期性变化,由此

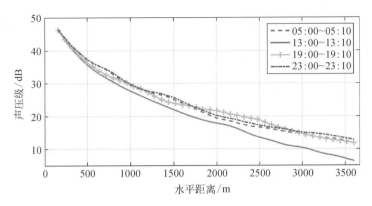

图 11.22　不同时刻风力机下风向路径的噪声衰减

带来周期性的动态噪声。对于远场噪声传播,其动态声压变化主要受到传播途径中的动态流场影响,同时,由于大风切等因素导致的低频调幅噪声会形成更远距离的传播效应。此外,大型风力机和风电场还可能存在次声波的影响,汉诺威大学学者对 2006~2015 年期间在德国北部不来梅地区的次声观测站进行了 10 年数据统计和研究[154],建议了避免风电场次声影响的安全范围:单台风力机应保持距离 5~10 km,风电场应保持距离 10~15 km,风电场群应保持 50 km。由于次声很难为人类感知,而且风力机产生的次声强度十分低,相关风力机次声研究还在初始阶段,是否产生影响和如何影响还有待进一步科学论证。

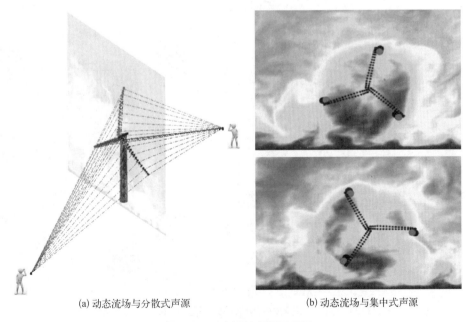

(a) 动态流场与分散式声源　　　　　　　(b) 动态流场与集中式声源

图 11.23　流场与声源示意图

图 11.24 中,综合了不同的湍流强度和风切指数对流场的影响和对噪声衰减的作用规律。图中左上角对应风切指数 $\gamma=0.14$ 以及湍流强度 TI $=0\%$,右下角对应风切指数 $\gamma=0.45$ 以及湍流强度 TI $=10\%$。图中可见,风力机的尾流运动与风切和湍流变化密切关联。风切增大,尾流逐渐变成非对称形态;湍流强度越大,风力机的尾流轮廓越难向下游保持。由此,对应了各个不同工况下的瞬时声压衰减云图,其变化规律和前面的观察结果相似。

　　进一步考虑非平坦地形的声传播,地形和湍流的共同作用增加了声传播的无序性和随机性。如图 11.25 所示,通过模拟复杂地形风力机声传播,分别考虑和忽

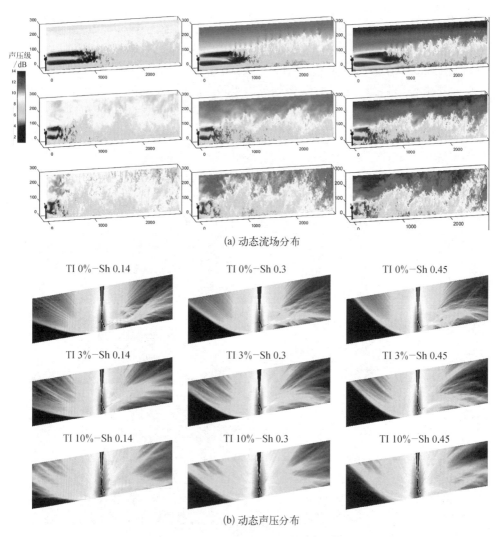

(a) 动态流场分布

(b) 动态声压分布

图 11.24　图中从左到右:增加风切指数(0.14, 0.3, 0.45),
从上到下:增加湍流强度(0%, 3%, 10%)

略湍流的影响,得到图示的声衰减云图。观察 400 Hz 下的仿真结果的差异,不难发现无湍流的大气环境中声传播具有稳定的规律,而湍流作用使风力机上游和下游间歇性地出现噪声增加的情况。图中亮黄色表示声传播中的增强效果。

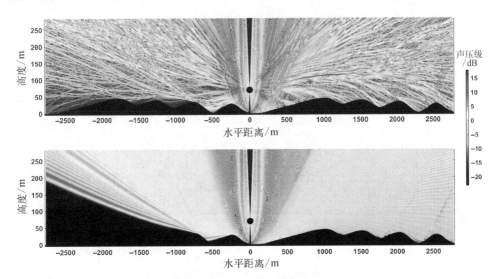

图 11.25 受地形影响下有湍流(上图)和无湍流(下图)情况声压衰减云图

11.4 平坦地形风电场噪声预测

11.4.1 算例 1:风电场环境噪声评估

选取某兆瓦级中小型风电机组进行仿真研究,该风电机组布置于平坦地形,其周围设有 5 个假定的噪声敏感点,要求该 5 处区域噪声不高于 45 dB,风电场布局及噪声敏感点相对位置示如图 11.26 所示。

图 11.26 风电机组布局及噪声敏感点相对位置

将各频率、各风力机的噪声先后叠加计算后,可以得到风电场的噪声传播云图,图11.27 中(a)、(b)分别代表风速 8 m/s 和 10 m/s 时风电场的噪声云图。从云图中可以分析,风电场的噪声总体是随着距离的增加而降低的,但是风力机之间会受到叠加效应的影响,使所在接受位置的噪声等级增高。

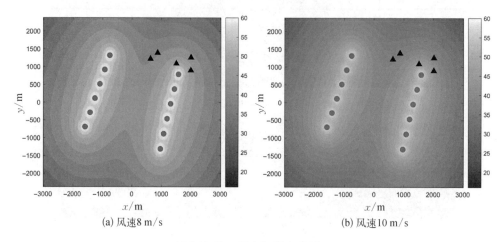

(a) 风速8 m/s　　　　　　　　　(b) 风速10 m/s

图 11.27　风电场噪声云图

如图 11.28 所示,以三台风力机为例,已知当前风速下风力机 1#、2#、3#的声源大小,每台风力机的声源假设集中于三支叶片的一点,则三点声源每个时刻所处的位置,与接收点构成一个平面传播路径,如图中的矩形所示。在每一个时刻,例如T1 时刻三台风力机构成九个矩形平面,每一个矩形面采用抛物方程进行声传播模拟计算,三台风力机则构成了九个传播路径并叠加到声接收点位置。如需观察动态声压变化,还需要在不同时刻重复计算,例如 T2 时刻的声源大小和旋转角度发生变化,传播路径也相应变化。通常,为了缩减计算量,假定每台风力机的噪声源位于机舱位置,这样传播路径相对固定。

提取图中各噪声敏感点处的数据,其具体噪声数值大小见表 11.1。从表中数据可

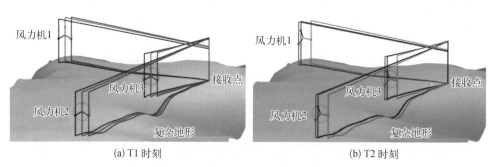

(a) T1 时刻　　　　　　　　　(b) T2 时刻

图 11.28　局部声源叠加

以看出,A 点噪声声压级最高,其次是 E 点,其中 A 点相对其他位置更靠近风力机,D、B、C 点逐渐减弱。该风力机额定风速为 8 m/s,出现了在即将变桨的区间总噪声最大的现象,当风速达到 10 m/s 时由于较大幅度的变桨控制,使叶片的入流攻角相对于 8 m/s 来流是更低,因此翼型在尾缘处边界层厚度相对更小,尾缘边界层噪声源强度较小。

表 11.1　各敏感点的噪声情况

风速/(m/s)	接受点	限定值/dB(A)	预测值/dB(A)
8	A	45	51.5
8	B	45	43.1
8	C	45	42.9
8	D	45	44.9
8	E	45	48.6
10	A	45	47.5
10	B	45	39.5
10	C	45	39.2
10	D	45	41.0
10	E	45	44.7

在风电领域中处理风力机噪声传播的工具较少,这里采用商业软件 WindPro 与当前算例进行对比。两种方法之间存在较多区别,表 11.2 列出了抛物方程方法和 WindPro 两者特点以作比较。表 11.3 对比了 5 个测点的声压值。

表 11.2　PE 方法和 WindPro 的特点对比

方　法	PE	WindPro
声源频谱	任意多个频率	总加权值
气象条件	复杂气象条件	ISO9613 标准适用于风速 1~5 m/s,离地面高度<11 m
计算方法	基于声传播的物理方程	ISO9613 工程模型

表 11.3

测　点	风速及方法					
	8 m/s　PE	8 m/s　WindPro	8 m/s　Δ	10 m/s　PE	10 m/s　WindPro	10 m/s　Δ
A	51.5	50.0	−1.5	47.5	47.3	−1.5
B	43.1	42.9	−0.2	39.5	40.2	0.7

测 点	风速及方法					
	8 m/s　PE	8 m/s　WindPro	8 m/s　Δ	10 m/s　PE	10 m/s　WindPro	10 m/s　Δ
C	42.9	42.6	−0.3	39.2	39.9	0.8
D	44.9	44.1	−0.8	41.0	41.4	0.3
E	48.6	47.5	−1.1	44.7	44.8	0.1

综合两种方法和计算结果,可以看出结果大部分都相差±0.5 dB(A)内,其他结果都在±1 dB(A)左右,相对于 WindPro,PE 方法计算结果最大差值为 3%,最大平均差值控制在 1% 左右,WindPro 采用的 ISO9613 工程模型能够满足最基本工程评估需要。

11.4.2   算例 2:风电场低噪声优化布局

进行风电场低噪声布局研究,需要耦合风电场气动模块、气动噪声模块和优化算法。其中气动模块包含了功率与受力计算模块以及尾流模拟,气动噪声模块则包含了声源仿真和噪声传播仿真两部分。图 11.29 展示了各模块之间的内在逻辑关系,以及各模块的输入和输出量。本节以多目标优化为例,优化双目标选择风电场造价(Objective 1)和噪声辐射等级(Objective 2),如图 11.29 中所示。

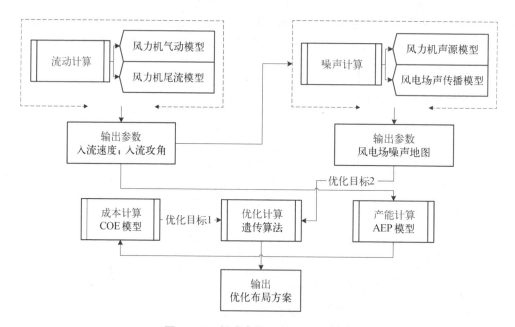

图 11.29   低噪声优化布局算法流程

本算例采用了 NSGA－Ⅱ优化算法,该算法在快速寻找 Pareto 前沿和保持种群多样性方面具有良好的效果。如图 11.30 所示,进行风电场布局优化包含以下几个重要步骤:第 1 步,许多参数被输入到优化过程中,如 NSGA－Ⅱ算法初始参数、风电场尾迹预测参数、噪声源和声传播参数、LCOE 建模参数、风电场和风力机参数等。第 2 步,这一步为最佳变量编码过程和初始种群。编码变量用随机生成的二进制数初始化。第 3 步,该步骤是多目标 NSGA－Ⅱ方法的主要部分。将获得的最优变量解码并用于计算目标函数(LCOE 和噪声 SPL)。然后,采用 NSGA－Ⅱ的相关算法进行非支配排序、计算风力机排列距离,进行数据的交叉和变异。第 4 步,将最佳结果数据发布到最终 Pareto 结果中。

以上建立了优化算法和各个模块的逻辑关系,还需要考虑计算效率问题,如果采用 CFD 方法获取流场参数,对于风电场的风资源或者噪声评估是完全可行的,而把 CFD 模

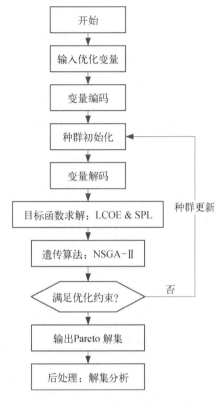

图 11.30 优化算法逻辑和步骤

块作为气动力以及尾流场的算法纳入优化迭代循环中则是不可行的,数百上千次的迭代优化需要十分庞大的计算集群,因此通常风电场布局优化中的气动模块采用工程方法。如图 11.31 所示,风电场中的各台风力机大致存在图中所示的几类

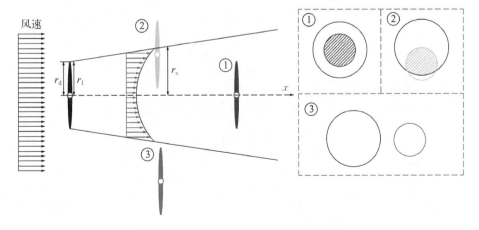

图 11.31 风力机尾流干扰和叠加现象

尾流干扰和叠加现象:① 尾流完全覆盖下游的风力机;② 下游风力机被尾流部分覆盖或周期性进入尾流;③ 基本无尾流干扰影响。目前广泛使用的为 Jensen 尾流模型[106],前面的理论部分已有所介绍,本例中采用经过实例验证后的改进型模型[109]。

经济指标是风电场开发的关键优化目标。众所周知,风电场的 LCOE 取决于总体成本和年发电量 AEP。风电场的成本可分为两部分:资本成本 C_{CP} 和运营维护(O&M)成本 C_{OM}。因此,假设风电场寿命为 20 年,可简化 LCOE 是总成本与寿命 AEP 之间的比率:

$$\mathrm{LCOE} = \frac{C_{CP} + C_{OM}}{20 \times \mathrm{AEP}} = \frac{C_{\mathrm{total}}}{\mathrm{AEP}_{\mathrm{total}}} \tag{11.5}$$

计算 AEP 需要将功率曲线与风电场中风的概率密度相结合。首先定义概率密度威布尔分布函数可写成以下形式:

$$f(V_i < V < V_{i+1}) = \exp\left[-\left(\frac{V_i}{A_w}\right)^{k_w}\right] - \exp\left[-\left(\frac{V_{i+1}}{A_w}\right)^{k_w}\right] \tag{11.6}$$

式中,A_w 为缩放参数;k_w 为形状因子;V_i 为风速。AEP 的值通过积分各个风速段的功率乘以风速概率密度,最后计入该风电场的总发电小时数。

$$\mathrm{AEP} = \sum_{i=1}^{N_{wt}} \left(\sum_{k=1}^{N_{wd}} f(k) \cdot \left\{ \sum_{ii=1}^{n-1} \frac{1}{2} [P(V_{i+1}) + P(V_i)] \cdot f(V_i < V < V_{i+1}) \right\} \right) \cdot T \tag{11.7}$$

式中,f 为概率密度函数。不同风电场的年运行小时数差异很大。例如,取某风电场中风力发电机平均每年运行时间 $T \approx 2\,000\,\mathrm{h}$。

假设购买风力机的单位投资为 c_{cp},单位面积的土地征用费为 C_F。因此,总成本的表达式为

$$C_{CP} = c_{cp} \cdot N_{wt} \cdot P^* + C_F \cdot A_F \tag{11.8}$$

式中,P^* 是风力机的额定发电量;A_F 是风电场的面积。如式(11.8)所示,风电场的资本成本包括单位资本费用和土地征用费用。通常,风电场的运行维护成本约占项目总投资的 20%~30%,运维成本 C_{OM} 可通过以下公式估算:

$$b_0 = b_{01} \mathrm{e}^{b_{02} N_{wt}} \tag{11.9}$$

$$c_{om} = [b_0 + (b_1 - b_0)(1 - \mathrm{e}^{-b_2 \delta})] \times 10^3 \tag{11.10}$$

$$C_{OM} = c_{om} N_{wt} P^* \cdot 20 \tag{11.11}$$

式中系数见表11.4。

表 11.4　运维模型系数

参数名称	b_{01}	b_{02}	b_1	b_2	δ
数　值	4.05	1.62×10^{-4}	257	4.06×10^{-4}	5

以某风电场为例,风电场由某 2 MW 风力机组成,轮毂高度 70 m,叶轮直径 $D=$ 80 m,额定转速为 18 RPM。将风电场划分为 8×8 个均匀区块。在以下模拟中,将对风力机位置施加邻近约束,以便任何一对风力机之间的距离等于或大于 5 个叶轮直径($5D$)。采用二进制变量(0 和 1)识别风力机的位置。考虑切入风速为 5 m/s,额定风速为 12 m/s,切出风速为 25 m/s。已知功率曲线、俯仰角、转速和叶片几何数据等必要参数数据。该风电场的风向玫瑰图和威布尔分布如图 11.32 所示。值得一提的是,参考风电场的大小和风力机的类型以及风力资源统计数据不会对多目标优化问题的数学建模产生影响。

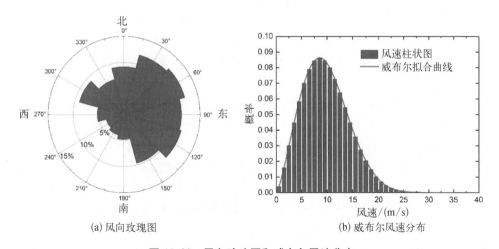

(a) 风向玫瑰图　　　　　　　　(b) 威布尔风速分布

图 11.32　风向玫瑰图和威布尔风速分布

研究以下三组案例,这些案例都基于 LCOE 和 SPL 多目标优化,如图 11.33 所示的优化区间和噪声约束点:

case 1:风电场外围附近有两个噪声敏感区域(方框)

case 2:风电场周围环绕多个噪声敏感区域(三角形)

case 3:风电场内部有四个噪声感区域(三角形)

针对上述三组算例,分别限定采用 16、26、36 和 46 台风力机进行布局优化,即 WT16、WT26、WT36 和 WT46 配置。因此,本小节总共进行了 3 个案例×4 WTs=12 组优化。在每组优化情况下,种群数量为 100,生成数为 200。图 11.33 显示的结果中包含所有 12 组优化的信息。图 11.34(a) 显示了 case 1 的 Pareto 前沿,其中考

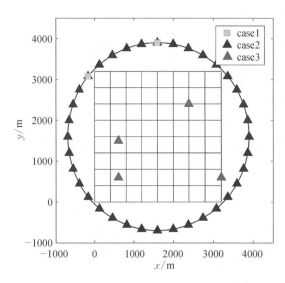

图 11.33　风电场优化空间与噪声约束点

虑了 4 种不同数量的风力机布局方案。Pareto 解中可以看到 LCOE 和 SPL 根据不同风力机数量的分布特征。很明显,LCOE 随着风力机数量的增加而降低。另一方面,噪声约束点的声压级也随着风力机数量的上升而增加。图 11.34 中描绘了一条水平虚线,该虚线显示了该区域的噪声约束限值[例如,本算例中取 42 dB(A)]。在图 11.34(a)~(c)中,可见 SPL 严格限制了风力机的布局形式,因此位于该约束线以上的 Pareto 解均视为无效的布局方案。比较案例 1、案例 2 和案例 3,发现可行的 Pareto 解在很大程度上取决于噪声约束点的位置。在案例 1 中,只有在风电场外有两个约束点,因此,存在大量可行的低噪声布局方案,即使采用排列最密集的 WT46 方案,仍能满足低 LCOE 和低 SPL 双目标。在案例 2 中,风电场被环形分布的约束点包围,导致有效的 Pareto 解大幅减少。特别是从 WT46 配置中获得的所有解决方案都不符合噪声限制的要求。如果参考约束点位于风电场内部,如案例 3 所示,除了 WT16 配置外,也几乎找不到任何可行的解决方案。从以上这些结果可以看出,LCOE 和 SPL 是两个互相冲突的设计目标。还可以看出,在风电场面积受限的情况下,当风机数量增加到某个程度时,经济效益会降低。例如,在 WT16、WT26、WT36 和 WT46 的解决方案中,Pareto 解向 WT46 配置聚集,LCOE 趋向于某个极限。通过观察 SPL 的相对变化,图 11.34(d)显示了所有 12 种优化的组合比较。通过对照 42 dB(A)的参考噪声限值,相对声压级定义为 $\Delta SPL = 42 - SPL_{min}$,其中 SPL_{min} 为 Pareto 前沿的最低 dB(A)值。观察图 11.34(d)中可见,在案例 1 中,所有 WT 配置均满足噪声限值要求,在案例 2 中,WT46 所有的布局方案都不满足规定的噪声限值,而在案例 3 中,可行的解决方案只能在 WT16 配置中找到。

　　图 11.35 中显示了一些从 Pareto 解中选定的风电场布局方案。实心圆表示风力机的位置,实心三角形表示噪声约束点的位置。在案例 1 中,很明显,两个接收点处在风力机远离它们所在位置。在案例 2 中,在风电场周围布满噪声约束点时,风电场的中的风力机分布更加均匀。这里值得注意的是,这种分布也很大程度受到风向玫瑰图的影响,极端风向的分布会强烈影响风电场的布局。在图 11.35(e)、(f)中,案例 3 显示了具有一定挑战性的优化方案,由于风电场内部存在噪声约束点,使风力机排列同时受到土地边界和内部用地的双重约束,可以观察到大量风力机被推向允许摆放空间的外边界。

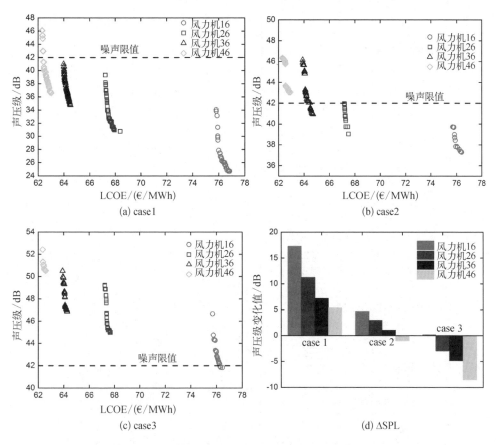

图 11.34　三组算例的 Pareto 解以及与设定噪声等级的差异

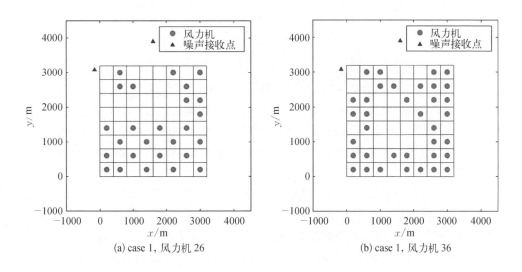

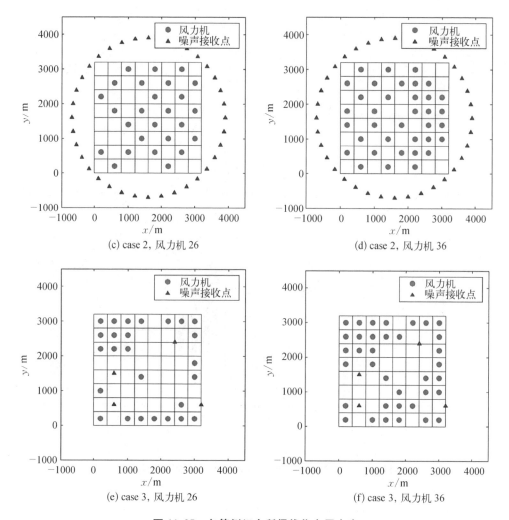

(c) case 2, 风力机 26　　　　　　　　(d) case 2, 风力机 36

(e) case 3, 风力机 26　　　　　　　　(f) case 3, 风力机 36

图 11.35　各算例组合所得优化布局方案

进一步梳理优化结果,表 11.5 中列出了根据这些布局所得计算数值。针对每组案例和风力机数量,整理 AEP、LCOE 和最大 SPL。这样的结果有助于风电场开发阶段在较高的风电场发电量和较低的环境噪声影响之间找到最佳配置。例如,在案例 1 中,可安装 46 台风力机,其最高噪声级仍保持在 41.32 dB(A)。然而,在案例 2 中不能考虑采用相同数量的风力机。在案例 3 中,允许的风力机数量限制为 16 台或以下。

接下来,采用相似的方法,保持噪声约束,但是不限制风力机的总数,从而寻找最优的风力机数量。为了减少重复工作,仅以案例 2 为研究对象,考虑噪声等级不超过 42 dB(A),讨论风电场能够容纳最多风力机的台数,从而满足优化布局应产生最低 LCOE 和最低 SPL<42 dB(A)。从图 11.36(a)所示的 Pareto 解来看,低于

42 dB(A)的结果都是可行的布局方案。在合理的取值范围内,LCOE 的变化区间是 63.5 €/MWh 到 71 €/MWh,而 SPL 的变化为 2 dB(A)。风电场投资成本与环境友好性之间存在权衡关系,从经济角度出发,可行点位于最低 LCOE 处,与此解决方案相对应的最终布局如图 11.36(b)所示,其中风力机的总数为 45 台。

表 11.5　各算例对应的关键输出参数

WTS	AEP/GWh	LCOE/(€/MWh)	SPL/dB(A)	风力机编号
case1	39.1	75.81	34.06	16
	62.6	67.23	39.33	26
	85.6	63.97	41.00	36
	108	62.41	41.32	46
case2	39.2	75.69	39.41	16
	62.8	67.17	41.97	26
	85.1	64.35	42.05	36
	107	62.83	43.05	46
case3	38.9	76.27	41.96	16
	62.3	67.70	44.99	26
	85.2	64.28	46.86	36
	108	62.56	50.55	46

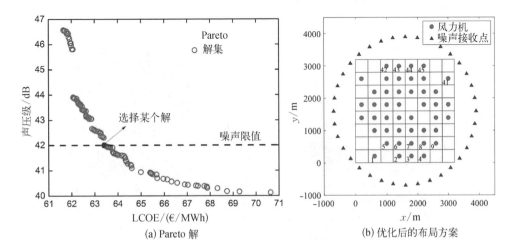

(a) Pareto 解　　　　　　　　(b) 优化后的布局方案

图 11.36　风电场噪声优化结果

最后综合研究风向变化对风力机组的 AEP 和 SPL 影响。如图 11.37 所示,对于 210°(SSW)和 90°(E)两个风向,观察 SPL 的幅值柱状图表明,直接面向入流风向的风力机产生了更高的噪声。根据风玫瑰图,90°(E)方向的风频率比 210°(SSW)方向的风频率高数倍。因此,当风向为 90°(E)时,噪声水平较高。基于同样的原因,在两个风向产生的 AEP 也显示出很大的变化。SPL 和 AEP 以 3D 柱状图表示,图中以 MWh 表示 AEP 的单位,dB(A)表示 SPL 的单位。当风向来自 210°(SSW)和 90°(E)时,结果未显示 SPL 的显著差异,这与从 AEP 的分布中观察到的情况不同,如图 11.37(c)和(d)所示。这个现象说明 AEP 对于风向的高度依赖性,因为 AEP 是年度的累计量。然而,风电场的 SPL 不会在一年内累积,它只显示噪声辐射的统计水平,而这取决于风速和风电场布局。从噪声产生的角度来看,上游风力机的 SPL 几乎无法改变,但经过优化后,下游风力机的 SPL 可大幅降低[对比图 11.37(a)~(b)]。

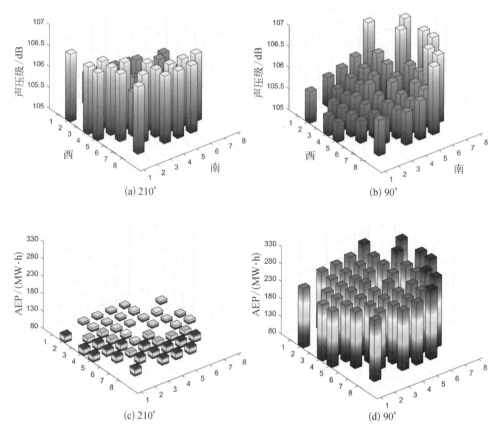

图 11.37　来流方向为 90°和 210°时的声功率和年发电量

11.5　复杂地形风电场噪声传播

11.5.1　算例 1：山地风电场噪声云图仿真

在进入复杂地形大型风电场气动噪声传播与仿真过程中,将首先对复杂地形的流场进行仿真模拟。本节中首先通过仿真计算验证三维流动绕过一个真实山丘的基本算例。该山丘名为阿斯克维尔山,高度 116 m,位于苏格兰某地,曾经有研究团队于 1983 年 9 月和 10 月期间沿来流至山坡方向进行了大量风资源测量,因此是一个比较好的复杂地形对比算例。图 11.38(a)显示了山丘周围的地形表面。这座山与外界相对孤立,四周地势相对平坦,来流比较稳定均匀。计算域由 128×128 个网格点覆盖了山丘的中心部分,其面积为 2 km×2 km。整体网格结构如图 11.38(b)所示,其中山丘位于中间方块中。网格点总数为 524 万。网格向地面聚集,满足边界层的 $y^+ < 1$。

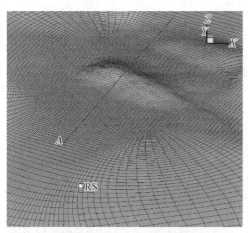
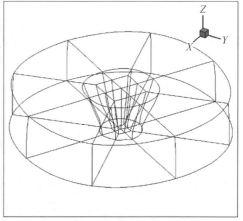

(a) 山地表面网格构造与测量路径(直线)　　　　　(b) 网格分块构造

图 11.38　山地网格拓扑

根据测量结果[155],将 CFD 模拟结果与沿图中所示"A 线"测得的速度进行比较。沿"A 线"的大约 35 个测风杆配备了杯形风速计来记录风速。用于 CFD 计算的垂直风廓线与在参考点"RS"处测量的风廓线相同,如图 11.38(a)所示。图 11.39 显示了西南方向的来流风通过山丘时的测量和模拟的风加速因子的对比效果。通过数值模拟,观察到山地绕流的流场得到了很好的再现。在山坡背风面,出现流动分离,数值数据和实验数据之间存在微小差异。

以上验证了相对简单的山地绕流中的流动特征,接下来面向复杂山地风电场开展流动与噪声传播耦合研究,对象为中国陕西省的某中型风电场。风电场由 20

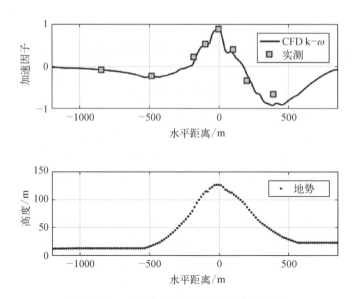

图 11.39   实测和数值仿真风加速因子对比

余台额定功率为 2 MW 的风力机组成。风力机均为变速和变桨调节,转子直径为 93 m,塔高为约 70 m。该风电场的平均海拔高度大约为 1 636 m。大部分土地用于农业种植,风电场附近有一些村庄。风电场地形在南部和东部有一个陡峭的陡坡,在北部和西部有一个较缓的坡度,实景如图 11.40 所示。

图 11.40   风电场实景图

数值模拟的设置类似于上一个算例中的山丘模型,当前算例覆盖的计算域则要大得多。风电场计算域的大小如图 11.41 所示,大多数风力机安装在海拔 1 600 米以上,以获取更多风力资源。网格的中心部分覆盖了约 3 km×3 km 的区域,网格继续中心由向外延伸,最后到达直径约 30 km 的范围。网格点总数为 6 770 万,分为 612 个块,每个块包含 483 个单元,值得一提的是流体计算部分采用致动盘的计算方法大大减少了所需的计算资源。对于不同风向的流动模拟,流体求解器会自动适应流动方向的变化,并在计算域的外边界处重新分配流入和流出边界条件。根据风场中测量的风剖面,在计算域的入口处设定了对应的风速剖面,该剖面在

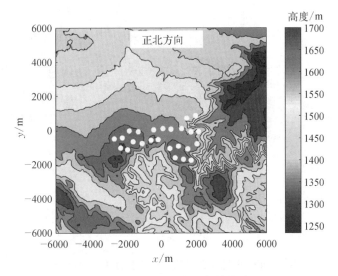

图 11.41　风电场布局与等高线

$h = 70\ \mathrm{m}$、$50\ \mathrm{m}$、$30\ \mathrm{m}$ 处均对应了实际测量值。

使用 $300 \sim 400$ 个处理器,单风向的流动模拟需要 $3 \sim 5\ \mathrm{h}$。计算时间在一定程度上取决于风向,因为在不同风向看到的地形形状会影响收敛时间。流动涡量的等值面图通常是描述风电场复杂流动的直观显示。在图 11.42 中,25 台风力机产生的涡量分别显示了两个入流风向。地形的南部比北部坡度大得多,当风来自南部方向(180°)时,进入山区的风首先流经山谷,此后加速爬坡流入风电场,从而产生风加速效应。如图 11.42(a)所示,由于地形的北部更为平缓,风力机尾迹涡基本从南到北平缓地通过。图 11.42(b)中,当来流为西北方向时,尾迹涡的结构在很大程度上受南部地形影响。后面的结果中将看到,风电场的功率预测受到这些尾流叠加的影响十分明显。在图 11.43 中,风力机尾流相互作用的另一个视角通过沿尾流路径在不同下游位置切割面的速度云图可视化。在该风向上清晰可见尾迹相互作用和叠加。

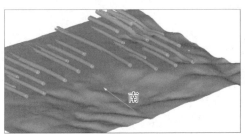

(a) 来流风向正南

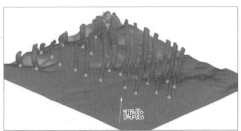

(b) 来流风向西北

图 11.42　尾流涡量图

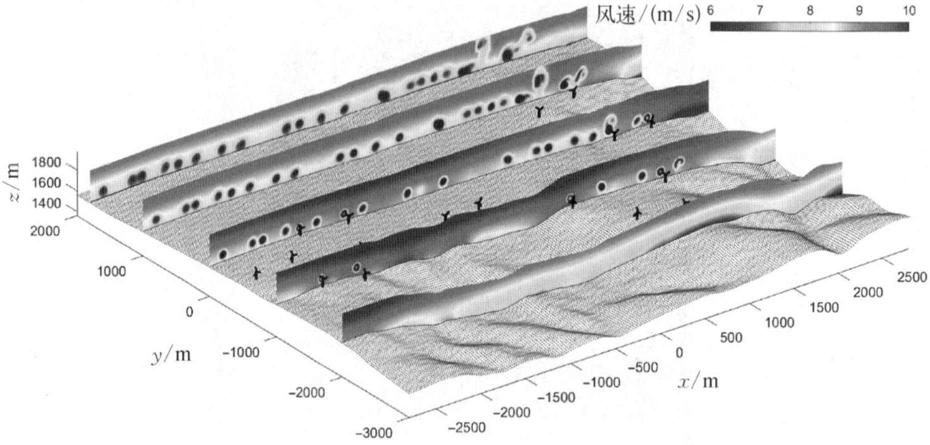

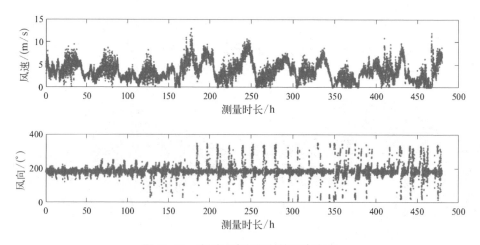

图 11.43   垂直于入流方向若干截面上的速度分布

对 $0\sim360°$、扇形为 $30°$ 的入流工况进行 CFD 模拟。计算的风电场功率与实测功率数据进行比较。如图 11.44 所示,测量显示风速变化很大,但测试期间的主导风向显然来自南部方向(180°)。对比风电场各风力机功率输出,仿真与实测结果如图 11.45 所示。对应 120° 的风向,风速为 4 ± 1 m/s;其他风向,风速为 7 ± 1 m/s。图中,部分停机或正在维护的机组不纳入对比。单个风力机的模拟和测量功率显示出相对较好的一致性。结果表明,功率对风向变化十分敏感。图中显示,测得的 $0°\pm15°$ 扇形图显示了相对较大的功率变化,还可以看到 $120°\pm15°$ 风向也有类似现象。功率呈现的差异部分是由于测量不确定度造成的,但主要是由于地形剖面和风力机尾流相互干扰作用。

图 11.44   实测风速和风向的历史变化

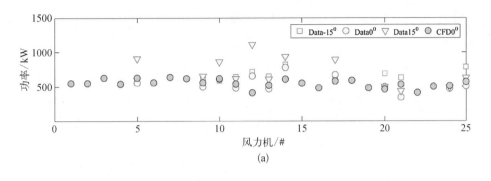

(a)

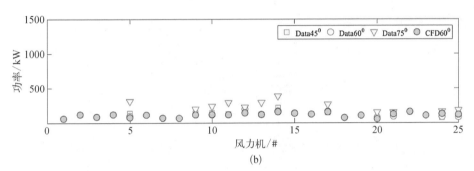

(b)

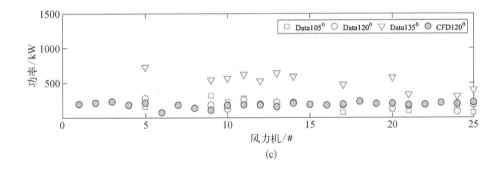

(c)

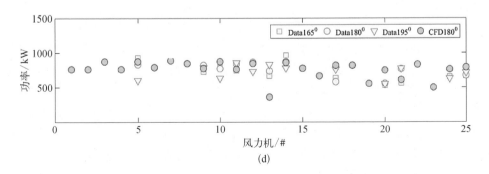

(d)

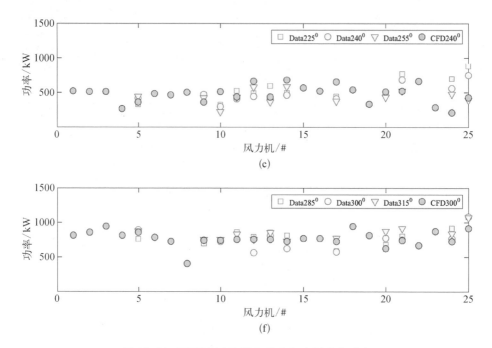

图 11.45　不同风向下 CFD 仿真和实测功率对比

　　进一步分析风电场的噪声传播,首先需要完成所有风力机的噪声源计算,获得对应的声压谱或声功率谱,如 1/3 倍频程声功率谱。如前文所述,此时采用抛物方程计算方法,对每台风力机的 1/3 倍频程中所有频率进行声传播计算。指定的噪声接受点可以位于计算域中的任何位置。基于前面的介绍,假设三叶片风力机包含三个噪声源,那么一台风力机指向一个接受点具有三个传播路径。当前的风电场包含 25 台风力机机,在一个接收点,每个瞬间有 75 个传播域,每个传播域包括一支叶片和接收点,如图 11.46 所示。假定在 20～1 000 Hz 的 1/3 倍频程频带上进行计算,则一个接收点的模拟总数为 1 350。如果要在风电场区域生成噪声地图,则需要设定一定数量的噪声接受点满足云图的精度和像素要求。为限制计算时间,本例总共模拟 225 个接收点,最终在其他地点采用插值方式获得相关的数据。

　　风电场的流动计算完成之后,在每个设定的传播路径中,从 CFD 模拟中已知的流场中插值出声传播路径上所需要的速度场。图 11.47 中示出了某风力机在声传播方向的速度场,风力机处于中心位置,以黑点代替,来流从图中右侧穿过风力机产生一定的流动损失并形成明显的尾流区域。在风力机的下风侧可以看到,当风能被部分提取时,尾流包含一个较大的低风速区域。如图 11.48 所示,尾流场的存在一定程度上改变了噪声传播规律。图 11.48 所示的颜色等级别反映了声传播损失 ΔL 的大小。图示的声压分布清楚地表明了风力机噪声在地面附近的强顺风传播效应,揭示了声波的下弯曲折射效应。

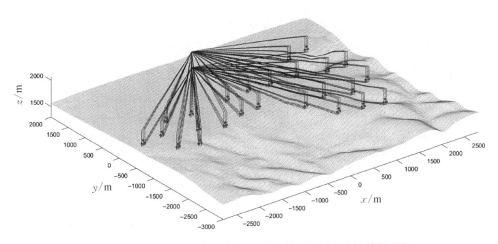

图 11.46　所有风力机指向某固定噪声接受位置产生的传播路径

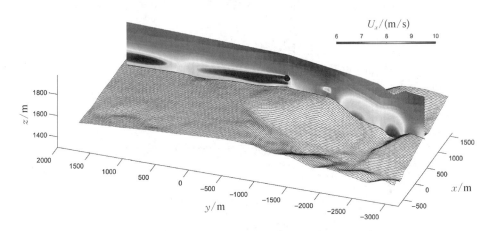

图 11.47　某台风力机流场的截面图

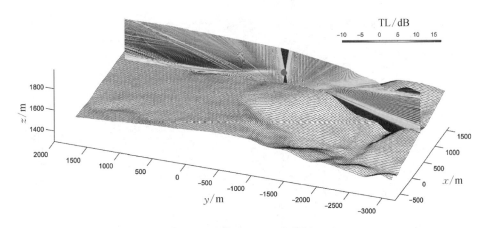

图 11.48　某台风力机噪声传播云图

在下面的模拟中,考虑了南风时的噪声传播计算,南风向是夏季的主导风向,而且有些居民居区位于风电场北侧相对平坦地区附近,这些区域处于风电场尾流涡的下游位置。根据上述地形和流场信息,可以获得风电场的总体声压级分布。风电场噪声云图如图 11.49 所示,黑色圆圈表示风力机所处位置。图中的等高线表示声压级,结果清晰地显示了风电场周围复杂的噪声分布情况。设定噪声约束要求,在距离最近的风机 500 m 处,风机噪声不应超过 40 dB(A)。从结果可以看出,结论是风电场内部完全不适合居住。风电场内几乎所有位置的总声压级均过 40 dB(A)。由于地形和流场综合效应,即使距离风力机超过 500 m,声压级也可能超过 40 dB(A),如方框所示,在噪声等高线中,到最近的风力机的水平距离接近 500 m。五角星所示为低噪声区域,低噪声区域出现在复杂地形中的部分的山谷区域。

为了进一步区分复杂地形和环境流场对声传播的影响,具体分析以下四种情况。

情况 1:均匀大气中平坦地形声传播(假设当前风电场为平台地形,机位不变)。

情况 2:考虑风切的平坦地形声传播。

情况 3:考虑风切的复杂地形声传播。

情况 4:考虑 CFD 流场输入的复杂地形声传播。

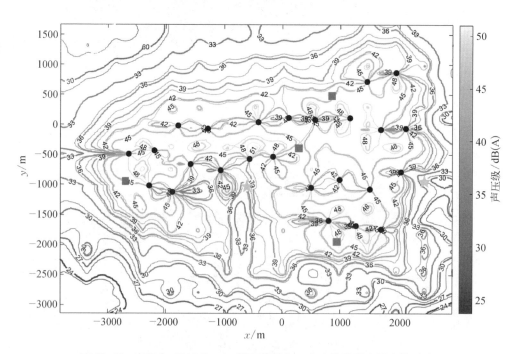

图 11.49   南风向、风速 7 m/s、距离地面 2 m 高度处的噪声等高线分布

图 11.50 显示了上面列出的每个案例。情况 1 中的噪声云图分布显示各方向比较均匀的噪声衰减。在情况 2 中,迎风向噪声水平低于顺风噪声水平比较明显,并且由于假设地形为平坦,噪声衰减无地形影响而变化比较均匀。情况 3 也显示顺风向噪声级高于逆风向噪声级。然而,与情况 2 相比,由于南向山谷地形影响,逆风向噪声衰减的分布比较复杂。情况 4 中计入了流场和地形的综合影响因素,代表了最接近实际运行条件的声压级分布。作为复杂地形风电场规划设计的一部分,风电场噪声地图可以在设计阶段对潜在的噪声敏感区域进行评估。

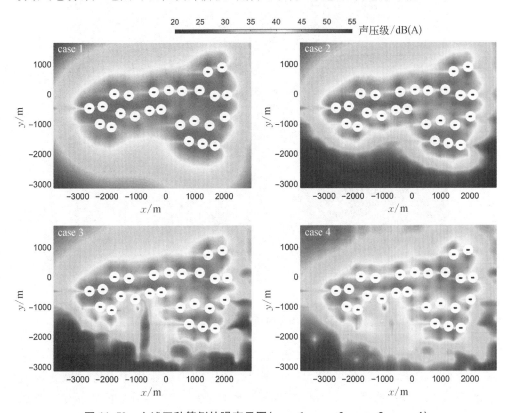

图 11.50　上述四种算例的噪声云图(case 1, case 2, case 3, case 4)

11.5.2　算例 2:山地风电场噪声云图仿真

由于复杂地形中采用 CFD 模块纳入风电场布局优化将产生巨大计算量,考虑采用局部地区布局微调的方案进行优化布局。所以在这个算例中,基于风电场噪声地图和周边村庄的位置,将进一步探讨局部噪声较大机位点的位置局部调整方案。选择丘陵地带作为研究对象,虚拟一大型风电场,如图 11.51 所示。风力机基本按照高度最大化进行布局。经过地形拓扑和坐标变换,风力机的机位点和地形等高线如图所示。设定其中邻近村庄的机位点是 20、21、22、23、24、25、26 等多台风力机,村庄位置的噪声等级将是多台风力机联合作用的效果,而非单台风力机的噪声等级所决定。

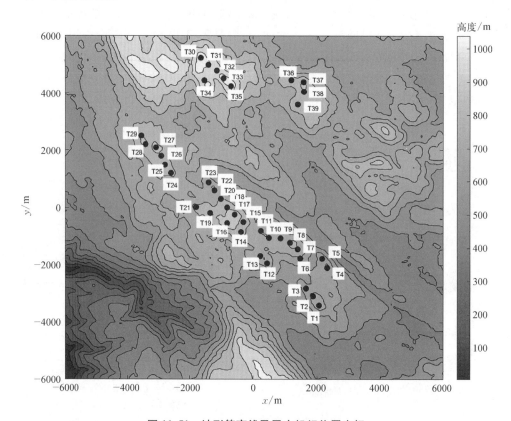

图 11.51 地形等高线及风力机组位置坐标

从当前目标地形所在地中心位置,选取 10 km 边长的区间,以覆盖风场中的所有风力机机位点,三维地形如图 11.52 所示,图中的机位点位于山脊区域。风力机数量设置为 39 台,散布于 100 多平方千米的区间。39 台风力机的气动噪声源通过模拟为已知量。地形的左下方为海拔最低的区域,山脊的分布由西北向东南延伸。风电场的风力机集中在两个区域的山脊位置,两个区域均分布了多个居民点。

采用抛物方程方法对整个风场中噪声的传播进行模拟,分别对 1/3 倍频区间噪声逐次进行仿真,完成全部风场噪声地图绘制大约需经过 2 万余次的声传播计算,因此一般需要采用高性能集群计算机辅助完成全部数值运算过程。

$$N = N_1 \times N_2 \times N_3 \quad (11.12)$$

式中,N_1 是风场中的风力机台数;N_2 是所计算的频率数,例如,20 Hz 到 5 kHz 的计

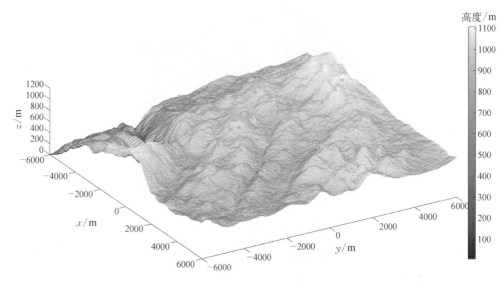

图 11.52 风电场三维地形图

算区间包含了 25 个 1/3 倍频程；N_3 是该风电场所需要定义的噪声测点，该算例中采用 225 个点。可见，风力机数量越多，需要采集的数据越多，风电场的区域越大都会增加运算数量。

由于地形影响，在每一台风力机的机位，沿不同方向的噪声传播具有显著的差异性。针对三维地形进行表面网格和立体网格的构造，如图 11.53(a)、(b) 所示，通过 CFD 计算获得相应流场准备声传播所需的输入条件，如图 11.54(c) 所示。

图 11.54 所示，从所有风力机中选取某一台显示向东北方向传播的噪声路径。云图中描述了 50 Hz 及 315 Hz 的两个仿真情况，这也是 2 万多组仿真中的 2 组计

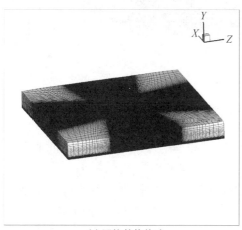

(a) 网格整体构造

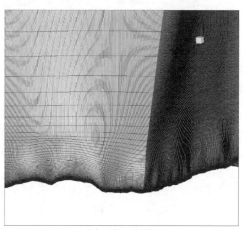

(b) 网格局部构造

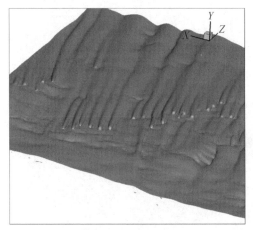

(c) 风力机尾流涡量云图

图 11.53 山地风电场计算网格及流场结果

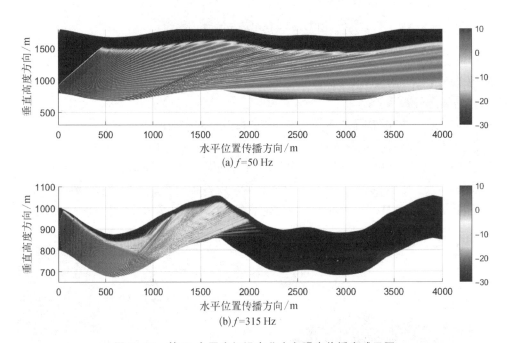

(a) $f=50$ Hz

(b) $f=315$ Hz

图 11.54 第 23 台风力机沿东北方向噪声传播衰减云图

算,可以看到低频噪声的传播衰减明显弱于较高频率的噪声。图中显示的地形完全相同,视觉效果的高度方向差异来自 y 坐标比例尺差别。

图 11.55 和 11.56 分别是典型工况下的噪声云图和等高线,图中标注了虚拟村庄位置共有 18 个,声传播的距离和地形起伏特征共同影响着噪声的衰减,可以观察到总体规律是山顶位置噪声值远大于山谷位置,风场远处山谷几乎是噪声静

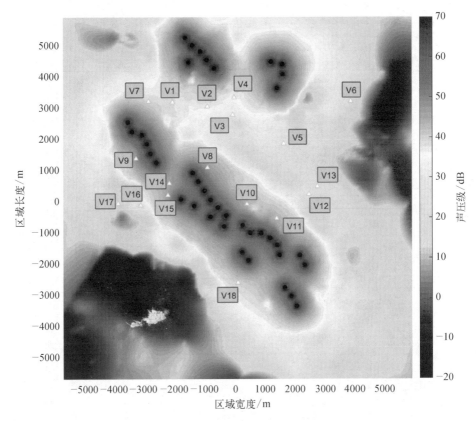

图 11.55　风场噪声云图示例及村庄位置坐标

音区域。图 11.56 中的噪声等高线可以看到,在风力机近距离位置,主要围绕着黄颜色的等高线,其声压级均为 50 dB 左右,近距离位置的噪声由附近若干台风力机的声压叠加而成,如果通过整体优化布局降低噪声必然要将部分风力机从山脊移除,如此将大大降低该风电场的收益。本节稍后将从局部移动风力机位置的角度,综合分析风资源和噪声等级的局部变化。此外,还能观察到在远离风力机组的区域,部分区域的声压级为负,此处需要回顾一下声压级的定义,声压的脉动总是正数,取对数以后可以出现声压级为负数的情形。结合实际情况,在自然界中由于环境噪声的存在,图示中的负声压级是不会在实际中出现的。[注:美国奥菲尔德实验室的消声室被认为是世界上最安静的地方,仪器可测的背景噪声为-9.4 dB(A)]。

　　下面以某工况为例,分析各噪声敏感位置的具体声压级和可行的调整措施。表 11.6 中从噪声云图中提取了各村庄位置的声压级,可见超过 45 dB(A)的为噪声敏感点,包括村庄 8、9、14、15。从各自位置来看,这几处都处于距离风力机较近的位置。

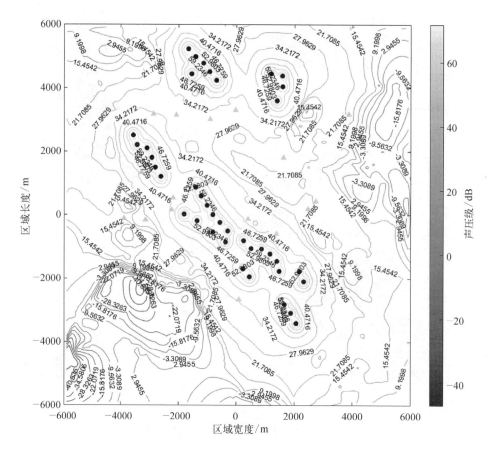

图 11.56 风场噪声等高线及村庄位置坐标

表 11.6 各噪声敏感位置的声压级

村　庄	声压级/dB(A)	村　庄	声压级/dB(A)
1	37.80	10	43.84
2	36.79	11	42.68
3	36.27	12	27.67
4	30.69	13	25.55
5	27.67	14	45.69
6	24.36	15	46.79
7	39.32	16	29.89
8	47.39	17	21.27
9	46.91	18	39.34

现存的风力机噪声标准均依托于单台风力机的测量或者预测,难以综合考虑风场中的噪声叠加问题。这一小节通过有目的的运行/关闭部分风力机,模拟单个风力机/少量风力机/整个风场的噪声传播规律。以噪声较大的典型位置为研究案例,例如,以村庄 8、村庄 9 为研究对象,分析进一步降噪的可行性。此处选定目标村庄进行降噪方案设计,重点研究邻近村庄的机组在复杂地形中的噪声传播。各机位点的位置、村庄的位置、噪声等高线图等信息详见图 11.57~图 11.64。

对象 1: 村庄 8

考虑仅受到最近一台风力机的影响,村庄 8 位置噪声等级: 41.85 dB;

考虑风力机 24#~28#综合影响,村庄 8 位置噪声等级: 47.39 dB。

对象 2: 村庄 9

考虑仅受到最近一台风力机影响,村庄 9 位置噪声等级: 43.05 dB;

考虑风力机 17#、18#、20#、22#、23#的综合影响,村庄 9 位置噪声等级: 46.78 dB。

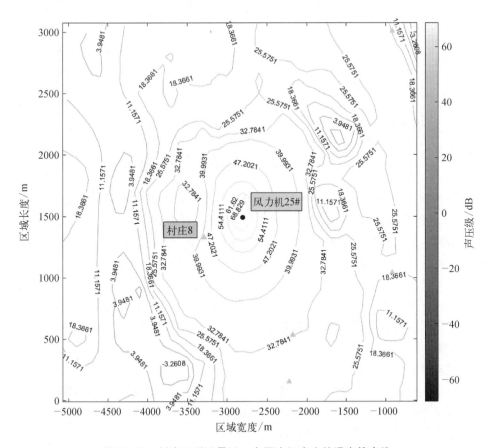

图 11.57　村庄 8 附近最近一台风力机产生的噪声等高线

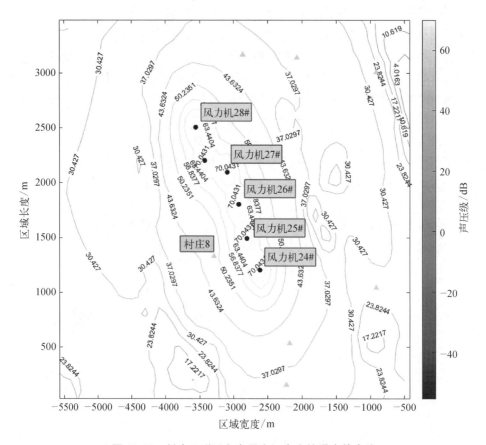

图 11.58　村庄 8 附近多台风力机产生的噪声等高线

分析上述两个对象的声压级可以看出风场中多台风力机噪声的叠加效果十分明显,本质上对风电噪声评估提出了更高的要求。尽管单台风力机噪声能够达标,并不意味着在风场中同等距离下一定满足噪声标准。对应于不同国家和地区的风电噪声标准,例如,以噪声等高线 45 dB 为界限,45 dB 闭合等高线外围为适合居住地区。从结果分析来看,如果以单台风力机作为噪声评估标准,当前风力机的噪声状况优于平均水平,该风电场中的多数风力机在风场风力机群聚效应和复杂地形条件下仍满足在村庄附近具有较低的噪声辐射,但是部分机位点需要进一步实施降噪措施。

调整举措:村庄 8

方案 1:风力机 25#坐标位置向东北方向移动, $\Delta x = 100$ m, $\Delta y = 100$ m。

仅考虑最近一台风力机影响(25#),村庄 8 位置噪声等级:39.93 dB;

考虑风力机 24#~28#综合影响,村庄 8 位置噪声等级:46.66 dB。

如图 11.61 所示,25#风力机移动后,高度的变化: $\Delta z = +2.63$ m;风加速因子:

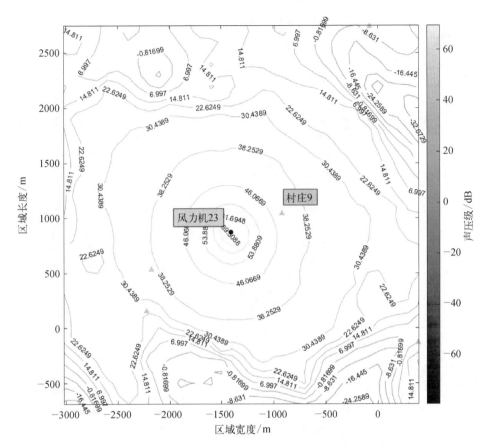

图 11.59　村庄 9 附近最近一台风力机产生的噪声等高线

$\Delta s = -0.01$（$1.40/1.39$），预计变化地点后风况对功率输出影响较小。

方案 2：25#坐标位置向东北方向移动，$\Delta x = 200$ m，$\Delta y = 200$ m。

仅考虑最近一台风力机影响(25#)，村庄 8 位置噪声等级：36.92 dB；

考虑风力机 24#~28#综合影响，村庄 8 位置噪声等级：46.27 dB。

（注：该方案说明移动一台风力机至较远距离没有实际意义，因为其他相邻风力机仍在原位）

25#风力机：

高度的变化 $\Delta z = -40.73$ m；

风加速因子 $\Delta s = -0.23$（$1.40/1.17$）。

方案 3：24#、25#、26#坐标位置向东北方向移动，$\Delta x = 100$ m，$\Delta y = 100$ m。

村庄 8 位置噪声等级：45.16 dB。

24#风力机：

高度的变化 $\Delta z = -16.68$ m；

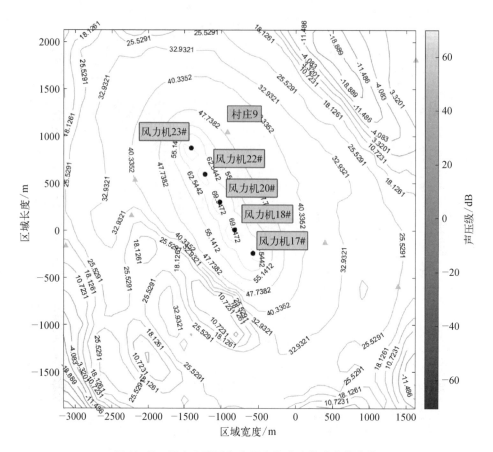

图 11.60　村庄 9 附近多台风力机产生的噪声等高线

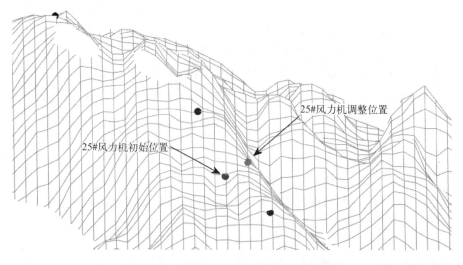

图 11.61　25# 风力机位置调整前后示意图

风加速因子：$\Delta s = -0.07$（1.43/1.37）。

25#风力机：

高度的变化 $\Delta z = +2.63$ m；

风加速因子 $\Delta s = -0.01$（1.40/1.39）。

26#风力机：

高度的变化 $\Delta z = -9.01$ m；

风加速因子 $\Delta s = -0.07$（1.47/1.40）。

方案4：24#、25#、26#坐标位置向东北方向移动，$\Delta x = 150$ m，$\Delta y = 150$ m。

村庄8位置噪声等级：44.39 dB。

24#风力机：

高度的变化 $\Delta z = -37.48$ m；

风加速因子 $\Delta s = -0.17$（1.43/1.26）。

25#风力机：

高度的变化 $\Delta z = -16.05$ m；

风加速因子 $\Delta s = -0.1$（1.40/1.30）。

26#风力机：

高度的变化 $\Delta z = -24.64$ m；

风加速因子 $\Delta s = -0.14$（1.47/1.33）。

方案5：24#、25#、26#坐标位置向东北方向移动，$\Delta x = 200$ m，$\Delta y = 200$ m。

村庄8位置噪声等级：43.43 dB。

24#风力机：

高度的变化 $\Delta z = -52.41$ m；

风加速因子 $\Delta s = -0.26$（1.43/1.17）。

25#风力机：

高度的变化 $\Delta z = -40.73$ m；

风加速因子 $\Delta s = -0.23$（1.40/1.17）。

26#风力机：

高度的变化 $\Delta z = -41.21$ m；

风加速因子 $\Delta s = -0.20$（1.47/1.27）。

从众多方案中可以看出，总体位置移动思路是向东北方向变动位置，即将附近风力机远离噪声敏感点，而移动的距离和对应的风力机需要从上述方案中综合考虑，决策条件一是根据实地所具备的地形条件，二是要考虑移动后对应的风力机功率的增减问题，尤其是风加速因子降低较多通常会对应一定的功率损失。

调整举措：村庄9

方案1：23#坐标位置向西方向移动，$\Delta x = 100$ m。

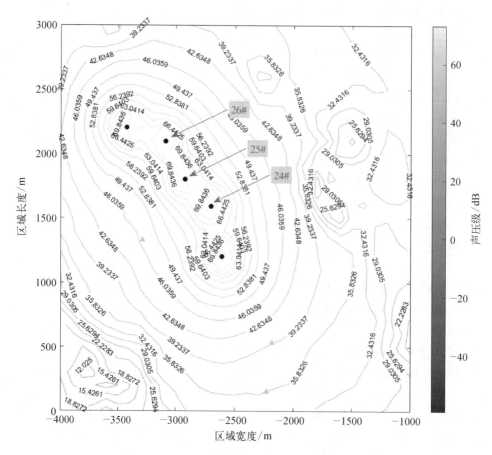

图 11.62　方案 1 对应的局部噪声等高线

仅考虑最近一台风力机影响(23#),村庄 9 位置噪声等级:40.83 dB;

考虑风力机 22~23 综合影响,村庄 9 位置噪声等级:44.71 dB。

23#风力机:

高度的变化 $\Delta z = -15.34$ m;

风加速因子 $\Delta s = -0.05(1.37/1.32)$。

　　方案 2:23#坐标位置继续向西方向移动将对村庄 14 噪声影响,考虑向西北移动 $\Delta x = 100$ m, $\Delta y = 100$ m。

仅考虑最近一台风力机影响(23#),村庄 9 位置噪声等级:41.26 dB;

该方案发现向北移动 23#导致效果不如方案 1 的 40.83 dB 效果。

23#风力机:

高度的变化 $\Delta z = -19.32$ m;

风加速因子 $\Delta s = -0.03(1.37/1.34)$。

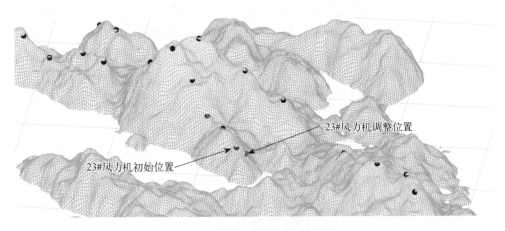

图 11.63　23# 位置调整前后示意图

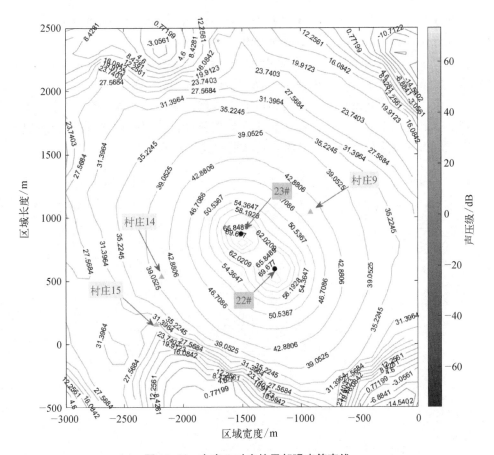

图 11.64　方案 1 对应的局部噪声等高线

方案 3：如需继续降低村庄 9 位置噪声，需要考虑同时移动 22#、23#。保持方案 1 中 23#风力机向西方向移动 $\Delta x = 100\text{m}$。22#向西南移动 $\Delta x = 100\text{m}$，$\Delta y = 100\text{ m}$。

村庄 9 位置噪声等级：43.26 dB。

继续移动 23#将接近村庄 14，不建议继续移动。

22#风力机：

高度的变化 $\Delta z = -14.27\text{ m}$；

风加速因子 $\Delta s = -0.08(1.38/1.30)$。

综合分析发现按照最大噪声排序：V8>V9>V15>V14。若以噪声为约束原则调整相关的机位则优选如下方案：

村庄 8：24#、25#、26#坐标位置向东北方向移动 $\Delta x = 200\text{ m}$，$\Delta y = 200\text{ m}$，V8 位置噪声控制在 43.43 dB。三台风力机均功率损失比较明显，可采取移动 100 m 方案。

村庄 9：23#向西方向移动 $\Delta x = 100\text{ m}$；22#向西南移动 $\Delta x = 100\text{ m}$，$\Delta y = 100\text{ m}$，V9 噪声控制在 43.26 dB。23#功率损失较小，22#略大。

村庄 14、15：21#水平向东移动 $\Delta x = 100\text{ m}$，V14 位置噪声控制在 43.85 dB，V15 位置噪声控制在 43.51 dB，此时 21#功率损失较小。

其余各个噪声敏感点均可采用相似的方式进行局部分析和调整，此处不再一一赘述。经过以上初步布局调整之后还需要重新进行功率的评估，在不明显损失功率或增大功率降且低噪声的措施才是真正的优选方案。

参考文献

[1] Nieuwenhuizen E, Köhl M. Differences in noise regulations for wind turbines in four European countries[R]. Maastricht: EuroNoise, 2015.

[2] Miljøministeriet. Bekendtgørelse om støj fra vindmøller[S]. BEK nr 1284, 2011.

[3] Søndergaard B. Noise and Low frequency noise from wind turbines[C]. INTERNOISE 2014 – 43rd International Congress on Noise Control Engineering: Improving the World Through Noise Control, 2014.

[4] Technische Anleitung zum Schutz gegen Lärm-TA Lärm[R]. Technische Anleitung zum Schutz gegen Larm: TALarm, 1998.

[5] 中华人民共和国电力行业标准. 风电场噪声限值及测量方法[S]. DL/T 1084 – 2008, 2008.

[6] 中华人民共和国国家标准. 风力机发电机组噪声测量方法[S]. GB/T 22516 – 2015/IEC 61400 – 11 2012, 2015.

[7] Wind turbines-Part 11: Acoustic noise measurement techniques[S]. IEC 61400 – 11 – 2018, 2018.

[8] 贺德馨. 风工程与工业空气动力学[M]. 北京: 国防工业出版社, 2006.

[9] 王同光, 李慧, 陈程, 等. 风力机叶片结构设计[M]. 北京: 科学出版社, 2015.

[10] 赵振宙, 王同光, 郑源. 风力机原理[M]. 北京: 中国水利水电出版社, 2016.

[11] Lighthill M J. On sound generated aerodynamically: I General theory[J]. Proceedings of the Royal Society A: Mathematical, Physical and Engineering Sciences, 1962(267): 564 – 583.

[12] Curle N. The influence of solid boundaries upon aerodynamic Sound[J]. Proceedings of The Royal Society A: Mathematical, Physical and Engineering Sciences, 1955(231): 505 – 514.

[13] Hawkings D, Williams J. Sound generation by turbulence and surfaces in arbitrary motion[J]. Philosophical transactions of the Royal Society of London.

Series A: Mathematical and physical sciences, 1969, 264: 321 – 342.

[14] Inoue O, Hatakeyama N. Sound generation by a two-dimensional circular cylinder in a uniform flow[J]. Journal of Fluid Mechanics, 2002(471): 285 – 314.

[15] Hardin J, Pope D. An acoustic/viscous splitting technique for computational aeroacoustics[J]. Theoretical and Computational Fluid Dynamics, 1994(6): 323 – 340.

[16] Shen W Z, Sørensen J N. Comment on the aeroacoustic formulation of Hardin and Pope[J]. AIAA Journal. 1999, 37(1): 141 – 143.

[17] Shen W Z, Zhu W, Sørensen J N. Aeroacoustic computations for turbulent airfoil flows[J]. AIAA Journal, 2009(47): 1518 – 1527.

[18] Ewert R, Schröder W. Acoustic perturbation equation based on flow decomposition via source filtering[J]. Journal of Computational Physics, 2003 (188): 365 – 398.

[19] Seo J H, Moon Y. The linearized perturbed compressible equations for aeroacoustic noise prediction at very low Mach numbers[J]. AIAA Journal, 2005, 43(8): 1716 – 1724.

[20] Tam C K W, Webb J C. Dispersion-relation-preserving schemes for computational aeroacoustics[J]. Journal of Computational Physics, 1993 (107): 262 – 281.

[21] Kim J W, Lee D J. Optimized compact finite difference schemes with maximum resolution[J]. AIAA Journal, 1996, 34(5): 887 – 893.

[22] Zhu W J, Shen W Z, Sørensen J N. High-order numerical simulations of flow induced noise[J]. Journal of numerical methods in fluids, 2011(66): 17 – 37.

[23] Zhu W J, Shen W Z, Sørensen J. Computational aero-acoustic using high-order finite-difference schemes[J]. Journal of Physics: Conference Series, 2007, 75 (1): 012084.

[24] Lowson M V. Assessment and prediction of wind turbine noise[R]. ETSU W 13/00284/REP, 1992.

[25] Zhu W J, Heilskov N, Shen W Z, et al. Modeling of aerodynamically generated noise from wind turbines[J]. Journal of Solar Energy Engineering, 2005 (127): 517 – 528.

[26] Leloudas G, Zhu W J, Sørensen J, et al. Prediction and reduction of noise from a 2. 3 MW wind turbine[J]. Journal of Physics: Conference Series, 2007

(75): 012083.

[27] Kamruzzaman M, Lutz T, Würz W, et al. Validations and improvements of airfoil trailing-edge noise prediction models using detailed experimental data [J]. Wind Energy, 2012(15): 45 – 61.

[28] Cheng J, Zhu W J, Fischer A, et al. Design and validation of the high performance and low noise CQU-DTU-LN1 airfoils[J]. Wind Energy, 2014 (17): 1817 – 1833.

[29] Zhu WJ, Shen W Z, Sørensen JN, et al. Improvement of airfoil trailing edge bluntness noise model[J]. Advances in Mechanical Engineering, 2016(8): 1 – 12.

[30] Wagner S, Bareib R, Guidati G. Wind turbine noise[M]. Berlin: Springer, 1996.

[31] Brooks T F, Pope D S, Marcolini M A. Airfoil self-noise and prediction[R]. Washington D. C.: National Aeronautics and Space Administration, 1989.

[32] Amiet R K. Acoustic radiation from an airfoil in a turbulent stream[J]. Journal of Sound and Vibration, 1975(41): 407 – 420.

[33] Amiet R. Noise due to turbulent flow past a trailing edge[J]. Journal of Sound and Vibration, 1976(47): 387 – 393.

[34] Amiet R. Effect of the incident surface pressure field on noise due to turbulent flow past a trailing edge[J]. Journal of Sound and Vibration, 1978 (57): 305 – 306.

[35] Viterna L. The NASA-LeRC wind turbine sound prediction code[R]. NASA TM – 81737, 1981.

[36] Glegg S A L, Baxter S M, Glendinning A G. The prediction of broadband noise from wind turbines[J]. Journal of Sound and Vibration, 1987(118): 217 – 239.

[37] Grosveld F. Prediction of broadband noise from horizontal axis wind turbines [J]. Journal of Propulsion and Power, 1985(1): 292 – 299.

[38] Madsen H. Low frequency noise from wind turbines mechanisms of generation and its modelling[J]. Low Frequency Noise, Vibration and Active Control, 2010(29): 239 – 251.

[39] Fischer A, Madsen H, Bertagnolio F. Experimental investigation of the surface pressure field for prediction of trailing edge noise of wind turbine aero foils[J]. International Journal of Aeroacoustics, 2015(14): 767 – 810.

[40] Zhu W J, Shen W Z, Barlas E, et al. Wind turbine noise generation and

propagation modeling at DTU Wind Energy: A review[J]. Renewable and Sustainable Energy Reviews, 2018(88): 133 – 150.

[41] Drela M. XFOIL: An analysis and design system for low Reynolds number airfoils[Z]. Part of the Lecture Notes in Engineering book series, 1989.

[42] Lutz T, Arnold B, Wolf A, et al. Numerical studies on a rotor with distributed suction for noise reduction[J]. Journal of Physics: Conference Series, 2014 (524): 012122.

[43] Wolf A, Lutz T, Würz W, et al. Trailing edge noise reduction of wind turbine blades by active flow control[J]. Wind Energy, 2015, 18(5): 909 – 923.

[44] Oerlemans S, Fisher M, Maeder T, et al. Reduction of wind turbine noise using optimized airfoils and trailing-edge serrations[J]. AIAA Journal, 2009, 47 (6): 1470 – 1481.

[45] Buck S, Oerlemans S, Palo S. Experimental validation of a wind turbine turbulent Inflow noise prediction code[J]. AIAA Journal, 2018, 56(4): 1495 – 1506.

[46] Zhu W J, Shen W Z. LES tests on airfoil trailing edge serration[J]. Journal of Physics: Conference Series, 2016(753): 022062.

[47] Finez A, Jacob M, Roger M, et al. Broadband Noise Reduction with Trailing Edge Brushes[C]. Stockholm: 16th AIAA/CEAS Aeroacoustics Conference (31st AIAA Aeroacoustics Conference), 2010.

[48] Geyer T, Sarradj E. Noise reduction and aerodynamics of airfoils with porous trailing edges[C]. Chicago, 2018.

[49] Rossian L, Ewert R, Delfs J. Prediction of airfoil trailing edge noise reduction by application of complex porous material[Z]. Part of the Notes on Numerical Fluid Mechanics and Multidisciplinary Design book series, 2018: 647 – 657.

[50] Jaworski J, Peake N. Aerodynamic noise from a poroelastic edge with implications for the silent flight of owls[J]. Journal of Fluid Mechanics, 2013 (723): 456 – 479.

[51] Peng Y, Zhou N, Chen J, et al. Propagation of wind turbine noise through the turbulent atmosphere[J]. The Journal of the Acoustical Society of America, 2014(136): 2205 – 2205.

[52] Bolin K, Boué M, Jarasalo I. Long-range sound Propagation over a sea surface [J]. The Journal of the Acoustical Society of America, 2009(126): 2191 – 2197.

[53] Forssén J, Schiff M, Pedersen E, et al. Wind turbine noise propagation over

flat ground: Measurements and predictions[J]. Acta Acustica united with Acustica, 2010(96): 753 - 760.

[54] Cheng R, Morris P, Brentner K, et al. A 3D parabolic equation method for sound propagation in moving inhomogeneous media[J]. The Journal of the Acoustical Society of America, 2009(126): 1700 - 1710.

[55] Zhu W J, Sørensen J, Shen W Z. An aerodynamic noise propagation model for wind turbines[J]. Wind Engineering, 2005(29): 129 - 142.

[56] Salomons E M. Computational atmospheric acoustics[M]. Berlin: Springer Sciences & Bussiness Media, 2012.

[57] Heimann D, Käsler Y, Gross G. The wake of a wind turbine and its influence on sound propagation[J]. Meteorologische Zeitschrift, 2011(20): 449 - 460.

[58] Lee S, Lee D, Honhoff S. Prediction of far-field wind turbine noise propagation with parabolic equation[J]. J Acoust Soc Am, 2016(140): 767.

[59] Lele S K. Compact finite difference schemes with spectral-like resolution[J]. Journal of Computational Physics, 1992(103): 16 - 42.

[60] Hu F, Hussaini M, Manthey J. Low-dissipation and Low-dispersion Runge-Kutta schemes for computational acoustics[J]. Journal of Computational Physics, 1996, 124: 177 - 191.

[61] Bogey C, Bailly C. A Family of low dispersive and low dissipative explicit schemes for flow and noise computations[J]. Journal of Computational Physics, 2004(194): 194 - 214.

[62] Berland J, Bogey C, Bailly C. Low-dissipation and low-dispersion fourth-order Runge-Kutta algorithm[J]. Computers and Fluids, 2006(35): 1459 - 1463.

[63] Colonius T, Lele S. Computational aeroacoustics: Progress on nonlinear problems of sound generation[J]. Progress in Aerospace Sciences-PROG AEROSP SCI, 2004(40): 345 - 416.

[64] Vasilyev O, Lund T, Moin P. A general class of commutative filters for LES in complex geometries[J]. Journal of Computational Physics, 1998(146): 105.

[65] Berland J, Bogey C, Marsden O, et al. High-order, low dispersive and low dissipative explicit schemes for multiple-scale and boundary problems[J]. Journal of Computational Physics, 2007(224): 637 - 662.

[66] Visbal M R, Gaitonde D V. Very high-order spatially implicit schemes for computational acoustics on curvilinear meshes[J]. Journal of Computational Acoustics, 2011(9): 1259 - 1286.

[67] Visbal M R, Gaitonde D V. High-order-accurate methods for complex unsteady

subsonic flows[J]. AIAA Journal, 1999(37): 1231 – 1239.

[68] Gaitonde D V, Visbal M R. Pade-type higher-order boundary filters for the Navier-Stokes equations[J]. AIAA journal, 2000(38) : 2103 – 2112.

[69] Bogey C, Bailly C. Three-dimensional non-reflective boundary conditions for acoustic simulations: Far field formulation and validation test cases[J]. Acta Acustica united with Acustica, 2002(88): 463 – 471.

[70] Israeli M, Orszag S. Approximation of radiation boundary conditions [J]. Journal of Computational Physics, 1981(41): 115 – 135.

[71] Adams N. Direct numerical simulation of turbulent compression ramp flow[J]. Theoretical and Computational Fluid Dynamics, 1998(12): 109 – 129.

[72] Tam C, Dong Z. Wall boundary conditions for high-order finite-difference schemes in computational aeroacoustics [J]. Theoretical and Computational Fluid Dynamics, 1994(6): 303 – 322.

[73] Kim J. Optimized boundary compact finite difference schemes for computational aeroacoustics[J]. Journal of Computational Physics, 2007(225): 995 – 1019.

[74] Djambazov G, Lai H C, Pericleous K. Staggered-mesh computation for aerodynamic sound[J]. AIAA Journal, 2000(38): 16 – 21.

[75] Thompson K. Time-dependent boundary condition for hyperbolic systems[J]. Journal of Computational Physics, 1987(68): 1 – 24.

[76] Thompson K. Time dependent boundary conditions for hyperbolic system II[J]. Journal of Computational Physics, 1990(89): 439 – 461.

[77] Bayliss A, Turkel E. Far field boundary conditions for compressible flow[J]. Journal of Computational Physics, 1982(48): 182 – 199.

[78] Hu F, Stable A. Perfectly matched layer for linearized Euler equations in unsplit physical variables[J]. Journal of Computational Physics, 2001(173): 455 – 480.

[79] Hu F. On absorbing boundary conditions for linearized Euler equations by a perfectly matched layer[J]. Journal of Computational Physics, 1996(129): 201 – 219.

[80] Bachmann T, Wagner H. The three-dimensional shape of serrations at barn owl wings: Towards a typical natural serration as a role model for biomimetic applications[J]. Journal of anatomy, 2011(219): 192 – 202.

[81] Giles M. Nonreflecting boundary conditions for Euler equation calculations[J]. AIAA Journal, 1990(28): 2050 – 2058.

[82] Hixon R, Shih S H, Mankbadi R. Evaluation of boundary conditions for

computational aeroacoustics[J]. AIAA Journal, 1995(33): 2006 - 2012.

[83] Batchelor G K. An introduction to fluid dynamics [M]. Massachusetts: Cambridge University Press, 1967.

[84] White F M. Viscous fluid flow[M]. New York: McGraw-Hill Inc. , 1991.

[85] Potter M C, Wigert D C, Ramadan B H. Mechanics of fluids[M]. Stanford: Cengage Learning, 2012.

[86] Pope S B. Turbulent flows [M]. Cambridge: Cambridge University Press, 2000.

[87] Lighthill M J. On sound generated aerodynamically. I. general theory [J]. Proceedings of the Royal Society of London, 1952(211) : 564 - 587.

[88] Farassat F. Derivation of formulations 1 and 1A of Farassat[R]. Hampton, Virginia: Langley Research Center, 2007.

[89] Farassat F. Theory of noise generation from moving bodies with an application to helicopter rotors[R]. Hampton, Virginia: Langley Research Center, 1975.

[90] Farassat F. Linear acoustic formulas for calculation of rotating blade noise[J]. AIAA Journal, 1981(19): 1122 - 1130.

[91] Farassat F, Succi G P. A review of propeller discrete frequency noise prediction technology with emphasis on two current methods for time domain calculations [J]. Journal of Sound and Vibration, 1980(71): 399 - 419.

[92] Brentner K S. Prediction of helicopter discrete frequency rotor noise-A computer program incorporating realistic blade motions and advanced formulation[R]. NASA TM 87721, 1986.

[93] Farassat F. Introduction to generalized functions with applications in aerodynamics and aeroacoustics [R]. Hampton, Virginia: Langley Research Center, 1994.

[94] Farassat F. The Kirchhoff Formulas for moving surfaces in aeroacoustics -The subsonic and supersonic cases [R]. Hampton, Virginia: Langley Research Center, 1996.

[95] Batchelor G. An introduction to fluid dynamics[M]. Cambridge: Cambridge University Press, 2021.

[96] Prandtl L, Betz A. Vier abhandlungen zur hydrodynamik und aerodynamik [R]. Göttinger Nachr. : Göttinger, 1927.

[97] Wilson R E, Lissaman P B S. Applied aerodynamics of wind power machines [R]. Oregon State University Report NSF/RA/N74113, 1974.

[98] Wilson R E, Lissaman P B S. Aerodynamic performance of wind turbine[R].

Oregon State University Report NSF/RA/N74113, 1976.

[99] de Vries O. Fluid dynamic aspects of wind energy conversion [R]. AGARD Report AG - 243, 1979.

[100] Shen W Z, Mikkelsen R, Sørensen J, et al. Tip loss correction for wind turbine computations[J]. Wind Energy, 2005(8): 457 - 475.

[101] Glauert H. Airplane propellers, Division L [M]. Berlin: Julius Springer, 1935.

[102] Bramwell A R S. Done G. Balmford D. Helicopter dynamics [M]. 2th edition. Holland: Elsevier Ltd, 2000.

[103] Snel H S, Joint J G. Investigation of dynamic inflow effects and implementation of an engineering method[R]. Petten: ECN, 1995.

[104] Burton T, Sharpe D, Jenkins N, et al. Wind energy handbook[M]. England: John Wiley & Sons, Ltd, 2011.

[105] Hansen M. Aerodynamics of wind turbines[M]. London: Routledge, 2015.

[106] Jensen N O. A note on wind generator interaction [R]. Roskilde: Risø National Laboratory Roskilde, 1983.

[107] Frandsen S. On the wind speed reduction in the center of large clusters of wind turbines [J]. Journal of Wind Engineering and Industrial Aerodynamics, 1992(39): 251 - 265.

[108] Larsen G C, Madsen H A, Thomsen K, et al. Wake meandering: a pragmatic approach[J]. Wind Energy, 2008(11): 377 - 395.

[109] Tian L, Zhu W J, Shen W Z, et al. Prediction of multi-wake problems using an improved Jensen wake model[J]. Renewable Energy, 2017(102): 457 - 469.

[110] Tian L, Zhu W J, Shen W Z, et al. Development and validation of a new two-dimensional wake model for wind turbine wakes [J]. Journal of Wind Engineering and Industrial Aerodynamics, 2015(137): 90 - 99.

[111] Göçmen T, Laan P V D, Réthoré P E, et al. Wind turbine wake models developed at the technical university of Denmark: A review[J]. Renewable and Sustainable Energy Reviews, 2016(60): 752 - 769.

[112] Sørensen J, Shen W Z, Munduate X, et al. Analysis of wake states by a full-field actuator disc model[J]. Wind Energy, 1998(1): 73 - 88.

[113] Shen W Z, Zhu W J, Sørensen J, et al. Actuator line/Navier-Stokes computations for the MEXICO rotor: Comparison with detailed measurements [J]. Wind Energy, 2012(15): 811 - 825.

[114] Shen W Z, Sørensen J, Mikkelsen R. Tip loss correction for actuator/navier-Stokes computations[J]. Journal of Solar Energy Engineering, 2005(127): 209 – 213.

[115] Shen W Z, Zhu W J, Yang H. Validation of the actuator line model for simulating flows past yawed wind turbine rotors[J]. Journal of Power and Energy Engineering, 2015(3): 7 – 13.

[116] Zhong W, Wang T, Zhu W J, et al. Evaluation of tip loss corrections to AD/NS simulations of wind turbine aerodynamic performance [J]. Applied Sciences, 2019(9): 4919.

[117] Mann J. Spatial structure of neutral atmospheric surface-layer turbulence[J]. Journal of Fluid Mechanics, 1994(273): 141 – 168.

[118] Mann J. Wind field simulation[J]. Probabilistic Engineering Mechanics, 1998(13): 269 – 282.

[119] Debertshaeuser H, Shen W Z, Zhu W J. Aeroacoustic calculations of wind turbine noise with the actuator line/ Navier-Stokes technique[R]. San Diego: Wind Energy Symposium, 2016.

[120] Barlas E, Zhu W J, Shen W Z, et al. Consistent modelling of wind turbine noise propagation from source to receiver[J]. The Journal of the Acoustical Society of America, 2017(142): 3297 – 3310.

[121] Barlas E, Zhu W J, Shen W Z, et al. Effects of wind turbine wake on atmospheric sound propagation[J]. Applied Acoustics, 2017(122): 51 – 61.

[122] Barlas E, Wu K L, Zhu W J, et al. Variability of wind turbine noise over a diurnal cycle[J]. Renewable Energy, 2018(126): 791 – 800.

[123] Counihan J. Adiabatic atmospheric boundary layers: A review and analysis of data from the period 1880 – 1972[J]. Atmospheric Environment, 1976(9): 871 – 905.

[124] Anon. Characteristics of atmospheric Turbulence Near The Ground. Part II: Single Point Data For Strong Winds (Neutral Atmosphere) [R], 1985.

[125] Lowson M V. Assessment and prediction of wind turbine noise[R]. ETSU-W-13/00 284/REP, 1993.

[126] Williams J, Hall L. Aerodynamic sound generation by turbulent flow in the vicinity of a scattering half plane[J]. Journal of Fluid Mechanics, 1970(40): 657 – 670.

[127] Fink M. Noise component method for airframe noise[J]. Journal of Aircraft, 1979(16): 659 – 665.

[128] Brooks T, Marcolini M. Airfoil tip vortex formation noise[J]. AIAA Journal, 1986(24): 246.

[129] Roger M, Moreau S. Back-scattering correction and further extensions of Amiet's trailing-edge noise model. Part 1: Theory[J]. Journal of Sound and Vibration, 2005(286): 477 – 506.

[130] Moreau S. Back-scattering correction and further extensions of Amiet's trailing-edge noise model. Part II: Application[J]. Journal of Sound and Vibration, 2009(323): 397 – 425.

[131] Rozenberg Y, Robert G, Moreau S. Wall-pressure spectral model including the adverse pressure gradient effects[J]. AIAA Journal, 2012(50): 2168 – 2179.

[132] Goody M. Empirical spectral model of surface pressure fluctuations[J]. AIAA Journal, 2004(42): 1788 – 1794.

[133] Willmarth W W, Roos F W. Resolution and structure of the wall pressure field beneath a turbulent boundary layer[J]. Journal of Fluid Mechanics, 1965 (22): 81 – 94.

[134] Howe M. Trailing edge noise at low Mach numbers[J]. Journal of Sound and Vibration, 1999(225): 211 – 238.

[135] Kamruzzaman M, Bekiropoulos D, Lutz T, et al. A semi-empirical surface pressure spectrum model for airfoil trailing-edge noise prediction [J]. International Journal of Aeroacoustics, 2015(14): 833 – 882.

[136] Lee S. Empirical wall-pressure spectral modeling for zero and adverse pressure gradient flows[J]. AIAA Journal, 2018(56): 1 – 12.

[137] Hu N. Empirical model of wall pressure spectra in adverse pressure gradients [J]. AIAA Journal, 2018(56): 1 – 16.

[138] Stalnov O, Paruchuri C, Joseph P. Towards a non-empirical trailing edge noise prediction model[J]. Journal of Sound and Vibration, 2016 (372): 1 – 19.

[139] Parchen R. Progress report DRAW: A prediction scheme for trailing edge noise based on detailed boundary layer characteristics[R]. Amsterdam: TNO Institute of Applied Physics, 1998.

[140] Blake W K. Mechanics of flow-induced sound and vibration[M]. Amsterdam: Elsevier Inc. , 2017.

[141] Bertagnolio F, Fischer A, Zhu W J. Tuning of turbulent boundary layer anisotropy for improved surface pressure and trailing-edge noise modeling[J].

Journal of Sound and Vibration, 2014(333): 991 – 1010.

[142] Nguyen D, Lee S. Investigation on the accuracy of the TNO Model Using RANS CFD and XFOIL inputs for airfoil trailing edge noise predictions[C]. Atlanta: AIAA/CEAS Aeroacoustics Conference, 2018.

[143] Delany M, Bazley E. Acoustical Properties of Fibrous Absorbent Materials [J]. Applied Acoustics, 1970(3): 105 – 116.

[144] Chessell C. Propagation of noise along a finite impedance boundary[J]. The Journal of the Acoustical Society of America, 1977(62): 825 – 834.

[145] Gutenberg B. Propagation of sound waves in the atmosphere[J]. The Journal of the Acoustical Society of America, 1942(14): 151 – 155.

[146] Tam C, Hardin J. Second Computational Aeroacoustics (CAA) workshop on benchmark problems [R]. Florida: NASA Conference Publication 3352, 1997.

[147] Müller E A, Obermeier F. The spinning vortices as a source of sound[J]. AGARD, 1967: 177 – 195.

[148] Strouhal V. Ueber eine besondere art der tonerregung [J]. Annalen der Physik, 1878(241): 216 – 251.

[149] Fey U, König M, Eckelmann H. A new Strouhal-Reynolds-number relationship for the circular cylinder in the range $47<Re<2\times105$[J]. Physics of Fluids, 1998(10): 1547 – 1549.

[150] Price W, Tan M Y. Fundamental viscous solutions or 'transient ossenlets' associated with a body manoeuvring in a viscous fluid[J]. Proceedings of The Royal Society A: Mathematical, Physical and Engineering Sciences, 1992 (438): 447 – 466.

[151] Jónsson G B, Jacobsen F. A comparison of two engineering models for outdoor sound propagation: Harmonoise and Nord2000[J]. Acta Acustica united with Acustica, 2008(94): 1 – 11.

[152] Schäffer B. Annoyance potential of wind turbine noise compared to road traffic noise[R]. Maastricht: Euronoise Conference, 2015.

[153] Wu Y T, Porté-Agel F. Modeling turbine wakes and power losses within a wind farm using LES: An application to the Horns Rev offshore wind farm[J]. Renewable Energy, 2015(75): 945 – 955.

[154] Pilger C, Ceranna L. The influence of periodic wind turbine noise on infrasound array measurements [J]. Journal of Sound and Vibration, 2016 (388): 188 – 200.

[155]　Taylor P A, Teunissen H W. Askervein '82: Report on the September/October 1982 experiment to study boundary layer flow over Askervein [R]. Ontario: Atmospheric Environment Service, 1983.

附录 A
各国风电噪声限值标准

国 家	定 义	郊 区	住 宅 区
丹麦	dB(A) dB(A) LF：dB	42(风速 6 m/s) 44(风速 8 m/s) 20(风速 6~8 m/s)	37(风速 6 m/s) 39(风速 8 m/s) 20(风速 6~8 m/s)
挪威	dB	45	45
瑞典	dB(A)	35	40
芬兰	dB(A)	45(日间) 40(夜间)	45(日间) 40(夜间)
德国	dB(A)	60(日间) 45(夜间)	50~55(日间) 35~40(夜间)
荷兰	dB(A)	47(日间) 41(夜间)	47(日间) 41(夜间)
法国	dB(A)	5+b.g.(日间) 3+b.g.(夜间)	5+b.g.(日间) 3+b.g.(夜间)
比利时	dB(A)弗兰德省 dB(A)瓦隆大区	48(日间),43(夜间) 45	44(日间),39(夜间) 45
英国	dB(A)	5+b.g.(日间)≤43 3+b.g.(夜间)≤40	5+b.g.(日间)≤43 3+b.g.(夜间)≤40
新西兰	dB(A)	5+b.g.(日间)或35	5+b.g.(日间)≤40
加拿大	dB(A) 亚伯塔省 dB(A) 安大略省	40 40、45、51(分别对应风速4、8、10 m/s)	40 40、45、51(分别对应风速4、8、10 m/s)
澳大利亚	dB(A)	5+b.g.(日间)或35	5+b.g.(日间)或35
美国	dB(A) 俄勒冈州 dB(A) 威斯康星州	55(日间),50(夜间) 50(日间),45(夜间)	55(日间),50(夜间) 50(日间),45(夜间)
中国	dB(A)	50~65(日间)	40~55(日间)

注：b.g.即 background,表示背景噪声、环境声音。

附录 B
高阶差分系数

表 B.1　高阶优化的有限差分格式(7 点 4 阶~17 点 14 阶)

	4 阶	6 阶	8 阶
a_1	0. 799 266 426 974 155 7	0. 833 157 259 896 436 6	0. 857 104 398 418 519 9
a_2	−0. 189 413 141 579 324 6	−0. 233 157 259 896 436 6	−0. 265 262 169 621 165 6
a_3	0. 026 519 952 061 497 8	0. 052 305 492 336 568 0	0. 074 805 208 507 143 7
a_4	0	−0. 005 939 804 278 316 9	−0. 014 448 456 841 622 8
a_5	0	0	0. 001 359 628 533 774 2
a_6	0	0	0
a_7	0	0	0
a_8	0	0	0
	10 阶	12 阶	14 阶
a_1	0. 874 999 473 187 901 4	0. 888 898 409 334 390 3	0. 900 011 129 158 197 8
a_2	−0. 290 177 912 913 448 1	−0. 310 197 879 112 520 5	−0. 326 682 247 488 143 7
a_3	0. 094 245 592 735 949 5	0. 111 120 631 556 612 5	0. 125 871 333 803 430 6
a_4	−0. 023 809 348 205 490 9	−0. 033 253 774 222 734 7	−0. 042 431 324 615 822 8
a_5	0. 003 950 176 540 208 9	0. 007 408 849 899 150 0	0. 011 424 635 341 750 0
a_6	−0. 000 315 652 574 655 8	−0. 001 068 642 374 543 9	−0. 002 254 002 689 832 1
a_7	0	0. 000 074 022 266 180 7	0. 000 286 489 243 173 8
a_8	0	0	−0. 000 017 490 300 110 6

表 B.2　三对角高阶紧致有限差分格式（3 点 4 阶~11 点 12 阶）

	4 阶	6 阶	8 阶	10 阶	12 阶
α	1/4	1/3	3/8	2/5	5/12
a	3/4	7/9	25/32	39/50	7/9
b	0	1/36	1/20	1/15	5/63
c	0	0	−1/480	−1/210	−5/672
d	0	0	0	1/4 200	1/1 512
e	0	0	0	0	−1/30 240

表 B.3　优化的三对角高阶紧致有限差分格式（5 点 4 阶~11 点 10 阶）

	4 阶	6 阶
α	0. 382 103 809 846 293 3	0. 411 140 376 420 324 9
a	0. 794 034 603 282 097 7	0. 784 261 698 035 027 1
b	0. 044 034 603 282 097 7	0. 069 274 867 424 173 3
c	0	−0. 003 890 352 154 349 5
d	0	0
e	0	0
	8 阶	**10 阶**
α	0. 427 862 789 301 350 4	0. 438 887 153 243 839 3
a	0. 778 606 860 534 932 4	0. 774 815 046 234 154 8
b	0. 085 241 859 534 233 6	0. 096 294 973 900 068 0
c	−0. 007 747 203 615 620 8	−0. 011 011 625 818 950 3
d	0. 000 503 455 136 203 3	0. 001 225 705 479 208 6
e	0	−0. 000 077 157 050 086 9

表 B.4　显式后差边界格式的系数 $a_j^{NM} = -a_{-j}^{MN}$

a_j^{NM}	$N=0,\ M=6$	a_j^{NM}	$N=1,\ M=5$	a_j^{NM}	$N=2,\ M=4$
a_0^{06}	−2. 192 280 339	a_{-1}^{15}	−0. 209 337 622	a_{-2}^{24}	0. 049 041 958
a_1^{06}	4. 748 611 401	a_0^{15}	−1. 084 875 676	a_{-1}^{24}	−0. 468 840 357

续　表

a_j^{NM}	$N=0$, $M=6$	a_j^{NM}	$N=1$, $M=5$	a_j^{NM}	$N=2$, $M=4$
a_2^{06}	−5. 108 851 915	a_1^{15}	2. 147 776 050	a_0^{24}	−0. 474 760 914
a_3^{06}	4. 461 567 104	a_2^{15}	−1. 388 928 322	a_1^{24}	1. 273 274 737
a_4^{06}	−2. 833 498 741	a_3^{15}	0. 768 949 766	a_2^{24}	−0. 518 484 526
a_5^{06}	1. 128 328 861	a_4^{15}	−0. 281 814 650	a_3^{24}	0. 166 138 533
a_6^{06}	−0. 203 876 371	a_5^{15}	0. 048 230 454	a_4^{24}	−0. 026 369 431

表 B. 5　标准的高阶显式过滤器的系数

	8 阶	10 阶	12 阶
d_0	35/128	63/256	231/1 024
d_1	−7/32	−105/512	−99/512
d_2	7/64	15/128	495/4 096
d_3	−1/32	−45/1 024	−55/1 024
d_4	1/256	5/512	33/2 048
d_4	0	−1/1 024	−3/1 024
d_6	0	0	1/4 096

表 B. 6　优化的高阶显式过滤器的系数

	6 阶	8 阶	10 阶
d_0	0. 243 527 493 120	0. 215 044 884 112	0. 190 899 511 506
d_1	−0. 204 788 880 640	−0. 187 772 883 589	−0. 171 503 832 236
d_2	0. 120 007 591 680	0. 123 755 948 787	0. 123 632 891 797
d_3	−0. 045 211 119 360	−0. 059 227 575 576	−0. 069 975 429 105
d_4	0. 008 228 661 760	0. 018 721 609 157	0. 029 662 754 736
d_4	0	−0. 002 999 540 835	−0. 008 520 738 659
d_6	0	0	0. 001 254 597 714

表 B.7 高阶紧致过滤器的系数

	4 阶	6 阶	8 阶	10 阶
a_0	$\dfrac{5}{8} + \dfrac{3\alpha_f}{4}$	$\dfrac{11}{16} + \dfrac{5\alpha_f}{8}$	$\dfrac{93 + 70\alpha_f}{128}$	$\dfrac{193 + 126\alpha_f}{256}$
a_1	$\dfrac{1}{2} + \alpha_f$	$\dfrac{15}{32} + \dfrac{17\alpha_f}{16}$	$\dfrac{7 + 18\alpha_f}{16}$	$\dfrac{105 + 302\alpha_f}{256}$
a_2	$-\dfrac{1}{8} + \dfrac{\alpha_f}{4}$	$-\dfrac{3}{16} + \dfrac{3\alpha_f}{8}$	$\dfrac{-7 + 14\alpha_f}{32}$	$\dfrac{-15 + 30\alpha_f}{64}$
a_3	0	$\dfrac{1}{32} - \dfrac{\alpha_f}{16}$	$\dfrac{1 - 2\alpha_f}{16}$	$\dfrac{45 - 90\alpha_f}{512}$
a_4	0	0	$\dfrac{-1 + 2\alpha_f}{128}$	$\dfrac{-5 + 10\alpha_f}{256}$
a_5	0	0	0	$\dfrac{1 - 2\alpha_f}{512}$